U0225123

湿地生态系统健康评价

崔丽娟　刘魏魏　张曼胤　著

科 学 出 版 社

北　京

内 容 简 介

针对全球范围内湿地生态系统健康评价推广工作的需要，本书从湿地生态系统健康评价的基础知识、国内外湿地生态系统健康评价名词概念与方法、典型湖泊湿地生态系统健康评价实践，以及区域和全国湿地生态系统健康评价等方面，介绍了国内外的最新研究进展、相关研究参数、基础数据和典型案例等，可以作为读者系统了解湿地生态系统健康评价方面的知识，查阅相关健康评价进展与参数，评估湿地生态系统健康状况等工作的重要参考资料。

本书可供湿地生态系统健康和生态状况评价等相关研究领域的科学研究者与科普工作推广者，以及相关专业的师生阅读参考。

图书在版编目(CIP)数据

湿地生态系统健康评价 / 崔丽娟，刘魏魏，张曼胤著. -- 北京 : 科学出版社，2024. 11. -- ISBN 978-7-03-079695-0

Ⅰ. P941.78

中国国家版本馆 CIP 数据核字第 2024XB0589 号

责任编辑：张　菊　张一帆 / 责任校对：樊雅琼

责任印制：赵　博 / 封面设计：无极书装

科 学 出 版 社 出版

北京东黄城根北街 16 号

邮政编码：100717

http://www.sciencep.com

北京富资园科技发展有限公司印刷

科学出版社发行　各地新华书店经销

*

2024 年 11 月第　一　版　开本：787×1092　1/16

2025 年 1 月第二次印刷　印张：16 1/4　插页：2

字数：400 000

定价：208.00 元

（如有印装质量问题，我社负责调换）

前　言

湿地生态系统是地球上单位面积生态服务价值最高的生态系统。湿地生态系统健康状况对于维持人类生存和可持续发展具有重要意义。湿地生态系统健康是湿地可持续性发展的保障，也是衡量湿地生态功能能否正常运行的重要依据。随着全球范围内自然湿地生态退化的问题日益突出，湿地的生态恢复、保护、评价与可持续利用已成为当今国际社会关注的热点，使得对于湿地生态系统健康评价的研究日益迫切。湿地生态系统的健康状况是我国生态文明建设的重要组成部分。同时，进行湿地生态系统健康状况及其影响因素评价，有助于更好地了解和进一步协调湿地生态健康状况与社会经济发展和人类活动之间的关系，为湿地生态系统的保护性管理提供策略指导。因此，评价湿地生态系统健康对掌握湿地生态状况、提高湿地生态系统管理策略、实现人与自然的和谐，以及促进经济社会可持续发展具有十分重要的意义。

由于湿地生态系统本身的复杂性，以及湿地生态系统健康评价需要多种指标和大量数据的支撑，加之评价目标的不同，湿地生态系统健康评价指标体系、评价方法和评价标准尚难以统一。庆幸的是，全球的湿地科研工作者经过了多年的努力，对湿地生态系统健康评价的许多问题都有了比较清晰的认识，并有力推动了湿地生态系统健康评价的规范化与系统化进程。为了促进我国湿地生态系统健康评价体系的完善，让更多人了解认识湿地生态系统健康评价，包括其重要性、科学问题、评价方法和评价流程，以及评价结果对实际湿地保护性管理的重要指导意义等，我们组织撰写了这本著作。

本书包括六章内容，第一章主要介绍了湿地生态系统健康的概念与内涵、评价方法，以及评价指标体系。第二章系统评价了典型湖泊湿地生态健康状况与驱动因素。第三章重点阐述了典型湖泊湿地水环境质量时空变化与污染源解析。第四章详细阐明了典型湖泊湿地重金属污染特征与生态风险。第五章具体分析了区域湿地重要性分级与生态系统健康状况。第六章综合评价了我国湿地生态系统健康状况时空动态特征与驱动力。在撰写过程中，已发表的学术论文与项目报告是本书写作的基础，同时我们尽量充分地查阅国内外相关研究的最新进展，重视相关研究参数和基础数据的说明，以期既方便读者了解和积累湿地生态系统健康评价方面的基础知识，又方便读者获得相关研究参数，开展湿地生态系统健康评价的相关工作。

本书得到了国家重点研发计划项目（2022YFF1301000）、国家自然科学基金青年基金项目（72104236）、中央级公益性科研院所基本科研业务费专项资金项目（CAFYBB2023MB018、CAFYBB2023XC002 和 CAFYBB2019MA010）的资助。尽管在撰写过程中，面对湿地生态系统健康评价这样一个涉及知识面广、机理过程复杂、认识多样化的主题，著作者力求观点新颖科学、数据准确无误，但由于时间和知识面等因素的限制，书中难免有不足之处，敬请读者不吝指出。

作　者

2024 年 8 月

目　　录

第一章　湿地生态系统健康评价研究概况

第一节　湿地概念

湿地作为陆生系统和水生系统相互作用而形成的特殊生态系统，与森林、海洋一起并称为全球的三大生态系统。湿地是自然界最富有生物多样性的重要自然资源，同时也是世界上具有独特结构与功能的生态系统。湿地具有涵养水源、净化水质、调节气候、调蓄洪水、固碳释氧和维护生物多样性等重要生态功能，与人类生存发展息息相关，被誉为“地球之肾”“鸟类的乐园”“天然水库”和“物种基因库”（马广仁等，2016；崔丽娟等，2021）。

由于湿地类型的多样性、分布的广泛性、成因的差异性、淹没条件的易变性以及湿地边界的不确定性，导致对湿地进行科学定义比较困难，目前尚无统一的湿地定义（吕宪国和刘晓辉，2008）。“湿地”一词，最早的定义由美国鱼类和野生动物管理局于1956年提出，将湿地定义为被间歇的或永久的浅水层所覆盖的低地（Shaw and Fredine，1956）。这个定义有限度地满足了湿地管理者和湿地科学家的需要，至今仍被湿地科学家和湿地管理者频繁使用。为了对湿地和深水生态环境进行区分，该机构又重新将湿地的内涵界定为“湿地是陆地生态系统和水生生态系统之间过渡的土地，该土地水位经常存在或接近地表，或者为浅水所覆盖”（姜文来，1997）。1971年，在国际自然和自然资源保护联盟的主持下，来自18个国家的代表在伊朗拉姆萨尔共同签署了《关于特别是作为水禽栖息地的国际重要湿地公约》（Convention on Wetlands of International Importance Especially as Waterfowl Habitat，简称《湿地公约》），将湿地定义为“湿地是指不论其为天然或人工、长久或暂时性的沼泽地，泥炭地或水域地带，静止或流动的淡水、半咸水、咸水水体，包括低潮时水深不超过的6m的水域；同时，还包括邻接湿地的河湖沿岸、沿海区域以及位于湿地范围内的岛屿或低潮时水深不超过6m的海水水体”。该定义下湿地包括海岸地带的珊瑚滩和海草床、滩涂、红树林、河口、河流、湖泊、淡水沼泽、盐沼及盐湖，还包括人工水库、池塘、沟渠和稻田（马学慧，2005）。《湿地公约》规定的湿地定义得到了全世界湿地科学工作者、各国政府的湿地管理者与决策者的赞同，国际社会之所以能接受这种广义的湿地定义，就是因为它对于湿地保护和管理都具有明显的优越性（林波，2010）。同时，它也成为各国制定湿地定义的重要参考基础。1979年，加拿大湿地保护机构将湿地定义为：水位在大部分时间接近或超过土壤表面，并长有水生植物的地区（骆林川，2009；崔胜菊，2017）；美国学者Mitsch和Gosselink（1986）认为湿地明显的标志是有水的存在，湿地有不同于其他的生态系统的独特土壤，生长着适应多水环境的水生植物或沼生植物，通常处于陆地与水体边缘区，经常受水体与陆地两种生态系统的影响；英国学者Maltby

（1986）指出，湿地是受水支配其形成、控制其过程和特征的生态系统的集合，即在足够长的时间内足够湿润使得其具有特殊适应性的植物或其他生物体发育的地方；也有英国学者（Lloyd et al.，1993）将湿地定义为：一个地面受水浸润的地区，具有自由水面，通常是四季存水，但也有可能在有限的时间段内没有积水。

在我国“湿地”概念使用时间不长，直至20世纪80年代才开始流行。我国学者和湿地管理部门普遍接受《湿地公约》中湿地的定义，《中国可持续发展总纲》正是使用了这样的定义（林波，2010；马广仁等，2016）。然而，该定义是管理方面的湿地定义，不适合应用于科学研究中。因此，部分学者在实际研究中形成了符合我国湿地自然特性的概念。陆健健（1996）参照《湿地公约》及美国、加拿大和英国的湿地定义，将湿地定义为：陆缘为含60%以上湿地植物的植被区；水缘为海平面以下6m的近海区域，包括内陆与外流江河流域中自然的或人工的、咸水的或淡水的所有富水区域（枯水期水深2m以上的水域除外），无论区域内的水是流动的还是静止的、间歇的还是永久的。杨永兴（2002）认为湿地的科学定义为：湿地是一类既不同于水体，又不同于陆地的特殊过渡类型生态系统，为水生、陆生生态系统界面相互延伸扩展重叠的空间区域。湿地应该具有三个突出的特征：即湿地地表长期或季节性处在过湿或积水状态，地表生长有湿生、沼生、浅水生植物（包括部分喜湿盐生植物），且具有较高生产力；生活湿生、沼生、浅水生动物和适应该特殊环境的微生物类群；发育水成或半水成土壤，具有明显的潜育化过程。

综上所述，湿地的定义基本上可以分为两类。一类是管理者经常采用的最具代表性的《湿地公约》的定义，另一类是科研工作者从不同的学科出发，根据不同的研究区域、研究对象和研究目的，给出的不同湿地定义（吕宪国和刘晓辉，2008）。目前已统计到关于湿地的定义接近60种（崔胜菊，2017）。其科学定义可归纳为以下几类：从生态学角度，湿地是介于陆地与水生生态系统之间的过渡地带，并兼有两类系统的某些特征，其地表为浅水覆盖或者其水位在地表附近变化。从资源学角度，内陆地区凡是具有生态价值的水域，滨海地区低潮时水深不超过6m的水域，都可视为湿地，不管它是天然的或是人工的，永久的还是暂时的。从动力地貌学的角度，湿地是区别于其他地貌系统（如河流地貌系统，海湾、湖泊等水体）的具有不断起伏水位的、水流缓慢的潜水地貌系统。从系统论角度，湿地是一个半开放半封闭的系统。一方面，湿地是一个较独立的生态系统，它有其自身的形成发展和演化规律；另一方面，湿地又不完全独立，它在许多方面依赖于相邻的地面景观，与它们发生物质和能量交换，也影响邻近的生态系统（杨永兴，2002；林波，2010）。

总的来看，从研究者的角度来说，尽管湿地的概念目前尚未完全统一，但它们都有一个共同特点：即湿地是一种特殊的生态系统，既不同于陆地生态系统，也有别于水生生态系统，它是介于两者之间的过渡生态系统。也正因如此，湿地生态系统具有其独有的特征，主要表现为：系统的生物多样性、系统的生态脆弱性、生产力的高效性和效益的综合性（崔胜菊，2017）。

第二节 湿地生态系统健康

一、生态系统健康的概念及形成过程

生态系统健康是20世纪90年代新生的生态系统管理学概念和生态区域管理的新目标、新方法（舒远琴和宋维峰，2020），在生态系统管理中起着重要作用。同时，生态系统健康也是生态学领域和环境科学领域研究的热点问题之一。它自提出以来，就受到国内外学者和国际组织的广泛关注和重视。人们对生态系统健康的概念和内涵进行了深入的探讨，随着时间的延续，生态系统健康的概念不断被修正和完善，其内涵也从生态系统自身的狭义健康扩展到与人类健康和社会发展相结合的广义生态系统健康。然而，由于不同学者研究出发点的差异，对生态系统健康的概念和内涵也就有不同的理解和界定。

“生态系统健康”的概念最早可以追溯到20世纪40年代，英国学者Leopold（1941）最早提出了“土地健康”的概念。他认为健康的土地是被人类占领而没有使其功能受到破坏的状况。在人类活动的影响下，个体和生态系统都可能表现出生病征兆。这种状况下，生态系统将失去为人类和其他物种提供生态系统服务的能力，而这些生态系统服务正是人类和其他物种追求福利的基础。到了20世纪60年代，Leopold又将此概念上升为“景观健康”，认为土地的自我再生能力是景观健康的重要表现，但当时并未引起人们的重视。20世纪70年代末，Rapport等（1979）继续发展了这一理论，提出了“生态系统医学”的概念，把医学方面的健康延伸到生态系统这一领域，将生态系统作为一个整体进行评价，植根于生态系统受害症状的综合性诊断，后逐渐发展为生态系统健康的概念和原理。真正地提出“生态系统健康”这一概念是在20世纪80年代中后期，以加拿大学者Rapport和Schaeffer为代表，Rapport等（1985）首次提出生态系统健康的概念，他们认为生态系统健康就是生态系统没有功能方面的障碍。Schaeffer等（1988）首次探讨了生态系统健康的度量问题，认为生态系统健康就是生态系统缺乏疾病，而生态系统疾病是指生态系统的组织受到损害或是减弱。随后，Rapport等（1989）又从系统完整性、抗性、受社会和文化价值影响下的环境压力这三个方面发展了生态系统健康的概念。

20世纪90年代后，关于生态系统健康的讨论从未间断，国内外学者对此进行了大量的研究。Costanza（1992）在Rapport研究的基础上，把生态系统健康与可持续联系起来，将生态系统健康视为生态系统弹性、组织和活力的综合以及多尺度的动态度量；Karr（1991，1993）认为生态系统健康就是生态完整性，生态系统能够在受干扰时具有自我修复能力，管理它只需要给予最小的外界支持即可，并率先在对河流的评价中建立和使用了“生物完整性指数”（index of biotic integrity，IBI）这一指标，这种思路和方法在生态系统健康评价实践中得到了广泛应用；Mageau等（1998）将生态系统健康归纳为内部维持稳定、没有疾病、成分多样性或复杂性、有活力或有增长空间、稳定性或可恢复性、系统要素之间保持平衡六项特征。后来，学者们又提出了考虑人类健康因素的生态系统健康定义。例如，Meyer（1997）全面阐述健康的生态系统不仅要维持生态系统的结构与功能，而且还包括人类与社会价值，在生态系统健康的概念中涵盖了生态完整性与人类价值；Norris 和 Thoms（1999）则认为，生态系统健康依赖于社会系统的判断，应考虑人类福利要求；Rapport 等（1998，1999）将生态系统健康的内涵概括为两方面：一是满足人类社会合理要求的能力，二是生态系统本身自我维持与更新的能力，前者是后者的目标，后者是前者的基础；Costanza 和 Mageau（1999）认为健康的生态系统在面对外部自然和人类压力（弹性）的情况下，能够长期维持其结构（组织）和功能（活力）稳定。20 世纪 90 年代后期，联合国经济合作与发展组织（Organization for Economic Co-operation and Development，OECD）提出了“压力-状态-响应”（pressure-state-response，PSR）框架模型，该模型从社会经济与生态环境有机统一的观点出发，精确地反映了生态系统健康的自然、经济和社会因素之间的关系，为生态系统健康指标构建提供了一种逻辑基础，因而被广泛承认和使用。2001 年 6 月联合国“千年生态系统评估”项目正式启动，它首要的任务就是对生态系统过去、现在和将来的健康状况进行评估，并提出相应对策，它的实施对改进生态系统管理状况、推动社会经济可持续发展，以及促进生态学发展，都有重要意义，标志着对生态系统可持续发展战略的认识和实施已经进入到一个新的阶段（林波，2010）。

我国对生态系统健康的研究要比国外晚。2000 年后，我国学者对生态系统健康的关注程度日益上升，出现了一些关于生态系统健康概念的理解。曾德慧等（1999）结合生态系统观和人类福利需求，认为健康的生态系统能够维持自身的复杂性，同时能够满足人类的需求。任海等（2000）将生态系统健康定义为：生态系统随着时间的进程，有活力并且能维持其组织及自主性，在外界胁迫下容易恢复，并指出生态系统健康的评估标准有活力、恢复力、组织、生态系统服务功能的维持、管理选择、外部输入减少、对邻近系统的影响及人类健康影响等八个方面。袁兴中等（2001）认为生态系统健康是生态系统的内部秩序和组织的整体状况，系统正常的能量流动和物质循环没有受到损伤，关键生态成分保留下来，系统对自然干扰的长期效应具有抵抗力和恢复力，系统能够维持自身的组织结构长期稳定，具有自我调控能力，并且能够提供合乎自然和人类需求的生态服务。崔保山和杨志峰（2001）在总结生态系统健康概念的多种表述基础上提出：生态系统健康是指生态系统内的物质循环和能量流动未受到损害，关键生态组分和有机组织被保存完整，且缺乏疾病，对长期或突发的自然或人为扰动能保持着弹性和稳定性，整体功能表现出多样性、复杂性、活力和相应的生产率，其发展终极是生态整合性。肖风劲和欧阳华（2002）认为生态系统健康应具有以下特征：①不受对生态系统有严重危害的生态系统胁迫综合征的影响；②具有恢复力，能够从自然的或人为的正常干扰中恢复过来；③在没有或几乎没有投入的情况下，具有自我维持能力；④不影响相邻系统，也就是说，健康的生态系统不会对别的系统造成压力；⑤不受风险因素的影响；⑥在经济上可行；⑦维持人类和其他有机群落的健康，不仅是生态学的健康，而且还包括经济学的健康和人类的健康。孔红梅和姬兰柱（2002）认为生态系统健康是保证生态系统功能正常发挥的前提，结构和功能的完整性、具有抵抗干扰和恢复能力、稳定性和可持续性是生态系统健康的特征。刘焱序等（2015）认为生态系统健康是生态系统的综合特性，这种特性可以理解为在人类活动干扰下生态系统本身结构和功能的完整性。Lu 等（2015）将生态系统健康概括为：在压力下，一个生态系统维持其组织结构、功能活力和恢复力，并持续为现在和未来提供优质生态系统服务的状态和潜力。总结以上各种观点表述，生态系统健康可归纳为生态系统的综合特性，这种特性可以理解为生态系统的动态平衡，在人类活动干扰下能维持其组织的结构和功能的完整性，并在一定压力下具有自我恢复的能力，体现了生态系统的稳定和可持续性。

随着生态系统健康内涵研究的不断深入，其系统性和应用领域逐渐扩大，生态系统健康的概念已不单纯是一个生态学上的定义，而是一个将生态-社会经济-人类健康三个领域整合在一起的综合性定义，生态系统健康已成为生态系统管理学概念，是环境管理和生态系统管理目标，作为生态系统的管理理念受到众多学者和管理者的青睐（高桂芹，2006）。

二、湿地生态系统健康的概念及内涵

根据国际生态系统健康学的定义，湿地生态系统健康是指生态系统没有疾病反应、稳定且可持续发展，即生态系统随着时间的进程有活力并且能维持其组织及自主性，在外界胁迫下容易恢复（Rapport，1989；Costanza，1992；Rapport et al.，1999；汪朝辉等，2003；王书可，2016）。在我国，崔保山和杨志峰（2001，2002a，2002b）对湿地生态系统健康作出的定义得到了普遍认同，他们认为健康的湿地是指湿地生态系统内的物质循环和能量流动没有受到损害，系统内部关键功能、组成成分和机能保留下来，生态系统对自然干扰的短期或长期效应具有抵抗力和自身修复能力，系统能够维持自身的组织结构和机能的长期稳定平衡，并且具有自我运作能力。因此，湿地生态系统健康应该表现出内部的物质能量相对稳定性，系统结构具备多样性、复杂异质性和生命活力，核心构成要素与功能完整且状态良好，受到各种类型外部干扰能表现出生态弹性（江涛，2016）。湿地生态系统健康包括广义和狭义之分，广义的湿地生态系统健康包括湿地自身的健康和外部扰动的适宜；狭义的湿地生态系统健康则是指湿地自身的健康。

湿地生态系统健康概念的基本内涵主要包括：

1）健康的湿地生态系统应具备自我维持发展的能力和满足社会经济发展的能力

健康的湿地生态系统应该具备两种能力，即湿地生态系统自我维持发展的能力和湿地生态系统满足社会经济发展的能力。湿地生态系统自我维持发展的能力，主要指湿地生态系统的组成、结构、生态效益能够满足湿地生态系统自我维持、恢复和发展的需求，是湿地生态系统生态效益的整体体现。湿地生态系统满足人类社会经济发展需求的能力是指湿地生态系统满足人类健康需求、社会物质和精神文明的需要，以及区域经济社会与人类社会的可持续发展，是一个湿地生态系统的社会能力和社会经济效益的整体体现。湿地生态系统自我维持发展的能力是发挥湿地生态系统满足社会经济发展能力的基础和前提，湿地生态系统满足社会经济发展的能力是湿地生态系统自我维持发展能力的目的，健康的湿地生态系统应表现出自我维持发展的能力和满足社会经济发展的能力的多功能性的和谐统一。

2）健康的湿地生态系统是自然性与社会性的有机结合

湿地生态系统是自然界中具有强大的生产力和维持生物多样性的重要生态系统，同时也是易受人类干扰影响的典型脆弱生态系统。目前，全球各地的湿地生态系统大部分都不再处于原始的、自然的、“荒野”或“原真”的状态。湿地生态系统是一个复杂的非线性动态过程（舒远琴等，2021），其内部各组成要素之间以及内部各要素与外部环境之间是相互制约、相互作用的，其组成结构反映了时空的差异性，所有的人类活动均在生态系统内部进行，每一个系统均有一定的变化容量来衡量人类对生态系统造成的压力，保持它自身必要的生态过程和功能。完全依赖其自然性，将“荒野”状态下的湿地生态系统的特征作为“健康”的评判标准不具有现实意义，而考虑人类影响因素的湿地生态系统健康才更有实践意义。

3）湿地生态系统健康的核心是人类社会健康

人类社会和湿地生态系统在长期的相互作用中已形成了紧密的联系。湿地为人类生活提供物质基础，即使是未排水的沼泽湿地也已经为区域经济的发展提供了重要的物质基础。人类活动和自然作用共同驱动着湿地生态系统组成、结构和功能的演化，如果演化结果达不到社会期望，湿地生态系统就会对人类社会造成损害，这将是湿地生态系统不健康的表现。所以，不考虑人类社会健康发展需求的湿地生态系统健康是没有现实价值的。因此，健康的湿地生态系统不仅能够维持自身的发展，还能够维持人类群体的健康，以及区域社会经济的可持续发展。湿地生态系统健康是国家生态安全体系的重要组成部分，也是实现经济与社会可持续发展的重要基础。

4）湿地生态系统健康的区域相关性

湿地生态系统健康与其相连接的陆地生态系统的健康状况密切相关，同时又影响着陆地生态系统的健康（王利花，2007）。湿地生态系统的健康程度，特别是其结构和功能会对区域内物质循环、能量流动产生明显的影响，直接关系到区域的整体生态状况。例如，由于人口迅速增长，哈尼梯田湿地的开发需求越来越大。一方面，湿地不合理开发利用导致湿地景观格局破坏；另一方面，农业人口流失导致大量梯田弃耕，水田变旱地湿地面积锐减，区域生态环境面临的威胁增大（舒远琴等，2021）。此外，健康的湿地生态系统在运行过程中对邻近的系统的破坏趋向于零。例如，健康的梯田湿地生态系统提供了稳定的农业生产基础，并发挥着梯田人工湿地的生态功能（舒远琴等，2021）。而不健康的系统会对相连的系统产生破坏作用，如污染的河流湿地会对受其灌溉的农田生态系统产生巨大的破坏作用。

5）湿地生态系统健康是一个期望状态

湿地生态系统健康的概念源于湿地资源管理的目标，而非一个可以直接量化的生态学现状。衡量湿地生态系统的健康实际上是在描述湿地的现状与管理目标所设定的理想状态间的差异程度，可以快速、准确、科学地评价湿地生态系统健康状况，并通过判断生态因子的优劣程度，找出威胁湿地的胁迫因素，提出合理的保护恢复建议（钱逸凡等，2019）。因此，湿地生态系统健康评价实际上是为了定义湿地生态系统健康的一个期望状态，确定湿地生态系统破坏的阈值，并在文化、道德、政策、法律和法规的约束下，实施有效的湿地生态系统管理对策（王书可，2016）。定期开展湿地生态系统健康状况评价是湿地保护与管理的一项基础性工作。作为退化湿地恢复、湿地健康评估等方面的支撑性技术手段，湿地生态系统健康状况评价甚至应该纳入地方政府生态文明考核的范畴，以提升我国湿地保护管理的技术水平（钱逸凡等，2019）。

三、湿地生态系统健康的影响因素

（一）自然因素

自然因素从根本上改变了湿地生态系统健康状况，通常导致湿地生态系统的重构或者消失。各种自然因素，如地震、洪水、泥石流、河流改道、海平面上升等，都可能会引起湿地生态系统功能的削弱或者消失（汪朝辉等，2003）。由自然力量引起的生态系统的退化，如河流湿地、湖泊湿地和土壤性状与质量的退化，也可直接导致湿地生态系统功能的减弱。然而，自然因素并非近年来湿地生态系统健康受损的主要原因，有的自然灾害的发生甚至是人类干扰的结果（汪朝辉等，2003；林波等，2009）。例如，鄱阳湖国家湿地公园在发展旅游后其环境所受的影响在逐步加大，大量的施工以及践踏影响土壤性状；同时，人类的参与可能会破坏原有的正常生态圈，影响某些物种的生存环境，导致其使生态健康状况下降（冯倩等，2016）。

（二）人为因素

人为因素对湿地生态系统健康的影响往往具有持续性、渐进性的特点，相比自然因素更缓慢。随着人类活动的增加，这种影响呈现频率和强度增加的趋势，并成为影响湿地生态系统健康的主要胁迫因素（汪朝辉等，2003；林波等，2009；马广仁等，2016）。主要影响因素包括：

1）过度开发利用湿地资源

沿海和河口、湖泊湿地滥捕滥渔、过度捕获水产品的现象严重，这些行为不仅使重要的天然鱼类资源受到破坏，也威胁着其他水生生物的安全；而内陆湿地超载过牧导致部分湿地植被破坏严重，湿地退化与旱化的面积逐渐扩大。湿地生物资源的过度利用导致资源量减少，湿地生态环境遭到破坏，使一些物种甚至趋于濒危。湿地物种的消失、生态系统失衡都将导致湿地功能减弱甚至消失。

水资源过度利用也是湿地资源过度开发的重要一方面。水资源的不合理利用主要表现在上游修建水利工程截留水源；过度注重工农业生产和生活用水，而不关注生态环境用水；湿地挖沟排水以发展牧业，这不仅导致湿地水资源减少，湿地生境遭到破坏，还使得生物多样性降低，湿地生态系统健康水平下降。

2）土地利用

土地利用对湿地的影响主要指人为物理重建活动改变了湿地生态系统的结构和功能，破坏了湿地生态系统的完整性，严重威胁着生态系统的存续。由于围垦、城市化、基础设施建设，以及旅游业的发展，导致湿地被大量围垦和排干，湿地数量和面积不断缩小，湿地资源被挤占，全球湿地资源面临巨大压力。高强度的人类干扰导致湿地生境被分割或岛屿化、破碎化严重，影响湿地景观格局，从而使湿地生态系统的健康和功能受损。

3）外来物种入侵

中国有53%的湿地存在外来物种入侵的状况（马广仁等，2016）。外来物种入侵不仅会造成严重的生态破坏和生物污染，而且还会通过竞争、捕食和改变生境排挤本地物种，危及本地物种的生存，导致生物多样性降低，使得原有的生态系统结构和功能遭到破坏，影响湿地生态系统健康。例如，互花米草对光滩、土著植物盐沼等湿地自然保护地的原生湿地的直接替代效应更强，且一旦被互花米草侵占，原生湿地通常无法自然恢复；互花米草入侵还通过“优先效应”等阻断了原生湿地植被在光滩湿地上的发育。这使保护地范围内大面积重要水鸟栖息地变成了不适于水鸟栖息的“绿色沙漠”（Ren et al.，2021），直接降低湿地自然保护地的生态系统健康。

4）全球气候变化

受全球气候变化的影响，湿地水热分配发生改变。有些地区有效水源补给减少，湿地水位下降，冻土层退化；而有些地区，由于气候变暖导致冰雪融化，使得有效水源补给增加，湿地水位上升，特别是在青藏高原地区（Zhang et al.，2020）。水位的变化都会改变湿地的面积和分布，并通过影响湿地植物需水量、土壤需水量和生境需水量（阳维宗等，2019），影响湿地生物群落结构、二氧化碳和甲烷的吸收与排放等生态系统功能（傅国斌和李克让，2001），从而改变湿地生态系统健康状况，特别是气候变化导致海平面上升将会对滨海湿地造成破坏性的影响。过去的100多年里，全球海面以平均（2.4±0.9）mm/a的速度上升（Poiani and Johnson，1993），百年来上升了10～15cm，其中7～12cm是由气候变暖引起的（施雅风等，1990）。海平面上升可能会淹没一大批城市、农田和交通道路等，无论是滨海湿地生态系统的分布和面积，还是其结构与功能都将会随之发生很大的变化，进而影响沿海地区的生态环境与人类社会经济的发展（傅国斌和李克让，2001）。

四、湿地生态系统健康评价研究进展

传统的湿地生态系统健康评价大多是基于统计数据的定性评价，主要根据传统生态学原理，运用统计学方法，即在实地调查数据、资料与统计样本分析的基础上进行评价。国外在湿地生态健康评价方面的研究比较早，美国环境保护局于1990年从响应指标、暴露指标、栖息环境指标、干扰因子四个方面开展了河口湿地生态健康方面评价（美国环境保护局近海监测处，1997）。Rapport（1992）以河流湿地为研究对象，总结了在湿地景观健康评价研究中表征湿地生态系统健康的生物指标、物理指标和社会经济指标。随着社会经济的发展，人类活动对湿地生态系统的干扰日益严重，对湿地受到的压力研究成为湿地生态系统健康评价的一个主要方向。Albert和Minc（2004）根据植物学规律，选用湿地主要水生植物的覆盖度来评价北美洲五大湖的湿地生态健康状况。Xu等（2005）运用生态健康指数法，采用0～100的等级评价了意大利湖泊湿地的生态健康状况。随着研究的深入，湿地生态健康评价已由最初的定性评价向定性与定量相结合的评价转化。Eliyan等（2010）和Andreu等（2016）从重金属和其他污染物角度，直接或间接地评价了湖泊湿地、河流湿地和滨海湿地等多种类型湿地的生态健康状况。Sheaves等（2012）依照指示物种法评价河口湿地的生态健康状况。van Niekerk等（2013）从社会因子压力及其生态系统响应方面，对南非全国近300个河口湿地进行了生态健康评价。Hotaiba等（2024）基于遥感数据和地理信息技术，从结构指数、活力指数和恢复力指数三个指数方面，评价了1984～1986年至2016～2019年，土地利用变化、人为干预和自然资源的过度开发对埃及北部地中海沿岸Burullus滨海湿地生态健康的影响。

我国对湿地生态系统健康的研究开始于近几十年，湿地的研究范围已逐渐由小区域向大区域延伸，湿地的研究类型也由单一湿地生态系统类型向多种湿地生态系统转变，我国湿地生态系统健康评价的应用也在不断地拓展（舒远琴和宋维峰，2020），目前对河流湿地、湖泊湿地、河口湿地和滨海湿地等类型的湿地生态系统均已进行了生态系统健康评价。在河流湿地方面，崔保山和杨志峰（2002a，2002b）详细阐述了湿地生态系统健康评价指标体系理论，提出从生态特征指标、功能整合性和社会政治环境三个方面构建湿地系统健康的诊断指标体系，并且以三江平原挠力河流域湿地作为研究案例，根据模糊综合评价原理和方法，在对挠力河流域进行湿地分区的基础上，对各区的湿地进行了评价与比较排序，然后通过红绿灯信号系统对各区健康进行了预警。Cheng等（2018）利用物理化学、营养和大型无脊椎动物指标，评价了海河流域河流湿地生态健康状况。在湖泊湿地方面，赵臻彦等（2005）研究了湖泊湿地生态系统健康的定量评价问题，提出一种湖泊湿地生态系统健康的定量评价方法，解决了目前湖泊湿地生态系统健康定量评价的难题。蒋卫国等（2005）综合利用遥感、野外实测和社会统计等多源数据，集成遥感和地理信息技术建立湿地生态系统健康评价模型，评价了洞庭湖湿地的生态健康状况。Chen等（2019）选择与水、土壤、生物、景观和社会因素有关的13个指标，评价了京津冀区域的湖泊湿地生态健康。在河口湿地和滨海湿地方面，Dai等（2013）利用空间聚类分析，结合遥感和地理信息系统技术，对长江口滨海湿地生态健康状况进行了准确诊断。He等（2019）通过建立物理-化学-生物指标三角面积法，从时间和空间两个维度评价了1986～2014年吐露港河口滨海湿地生态健康状况，揭示了该地区湿地健康状况的动态变化规律。俞小明等（2006）根据河口湿地和滨海湿地的生态环境特点建立了一套适用于河口湿地和滨海湿地的评价指标体系。该指标体系充分考虑了该类型湿地生态的特征，包括反映生态特征和功能的一级指标2项，二级指标5项和三级指标13项，可对河口湿地和滨海湿地的生态演替阶段、健康状况和生态服务功能进行全面评价。以上这些研究大多数主要针对单个湿地、区域湿地或某一种湿地类型。Liu等（2020a）利用综合因子模型，首次在国家尺度上，分析了我国多种类型湿地（沼泽湿地、湖泊湿地和河流湿地）生态系统健康的时空动态变化（1995～2003年第一次湿地资源调查到2009～2013年第二次湿地资源调查），并利用结构方程模型系统评价了社会经济发展和生态保护与恢复政策对湿地生态系统健康的影响。研究结果为有效保护湿地资源、提高湿地生态系统健康提供了有效的管理策略。Yao等（2021）基于土地覆盖数据、气候数据、社会经济数据，利用"压力-状态-效应-响应"（pressure-state-effect-response，PSER）模型，建立了我国内陆湿地生态系统健康评价指标体系，与2010年相比，2018年我国内陆湿地生态系统健康指数平均值提高了6.5%，状况较好、良好、中度和较差的湿地分别占内陆湿地的26.3%、46.4%、26.9%和0.5%。研究结果为湿地生态系统资源的保护和管理提供了实践指导，为土地利用规划和开发提供了可靠的信息。

湿地生态系统健康评价比较理想和科学的是与同一地理格局、气候条件、未受干扰的同种类型湿地生态系统做对比。但在国内，由于很难找到未受干扰的湿地生态系统（尤其在我国东部地区），因此对比性地进行湿地生态系统健康评价很难实现。不考虑自然因素的影响，湿地生态系统的组成、结构和功能主要是在人类活动和社会经济发展驱动下不断演化。因此，在考虑人类活动和社会经济影响的前提下，运用物理指标、化学指标和生物指标等反映湿地生态系统组成、结构和功能的变化情况，这一评价体系综合体现了湿地生态系统健康评价的人类–社会经济–生态系统复合特性。

第三节　湿地生态系统健康评价目标和意义

湿地生态系统是地球上单位面积生态服务价值最高的生态系统（Costanza et al., 1997）。人类社会与湿地息息相关，湿地为人类社会提供了必要的生活和生产资料。湿地生态系统的健康对于维持人类生存和可持续发展具有重要意义。湿地生态系统健康是湿地可持续性的保障，也是衡量湿地生态系统功能是否正常运行的重要依据。

20 世纪以来，全球湿地生态系统面临着经济快速发展、耕地开垦、生物资源过度开发、水资源过度利用、水污染、旅游过度开发、栖息地破坏等重大挑战。许多湿地都经历着退化和丧失，包括湿地面积萎缩、水质下降、生物多样性丧失、湿地功能紊乱等，从而直接威胁人类的生存与发展。2005 年联合国发布的《千年生态系统评估报告》显示，湿地退化与森林大面积消失、土地沙漠化扩展、物种加速灭绝、水土严重流失、干旱缺水普遍、洪涝灾害频发以及全球气候变化，并列为全球面临的八大生态危机。目前全球湿地面临极大的压力，1700～2020 年全球内陆湿地损失了 3.4 亿 hm^2，其中绝大部分湿地被开垦为农田，特别是在欧洲、美国和中国（IPBES，2018；Fluet-Chouinard et al.，2023）。湿地公约报告（RCW，2018）显示：自 1970 年以来，全球约 35% 的天然湿地由于排水和土地利用变化而丧失，1/4 的湿地物种面临灭绝的危险。Hu 等（2017）指出，自 2009 年以来，全球约 33%（约 7 亿 hm^2，其中大部分是天然湿地）的湿地因农业围垦和城市化而损失，剩余的湿地也面临着排水、污染和不可持续利用的威胁，从而加速了湿地生态健康状况的恶化。我国湿地也面临同样的状况。由于社会经济的发展，1980～2010 年我国丧失了 1150 万 hm^2 湿地（宫宁等，2016；Tian et al.，2016）。仅2009～2013 年，我国湿地面积就减少了 33.96 万 hm^2，减少率达到 8.82%（祝惠等，2023），其中约有 60% 的湿地被改造成农田（Mao et al.，2018a），形势十分严峻。

随着全球范围内的自然湿地生态退化问题日益突出，湿地的生态恢复、保护、评价与可持续利用已成为当今国际社会关注的热点，这使得湿地生态健康评价的研究日益迫切（王一涵，2011）。湿地生态系统的健康状况是中国生态文明建设的重要组成部分（崔丽娟等，2021）。同时，评价湿地生态系统健康状况及其影响因素，有助于更好地了解和进一步协调湿地生态状况与社会经济发展的关系，为湿地生态系统的保护性管理提供策略指导。因此，评价湿地生态系统健康对掌握湿地生态状况、提高湿地生态系统管理策略、实现人与自然的和谐，以及促进经济社会可持续发展具有十分重要的意义。

第四节　湿地生态系统健康评价方法

国内外关于湿地生态系统健康评价的研究从评价方法上看主要分为指示物种法（indicator species method，ISM）和指标体系法（indication system，IS）两种方法。

第一种方法是指示物种法（ISM）。运用指示物种法进行湿地生态系统健康评价是通过指示物种的情况反映湿地生态系统健康状况，这是一种间接指示方法。关于物种的选择，可以是单个物种也可以是物种指示类群，但是被选择物种的质量或是数量要对湿地生境质量的变化具有高度的敏感性。确定生态系统中的关键物种、特有物种、濒危物种或环境敏感物种后，采用适宜方法测量其数量、生物量、生产力、结构和功能指标及一些生理生态指标，进而描述湿地生态系统的健康状况（孔红梅等，2002）。近年来，有研究利用硅藻群落的生产力与多样性关系来评价湿地生态系统健康状况。同时，还有一些学者通过选取指示物种来评价生态系统健康情况，如 Sheaves 等（2012）将鱼群作为评价河口湿地、海湾类湿地生态系统健康的指示物种；Trainer 等（2012）将拟菱形藻中软骨藻酸作为特种湿地生态系统的指示物种；Chon 等（2013）利用水生物种指标，结合自组织神经网络聚类分析，选定了能够作为评定健康等级的指示物种。指示物种法常用于水域生态系统，在国外较广泛地应用于自然湿地的研究。在我国，尽管指示物种法的应用较少，但指示物种法所选取的指标得到了广泛应用，这主要是由于它们花费少、易测量、敏感性高、且能够提早预警湿地生态系统的受损情况，为决策者提供有力的依据。但它也存在很明显的缺陷，如筛选标准不明确，有些采用了不合适的指示类群（Vitousek et al.，1997；马克明等，2001）。另外，关于指示物种的减少是否能全面反映生态系统的变化趋势仍存在争议。Boulton（1999）发现指示物种的变化与整个生态系统功能、性质的变化相关性很小，而且指示物种法不考虑人类健康和社会经济等因素，难以对湿地健康变化趋势做出预测。同时，该方法难以实现在不同组织水平、不同尺度下评价湿地生态系统的健康程度，尤其在研究大尺度跨区域的湿地生态系统。

第二种方法是指标体系法（IS）。指标体系法的研究经历了由生物指标、化学指标向综合指标演变的过程，通过从不同尺度刻画湿地生态系统特征来反映湿地生态系统健康状况。在指标体系评价方法兴起之初，受监测技术不发达、湿地生态学的研究成果尚浅等外在条件的限制，在评价中主要选用简单直观的评价指标，如水、动植物丰度、种群大小，生物量等化学指标和生物指标。随着湿地生态学科的发展和湿地生态系统健康内涵的拓展，健康评价指标的选择逐渐出现向系统性和综合性转化的趋势，物理指标、压力指标等先后被纳入湿地生态系统健康评价体系中来。通过选取能够表示生态系统主要特征的指标，确定其在湿地生态系统健康中的权重系数，进行综合评价来反映湿地的健康程度。相比于物种指示法，指标体系法涉及多领域、多学科，考虑了生态、景观、社会经济等因素，展示出了更高的综合性和全面性，因此在国内获得了更为广泛的应用。然而，指标体系法也存在指标选取重复，评价权重、评价标准和评价等级确定过程中主观性强等问题，评价方法研究有待进一步深入（周静和万荣荣，2018）。代表性的评价指标体系有综合指数法（comprehensive index，CI）、景观发展强度指数法（landscape development intensity index，LDI）、生物完整性指数法（IBI）、压力－状态－响应模型（PSR）等（Sun et al.，2016；江涛，2016）。各评价方法的优缺点如表 1-1 所示。

表 1-1　湿地生态系统健康评价方法及优缺点比较

方法名称	优点	缺点
指示物种法（ISM）	易于量度、花费较低，具有可预测性、整合性以及对于胁迫的敏感性，能为决策者提供有力依据	指示物种的筛选标准不明确，有些采用了不适合的类群；一些生物类群或指标的指示作用大小还有待探索；难以实现在不同组织水平、不同尺度下评价湿地生态系统的健康程度，尤其在大尺度跨区域湿地生态系统的研究中
指标体系法（IS）	克服了指示物种法的缺点，选择了不同组织水平的生物类群，而且考虑到了多种尺度。同时，将社会经济和人类健康等新的指标引入到指标体系中来，体现了自然与人类活动的耦合作用对湿地生态系统健康的影响，实现了生态、经济、社会三要素的整合	在评价标准和评价等级的划分方面研究还不够，这直接影响到评价的结果。另外，对大尺度景观水平的评价还有所欠缺
综合指数法（CI）	综合体现物理、化学和生物指标的变化情况。同时，需要宏观和微观的数据，为管理者提供全面的湿地生态系统健康状况	数据量较大
景观发展强度指数法（LDI）	较好地反映出人类活动对生态系统健康的影响程度。简单易行，需要数据量较小，并能为管理者快速提供生态系统健康状况	不能体现生物、化学等生态要素的变化情况
生物完整性指数法（IBI）	该方法需要大规模的现场采样监测与数据分析处理，但精度较高	强度较大，需花费较多的人力、物力和财力，评价尺度较小
压力－状态－响应模型（PSR）	综合性，同时面对人类活动和自然环境；灵活性，可以适用于大范围的环境现象；因果关系，强调了经济运作与其对环境的影响之间的联系	PSR 模型很强的因果关系正是其缺陷所在，这使得指标在选取时存在一定程度上的重叠问题。这个问题在压力和状态指标的选取上尤为突出，状态是因压力而产生变化，但是它们又共同来影响评价结果，这就相当于压力双重影响了评价结果

除了以上常用的方法外，还有一些其他方法也可以用来评价湿地生态系统健康状况，如氧代谢（Almeida et al.，2014）等。生态系统健康评价方法也因数学统计方法和地理信息技术的发展与进步而发生着改变。同时，随着对湿地生态系统健康认识程度的加深，选取的指标体系也在逐渐完善，并将社会经济和人类健康等新的指标引入到指标体系中来，体现了自然与人类的耦合作用对湿地生态系统健康的影响。然而，由于各种方法出发点不同，解决问题的思路以及适用对象存在差异（周静和万荣荣，2018），在评价标准和评价等级划分方面的研究还不够，这直接影响到评价结果的可比性，并且在大尺度景观水平与微观的生物化学指标有机结合方面的评价还相对欠缺。

一、指示物种法

指示物种法（ISM）是通过指示物种的情况反映湿地生态系统健康状况，这是一种间接指示方法。关于物种的选择，可以是单个物种，也可以是物种指示类群，但是被选择的物种质量或是数量要对生境质量的变化具有高度的敏感性。浮游植物、底栖动物、鸟类、鱼类、硅藻等常被视为指示物种的类群。少数学者在湿地生态系统健康评价中，选取了大型无脊椎动物作为指示物种。研究结果显示指示物种的数量与湿地的物理指标和化学指标存在着较为显著的相关性。因此，指示物种应用于湿地生态系统健康评价中，能够在一定程度上反映其健康程度。

二、指标体系法

指标体系法（IS）评价指标包括生态学指标、物理化学指标和社会经济指标三类。生态学指标包括物质循环、能量流动、生物多样性、群落结构、稳定性、初级生产力等；物理化学指标包括水质、大气质量、土壤质量等环境指标；社会经济指标包括人类健康水平、区域经济发展水平、公众环境质量和生活质量，以及政府管理决策等（宋轩等，2003）。指标体系法就是选择能够表征生态系统主要特征的指标，归类并分析每个特征因子对生态系统健康的意义，对它们进行度量并确定权重，明确评价方法，建立生态系统健康评价的指标体系（谢楚芳，2015）。该方法克服了指示物种法的缺点，选择了不同组织水平的生物类群，而且考虑到了多种尺度。同时，将社会经济和人类健康等新的指标引入到指标体系中来，体现了自然与人类活动的耦合作用对湿地生态系统健康的影响，实现了生态、经济、社会三要素的整合。

三、综合指数法

综合指数法（CI）是许多研究中运用较多的一类。在湿地生态系统健康评价过程中，首先构建一个评价指标体系，从不同组织水平和不同研究尺度上对湿地生态系统健康进行评价。评价指标运用层次分析法（analytic hierarchy process，AHP）确定权重分值。该方法通过对客观事物的系统分析，把复杂的问题解构为有序阶梯状层级结构，并对各层因素进行两两比较，根据各自的重要性程度给予相对定量，进而确定其权重值，最终基于结构模型的判断矩阵得出定性与定量相结合的评价结果。

四、景观发展强度指数法

景观发展强度指数法（LDI）主要考虑人类活动与生态系统健康程度的关系，这种方法的假设为人类活动已经或正在以各种形式对周围的湿地生态系统产生直接或间接的影响，人类活动的强度与景观受影响的程度存在显著的相关关系。因此，基于这种假设，我们可以用人类活动强度来定量评价湿地生态系统受影响的程度。LDI 方法被视为一种较好的 Level Ⅰ定量评价工具［美国环境保护局（U. S. Environmental Protection Agency, USEPA）根据评价方法的强度和尺度，提出了 Level Ⅰ、Level Ⅱ和 Level Ⅲ三个层次的湿地生态系统健康评价方法。Level Ⅰ是利用地理信息系统和遥感技术的一种景观尺度的评价方法。此方法的优点是可以用较少的资源来评价大面积的湿地，但其对单个湿地基本状况的评价精度相对较低］，可以评估湿地系统的健康状况，还能反映出人类活动对湿地生态系统的影响程度（江文渊，2012）。

LDI 常用的指标有景观类型、斑块密度、香农多样性指数、景观多样性指数、景观均匀度指数、土地利用强度等。目前基于遥感（remote sensing，RS）和地理信息系统（geographic information system，GIS）技术驱动的湿地生态系统健康评价，通常将景观特征指标与生态指标、水文地貌指标、人为干扰特征指标等要素结合起来（王一涵等，2011；周杨，2017），构成总的目标评价体系。随后通过运用专家打分法构建判断矩阵，结合层次分析法确定权重，最终加权求和确定湿地生态健康综合指数。此外，也有学者将景观特征指标纳入压力-状态-响应模型框架，以此构成评价指标体系，再采用神经元网络评价模型对指标进行数字化（王莹，2010），定量确定湿地生态系统健康综合指数。

五、生物完整性指数法

生物完整性指数法（IBI），作为一种生物评价方法，隶属于 Level Ⅲ的湿地健康评价方法之中（Level Ⅲ评价方法是一种利用野外采样定量进行场地评价的强度较大的方法，该方法精度极高，但需耗费大量的人力、物力和财力）。IBI 评价方法首次提出时，利用鱼类来划分河流系统的质量等级（Karr，1981），随后研究者们将 IBI 评价方法的生物类群扩大并应用于湿地生态系统，包括有脊椎动物、藻类、植物和鸟类等。IBI 是一种选用综合性指标的方法，一般采用 8 ~ 12 个对人类干扰敏感的生物属性来构建多测度指标。然后对指标进行打分，将所有得分进行累加。此外，还可以采用变异系数法和熵值法计算权重，再确定出加权总分值，最终得出湿地生态系统健康评价结果。IBI 方法要求所选指标具有较强的综合性特征。采用此方法需要进行实地调查和取样测定，尽管劳动强度较大，且要求的人力物力较多，但它能提供一种直接计量水生植物和动物的方法。此外，它还能有效地用来确定胁迫反应的阈值，进而提高管理决策的信心。在美国，IBI 方法已得到广泛地应用。在应用生物评价方法对湿地进行生态健康评价的 10 个州中，有 9 个州采用的是 IBI 方法（陈展等，2012）。在北美大湖湿地生物多样性监测项目中，研究人员每年对 1500 个监测样点的植物、鱼类、鸟类、两栖类和底栖无脊椎动物五大生物类群以及水体环境展开野外调查、数据采集，构建其生物完整性指数（周静和万荣荣，2018）。除美国外，全球许多湖泊湿地已开展生物多样性监测，包括加拿大和欧洲国家等。Petesse 等（2016）建立了亚马孙河泛滥平原区湖泊湿地的生物完整性指数，并进行了健康评价。研究发现，指标得分有显著的季节性差异，这一特征与亚马孙河的洪水周期相吻合。此外，这种方法能有效区分参照湖泊与受损湖泊。Breine 等（2004）基于鱼类构建 IBI，参考生态标准和统计分析对挑选的九个指标进行打分，进而评价佛兰德斯上游河流湿地的健康状态。结果显示，该方法能很好地区分采样点受干扰程度。21 世纪初期，我国湿地的生物多样性监测还处于探索和起步发展阶段，IBI 方法在国内应用较少。但随着生物监测技术的进步，近几年 IBI 方法在我国很多地方的河流湿地（胡小红等，2022；王纤纤等，2022）、湖泊湿地（王芳等，2022；苏梦等，2023）、滨海湿地（刘欣禹等，2022；牛明香等，2023）和人工/库塘湿地（蒋叶青，2022；高敏佳等，2024）等都开展了广泛的案例研究。

六、压力–状态–响应模型

压力–状态–响应模型（PSR）是一个评价框架，框架本身并没有评价方法和评价目的的限制，其实质是构建一个评价指标体系。只要指标合理可行，这个体系可以架构在上述多数评价体系之上，其指标类型分为压力指标、状态指标和响应指标。这三类指标分别综合了生态指标、自然环境指标和社会经济指标三方面内容。其中，压力指标用以表征对环境造成负面影响的人类活动和消费模式，或经济系统中可能对环境造成压力的因素；状态指标用以表征生态环境系统的状态；响应指标用以表征人类为促进可持续发展进程所采取的对策。然后，通过层次分析法确定指标权重，并将指标标准化（或者根据隶属度矩阵），利用加权求和模型确定湿地生态系统健康（邱虎，2012；王贺年等，2019）。此外，也有研究利用神经元网络评价模型来确定湿地生态系统健康（王莹，2010）。

湿地生态系统健康评价涉及多学科、多方法、多角度的研究，应用到具体的健康评价中时，单一的方法是很难解决湿地生态系统的复杂问题的，因此往往采用多种方法相结合的方式进行研究。利用综合集成的思想，将两种或两种以上的方法加以改造并结合得到一种新的评价方法成为当今评价领域及湿地健康领域的研究热点。Carletti 等（2004）比较和分析了 17 种方法，用来评价北美湿地生态系统健康。蒋卫国等（2005）利用 PSR 模型，结合遥感和 GIS 技术评价了辽河流域湿地生态系统健康。贾慧聪等（2011）利用层次分析法（AHP）与 GIS 空间分析技术，评价了三江源区域湿地生态系统健康。王一涵等（2011）基于遥感和 GIS 技术，从水文地貌特征、景观特征和人为干扰等方面，对洪河湿地生态系统健康状况进行了定量分析和评价。Costanza 等（1997）提出的生态健康指数（health index，HI）也得到了广泛的认可，从生态系统的活力、恢复力、组织多样性与连接性等方面评价健康状况。在面对复杂的评价系统，且决策目标具有模糊性、难量化等特点时，将一般综合评价方法与模糊综合评价法相结合，引入模糊数学的隶属度和灰色系统理论的灰度概念可达到更好的效果。朱卫红等（2012）运用层次分析法和模糊综合评价法对图们江下游湿地健康进行评价，取得了较为满意的效果。另外，地理数学方法也在湿地生态健康评价中得到了广泛使用，例如熵权法（entropy weight method，EWM）、层次分析法（AHP）、模糊综合评价法（fuzzy comprehensive evaluation method，FCE）、人工神经网络法（artificial neural network，ANN）、BP 神经网络（back propagation neural network，BPNN）和支持向量机（support vector machine，SVM）等数学方法（表 1-2），这些数学方法不仅是人们进行数学运算和求解的工具，而且能以严密的逻辑和简洁的形式描述复杂的问题，对选取的评价指标进行定量分析，是评价湿地生态系健康的重要工具。

表 1-2　湿地生态系统健康评价数据处理常用方法及优缺点比较

方法名称	优点	缺点
熵权法（EWM）	相对于主观赋值法，精度较高，客观性更强，可用于提出指标中对评价结果贡献不大的指标，能更好地解释所得到的结果	评价指标取值变动很小，即高度集中时，熵权法存在局限性
层次分析法（AHP）	定性与定量相结合的方法，能把定性因素定量化，将人的主观判断用数学表达处理并能在一定程度上检验和减少主观影响	指标过多时数据统计量大，且权重难以确定
模糊综合评价法（FCE）	定性与定量相结合、精确与非精确相统一，将多个因素联系起来进行综合评定	计算复杂，对指标权重矢量确定的主观性较强
人工神经网络法（ANN）	具有较强的模式识别和数据拟合能力	通常需要更多的数据；黑盒子性质；计算代价高
BP 神经网络（BPNN）	具有极强的非线性映射能力以及自学习、自组织和自适应能力，能够处理非线性的大型复杂系统	物理基础相对较弱，完成训练的网络推广能力不强，应用中需要大量的训练样本
支持向量机（SVM）	具有理论完善和算法科学的优点，模型解释性更强，且在样本量小的情况下，相比 BP 神经网络，SVM 所需样本少，预测能力更强	对非线性问题没有通用解决方案，必须谨慎选择核函数来处理

湿地生态系统健康评价有多种方法，这主要是因为：首先，湿地生态系统是复合非线性生态系统，具有复杂多样性，在对湿地生态系统进行健康评价时，难以形成一套系统性的标准评价方法。其次，影响某一湿地生态系统健康状况的指标繁杂多样，并且具有极大的主观性，筛选指标具有一定的困难和不确定性，不同的评价指标有不同的适用评价方法，最终导致评价方法的多样化。最后，对于湿地健康的评价标准方法也存在许多异议，并没有确定的评判标准方法。

第五节　湿地生态系统健康评价的指标体系

一、湿地生态系统健康评价指标体系构建流程

构建湿地生态系统健康评价指标体系必须遵循生态规律、经济规律和社会规律，采用科学的方法和手段，确立的指标必须是能够通过调查、监测、测试分析、评议等方式得出明确结论的定性或定量指标。本着构建湿地生态系统健康评价指标体系的科学性原则，本书首先对国内外相关研究文献进行广泛深入调研，寻找评价框架划分的理论依据，并总结国内外湿地生态系统健康评价的案例、指标选择原则、评价方法等异同，综合平衡各要素，通过多参数、多标准、多尺度分析与衡量，从整体的相互作用出发，注重多因素的综合性分析。根据调研和综合分析结果对指标体系进行初步构建，从物理指标、化学指标、生物指标和社会指标等角度，分别界定概念、确定构建原则和评价方法，分层次对指标体

系进行构建，同时将指标体系的各个要素相互联系构成一个有机整体，从而形成指标体系。随后选择具有典型性的湿地，开展案例验证，验证指标的代表性、科学性和可操作性。对验证结果进行总结，并进一步调研文献，针对部分指标从整体层次上把握评价目标的协调程序，以保证评价的全面性和可信度；按照指标间的层次递进关系，尽可能体现层次分明，通过一定的梯度准确反映指标之间的隶属关系，同时兼顾不同类型湿地的区域性特色指标以及动态性变化规律。整个湿地生态系统健康评价指标体系构建流程如图 1-1 所示。

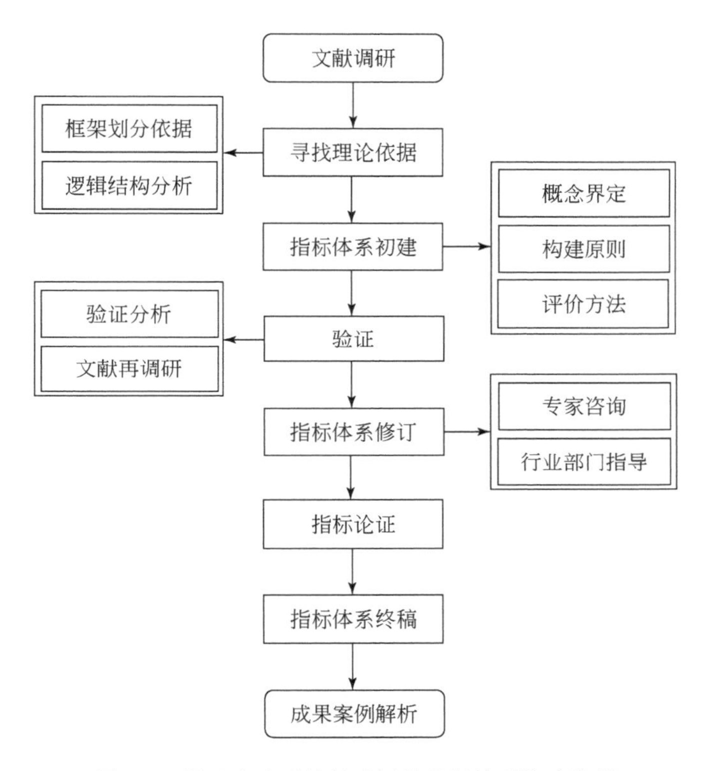

图 1-1　湿地生态系统健康评价指标体系构建流程

二、文献调研与理论依据

随着湿地生态系统健康概念的发展，湿地生态系统健康评价指标也由单一指标或者复合指标向反映湿地生态系统结构、功能和生态系统水平的综合指标发展（He et al., 2019）。湿地生态系统健康评价指标包括系统综合水平、群落水平、种群及个体水平等多尺度的生态指标，还包括物理、化学方面的指标，以及社会经济、人类健康等人文指标，反映湿地生态系统为人类社会提供生态系统服务的质量与可持续性。根据湿地生态系统健康的含义，一系列指标可用来评价湿地生态系统健康状况（表 1-3）。对于最常见的湿地生态系统健康评价，其评价指标体系一般分为生态指标、物理化学指标、人类健康指标和社会经济指标。Borja 等（2016）指出生态健康评价的指标体系通常包括物理指标、化学指标和生物指标。美国环境保护局（USEPA，2016）通过建立物理指标、化学指标和生物指标体系，首次在国家尺度上评价了美国湿地生态系统健康状况，并明确了关键的压力来源。Lu 等（2015）建议用生物指标、物理化学指标和社会经济指标来评价生态系统健康状况。在美国湿地生态系统健康评价一级评价当中，描述湿地类型（包括水文、土壤、植被和景观信息等指标）、地形条件、湿地功能与价值等方面指标是必需的。

表 1-3　湿地生态系统健康评价指标分类比较

指标分类	评价指标	相关研究
生态指标、物理化学指标、社会经济指标、人类健康指标	生态指标（动植物区系、生物多样性、景观多样性、生物量、生境质量、生态功能）；物理化学指标（大气、水、土壤）；社会经济指标（GDP、失业率）；人类健康指标（死亡率、文化水平、疾病发生程度）	罗跃初等，2003
生态特征指标、功能整合性指标、社会环境指标	生态特征指标（机能障碍指示物、暴露指标）；功能整合性指标（物理、化学、生物、水文）；社会环境指标（社会投资和效益）	崔保山和杨志峰，2002a
外部指标、环境要素状态指标、生态指标	外部指标（污染物输入、供水量等）；环境要素状态指标（透明度、总氮、总磷、溶解氧、生化需氧量）；生态指标（群落特征、结构、生态位等）	刘永等，2004
生物物理指标、生态学指标、社会经济指标	生物物理指标（生物多样性、景观指数）；生态学指标（水环境指标）；社会经济指标（人口密度、利用情况）	袁兴中等，2001；程子卿等，2016
生物指标、物理化学指标、社会经济指标	生物指标（生物多样性、外来入侵物种）；物理化学指标（湿地面积变化率、水质、土壤重金属）；社会经济指标（土地利用强度、人口密度、保护意识）	Rapport，1992；Lu et al.，2015；Chen et al.，2019
物理指标、化学指标和生物指标	物理指标（湿地率、斑块密度）；化学指标（土壤污染物、富营养化状况、水质）；生物指标（物种丰度、植被生物量、生物多样性、重点物种、外来入侵物种）	Borja et al.，2016；USEPA，2016；Cheng et al.，2018；He et al.，2019；Liu et al.，2020a
目标函数系统能指标、系统能结构指标、生态缓冲容量指标、湖泊营养状态指数		胡志新等，2005
压力指标、状态指标、响应指标	压力指标（总用水量、氨氮排放量）；状态指标（总氮、总磷、氨氮）；响应指标（湿地保护意识、生态投资比例）	麦少芝等，2005；Sun et al.，2016；王贺年等，2019
生物学、社会经济学、人类健康、社会公共政策	生物学（新陈代谢、初级生产力、结构层次、结构多样性、自救能力、负荷能力）；社会经济学；人类健康；社会公共政策	姚艳玲和刘惠清，2004；
早期预警指标、适宜程度指标、诊断指标		Rapport et al.，1999

理想状态下，湿地生态系统健康评价的指标体系应该包括与生态系统结构和功能有关的关键信息，并能够表征评估目标。然而，由于对湿地生态系统健康认识的不同和研究目

标的差异，评价指标的选择原则也不同。另外，研究尺度不同、区域差异和湿地类型的不同都会导致选取关键指标的差异（马广仁等，2016）。许多不同的指标都被用来反映和评价湿地生态系统健康（Sun et al.，2016），这导致了不同学者针对特定研究区构建的指标体系往往缺乏普适性。总的来说，很难选出全面的、科学性强、统一的湿地生态系统健康评价指标体系。但应注意的是，在构建湿地生态系统健康评价指标体系时，应选择能够反映该湿地生态系统健康状况的物理、生物和化学各个要素指标，同时考虑人类健康和社会经济因素的影响，从而构建一套合理的湿地生态系统健康评价指标体系。

三、狭义的湿地生态系统健康评价指标体系

（一）评价指标体系筛选与初建

在广泛调研国内外狭义的湿地生态系统健康评价研究基础上，选取国内外学者关注度高、在文献中出现频率高的指标作为候选指标（图 1-2）。主要包括湿地率、生境质量、斑块密度、水资源量、物种丰度、植被生物量、生物多样性、土壤/沉积物重金属污染、水体富营养化状况、水质状况、人口密度、农业发展、城镇化、围垦面积和湿地保护恢复，各指标出现频率如图 1-2 所示。

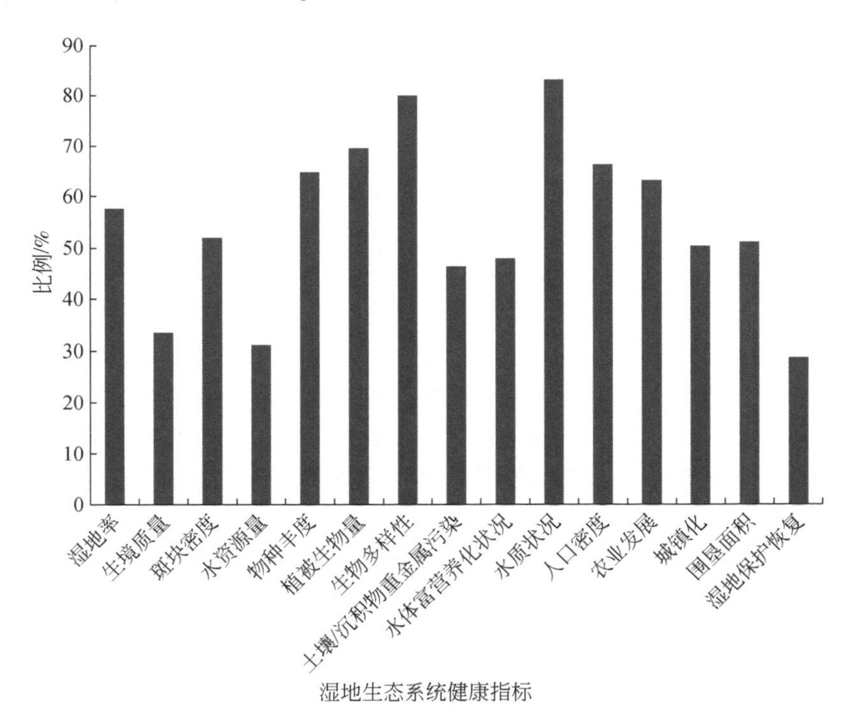

图 1-2　文献中出现频率高的狭义湿地生态系统健康指标

（二）评价指标体系构建依据

狭义的湿地生态系统健康是指湿地自身的健康，指标体系应该反映与生态系统结构和功能有关的关键信息。参考《红树林湿地健康评价技术规程》（LY/T 2794—2017）、《湿地生态状况评估技术规范》（DB34/T 3420—2019）、《江苏滨海淤长型湿地生态健康评价技术规程》（DB32/T 2610—2013）、《湿地生态系统评价规范》（DB23/T 2378—2019）、《湿地生态质量评价技术规范》（HJ 1339—2023）和《湿地生态质量评估规范》（DB11/T 1503—2017），以及文献研究的报道。湿地生态系统健康评价指标选取以科学性、可获得性、易操作性、代表性、系统整体性和优先选择定量指标为主要原则，具体包括：

1）科学性原则

评价指标一定要建立在科学基础上，指标的概念必须明确，并且有一定的科

学内涵。指标应建立在湿地生态学基础之上，并且能够反映湿地生态系统结构的发展和演变规律等状况。科学性原则还要求权重系数的确定以及数据的选取、计算与合成等要以公认的科学理论为依托，避免指标之间的重叠和简单罗列。

2）可获得性原则

确定评价指标时要充分考虑到指标数据获得的难易程度，选择的指标必须容易获取和更新。指标获得性经济可行。

3）易操作性原则

指标的建立必须实用，并且简单易懂，便于评价者掌握和使用。优先选择简单常用的观测参数与测试指标。数据获取过程简洁，既能实现理论科学性，又有实际可操作性。

4）代表性原则

由于湿地生态系统具有复杂性，决定了其评价指标必须选择有代表性。所选择的因子一定要能够综合表征湿地生态系统的健康状况。因此，指标的选择一定要建立在对湿地生态系统结构、功能和针对评价目标的基础上，选择信息量大、容易获得、综合评价性强、代表性好、对生态系统状态变化具有高度响应性、可综合反映湿地生态健康状况的指标。

5）系统整体性原则

选取的指标要形成一个完整的体系，能够包含湿地生态系统的各个方面，任何生态系统健康都不是孤立存在的，必须从物理、生物、化学和社会经济等方面综合考虑。同时，又要避免指标体系过于复杂。在考虑各指标时，应当保持系统性，将指标因子作为整体加以研究（扈静，2012）。

6）优先选择定量指标原则

目前，有一些指标还很难做到定量化，但采用定性研究更容易受主观意识的影响。因此，在评价过程中优先采用定量指标，以期能够更准确地评价湿地生态系统健康状况。

除了遵循以上原则外，湿地生态系统健康评价指标的选取还应体现以下几个特征：

1）体现湿地生态系统结构状况

生态系统结构不仅影响其组成，还能反映生态系统功能，二者又对生态系统健康产生影响。景观格局是生态系统结构的重要组成部分。湿地生态系统景观格局变化既是景观背景下湿地生态系统对于土地利用变化的一种具体响应，同时也深刻影响着湿地生态系统在

整体上的功能实现。评价景观尺度湿地生态系统需要定量描述空间上的湿地面积、湿地率、水资源情况、斑块连通性等，同时，还需要对其生境的质量状况进行定量评价。因此，景观尺度上的指标是湿地生态系统健康评价指标体系的必要组成部分。

2）反映湿地生态系统特征

尽管湿地生态系统类型多样且分布广泛，不同类型的湿地生态系统有不同的特征，但它们之间也存在一些共同特点：在具有饱和或者浅层积水的湿地土壤中，有机物质得到有效积累并且分解缓慢，具有多种多样的植物和动物。因此，水、土壤和生物是湿地生态系统的三个最显著的特征。构建湿地生态系统健康评价指标体系时必须同时考虑到湿地的水、土壤和生物要素特征（马广仁等，2016），将湿地生态系统的水、土壤和生物要素分别纳入生物指标和化学指标。生物指标主要考虑反映植物要素的植被生物量，以及反映生物特征的物种丰度和生物多样性；化学指标主要考虑反映土壤/沉积物要素的土壤/沉积物重金属污染情况，以及反映水体特征的水体富营养化状况和水质状况。

3）考虑湿地生态系统功能

湿地是自然界最富有生物多样性和较高生产力的生态系统，是许多野生物种的重要繁殖地和栖息地，在保护生物多样性方面发挥了重要作用。从物种多样性的角度评价湿地的生物多样性特征，能反映湿地实际或潜在维持和保护自然生态系统的生态过程以及支持人类活动和保护生物多样性的能力，是湿地生态系统健康的重要特征之一。尽管湿地还具有洪水调蓄、水质净化、缓解气候变化和文化游憩等多种生态系统功能，此处选取最能反映湿地生态系统健康状况的维持生物多样性功能。

4）体现为未来生态系统管理明确方向的特征

人类活动是影响湿地生态系统健康状况变化的主要驱动因素。湿地开发和利用是从湿地生态系统中获得相关产品、服务功能等相关的经济利益，而保护和管理湿地的最终目的是使得湿地生态系统更好地服务于人类福祉。因此，在评价湿地生态系统健康状况时，将人类活动（开发利用、保护管理）和社会经济因素作为湿地生态系统健康状况变化的驱动因素（Liu et al.，2020a），有利于明确湿地生态系统健康状况变化的主要驱动因素，可为未来湿地生态系统的保护性管理提供方向。

综合以上湿地生态系统健康评价指标体系的构建原则与特征，本书从湿地生态学的基本原理出发，以湿地生态系统物理指标、生物指标和化学指标为基本框架，将湿地水、土壤、生物等要素作为主线，综合考虑景观格局变化因素，构建狭义的湿地生态系统健康评价指标体系。

（三）狭义的湿地生态系统健康评价指标体系

湿地生态系统健康评价是从整体上对湿地生态系统状况进行评估，不仅能直接反映湿地生态系统本身的物理、化学、生物等生态功能的完整性，还能间接反映人类活动、社会经济发展对湿地生态系统的扰动，以及湿地生态系统对人类福祉的影响。湿地生态系统健康评价的指标体系应该包括与生态系统结构和功能有关的关键信息，以确保能够表征评估目标。

本指标体系从狭义的湿地生态系统健康概念出发，结合评估目标，即揭示湿地生态系统健康时空变化的驱动机制，选取了综合反映湿地生态系统组成、结构、功能和恢复力的物理、化学和生物等指标，旨在从时间变化角度间接反映社会经济发展和人类活动对湿地生态系统健康的影响。本书构建的狭义湿地生态系统健康评价指标体系如表 1-4 所示。该指标体系包含物理指标、化学指标和生物指标三个一级指标和九个二级指标，这些指标综合反映了湿地生态系统结构、功能和恢复力。

表 1-4　狭义的湿地生态系统健康评价指标体系

一级指标	二级指标	三级指标	评价方法
物理指标	湿地率	湿地面积、评估区面积	湿地面积/评估区面积
	生境质量	各土地利用类型面积、评估区面积	生境质量指数
	斑块密度	斑块数量、评估区面积	景观格局分析
生物指标	物种丰度	维管束植物、鸟类、兽类、两栖爬行类、鱼类、昆虫和国家重点保护物种	物种数量/面积
	植被生物量	植被生物量	调查数据或空间数据
	生物多样性	维管束植物、鸟类、兽类、两栖爬行类、鱼类、昆虫	生物多样性指数
化学指标	土壤/沉积物重金属污染	镉、汞、砷、铅、六价铬、铜和锌	重金属综合污染指数
	水体富营养化状况	叶绿素 a、总磷、总氮、透明度和高锰酸盐指数	水体综合营养状态指数
	水质状况	pH、溶解氧、高锰酸盐指数、氨氮、总氮、总磷、铜、砷、汞、六价铬、镉和铅	水质综合状况指数

（四）指标意义及选取说明

（1）湿地率。湿地面积及其所占比例是湿地生态环境变化的直接结果，是湿地生态系统健康状况的直观表现。湿地率能够直接反映评估区范围内湿地面积和湿地的整体动态变化，便于分析影响因素，对湿地资源的合理开发和保护具有极为重要的意义。

（2）生境质量。生境质量用生境质量指标来表征，其反映了评价区土地利用状况的改变。区域土地利用及其结构变化不仅能够改变自然湿地景观组成，而且改变着景观要素之间的生态过程，进而影响湿地景观格局和功能。反映了人类活动和自然界的各种扰动变化对湿地生态系统的影响。

（3）斑块密度。单位面积上的斑块数量，是描述湿地景观破碎化的重要指标。数值越大，湿地破碎化程度越大。景观破碎化直接影响着景观中的生物多样性，因此斑块密度在功能上对物种的影响最为重要，是评价湿地生态系统健康现状的重要指标之一。

（4）物种丰度。物种丰度指群落内物种数目的多少。一个群落总是包括很多种动物，植物和微生物，识别组成群落的各种生物并列出他们的名录是测定群落中物种丰度的最简单的方法，也是群落调查的基本内容。物种丰度越大其结构越复杂，抵抗力稳定性就大。因此，物种丰度是湿地生态系统健康的重要特征之一。

(5) 植被生物量。生物量是指某一时间内单位面积所含所有生物种的总干重，是反映湿地生态系统活力的一项指标。植被生物量是湿地生态系统健康的重要特征之一。

(6) 生物多样性。生物多样性是指生命有机体赖以生存的生态综合体的多样性和变异性。湿地是自然界富有生物多样性和较高生产力的生态系统，是许多野生物种的重要繁殖地和觅食地，在保护生物多样性方面发挥了重要作用。从物种多样性的角度评价湿地的生物多样性特征，能反映湿地实际或潜在支持和保护自然生态系统与生态过程以及支持人类活动和保护生命财产的能力，是湿地生态系统健康的重要特征之一。

(7) 土壤/沉积物重金属污染。湿地作为重金属污染的一个有效汇集库，积累了许多重金属污染物，这些污染物不易被微生物分解，且在一定的物理、化学和生物作用下可释放到上层水体中，使湿地生态系统成为一个非常重要的次生污染源。湿地周围土壤和底泥或沉积物重金属污染物的含量是评价湿地生态系统健康及其潜在生态危害风险的重要指标之一。

(8) 水体富营养化状况。水体富营养化状况表征水环境质量，能够直接反映湿地的受污染状况。本书采用综合营养状态指数法对湿地的营养状况进行评价，以此来评价湿地生态系统内部组织的功能状况和系统活力。

(9) 水质状况。水质是表征水体环境质量的重要指标，能够直接反映湿地生态系统的受污染状况，同时间接反映湿地的水质净化能力，以此来评价湿地生态系统内部组织的功能状况和系统活力。

(五) 指标体系验证

所筛选的狭义的湿地生态系统健康评价指标体系能够较好地应用于我国湿地生态系统健康评价（Liu et al.，2020a）。无论是从指标的代表性、数据的可获得性，还是实施的可操作性方面，都通过了验证。验证结果表明：第一次全国湿地资源清查到第二次全国湿地资源清查期间，我国湿地生态健康综合指数提高了7.2%。我国的湿地保护与恢复政策显著改善了湿地生态系统健康状况，特别是在长江中游和青藏高原的东部和北部。尽管湿地保护与恢复政策在不影响农业产量的前提下，提高了湿地生态系统健康状况，但是湿地保护政策并没有遏制自然湿地面积的降低和生物多样性的丧失。研究结果为未来湿地生态系统管理指明了方向。具体而言，本书建议未来应该实施更加严格有效的湿地保护策略，包括扩大和完善湿地保护网络体系、严格遵循湿地保护红线、加强退化湿地的恢复，以及提高人们从湿地保护中获得收益，从而切实增强湿地保护意识。

四、广义的湿地生态系统健康评价指标体系

(一) 评价指标体系构建依据

广义的湿地生态系统健康评价指标体系应该体现社会-经济-自然复合生态系统的特征，包括湿地自身的健康和对外部扰动的适宜。湿地生态系统生态状况受人类社会经济发展的广泛影响，是社会-经济-自然复合生态系统。湿地生态系统健康不仅是生态学的健康，还包括社会、经济学和人类健康。因此，湿地生态系统健康评价还应考虑社会经济和

人类福祉，选择能够体现这些因素的社会性指标是构建广义湿地生态系统健康指标体系的重要内容。

综合广义湿地生态系统健康评价指标体系的构建依据，本书从湿地生态学的原理出发，以湿地生态系统物理、生物、化学和社会指标为体系，将湿地水、土壤、生物因素作为主线，综合考虑景观格局变化和社会经济因素。构建广义的湿地生态系统健康评价指标体系。

（二）广义的湿地生态系统健康评价指标体系

综合考虑湿地生态系统的特点与社会经济因素，构建的广义湿地生态系统健康评价指标体系，包括物理指标、生物指标、化学指标和社会指标共 4 个一级指标，15 个二级指标，见表 1-5。

表 1-5　广义的湿地生态系统健康评价指标体系

<table>
<tr><th>一级指标</th><th>二级指标</th><th>三级指标</th><th>评价方法</th></tr>
<tr><td rowspan="4">物理指标</td><td>湿地率</td><td>湿地面积、评估区面积</td><td>湿地面积/评估区面积</td></tr>
<tr><td>生境质量</td><td>各土地利用类型面积、评估区面积</td><td>生境质量指数</td></tr>
<tr><td>斑块密度</td><td>斑块数量、评估区面积</td><td>景观格局分析</td></tr>
<tr><td>水资源量</td><td>水资源量</td><td>统计数据</td></tr>
<tr><td rowspan="3">生物指标</td><td>物种丰度</td><td>维管束植物、鸟类、兽类、两栖爬行类、鱼类、昆虫和国家重点保护物种</td><td>物种数量/面积</td></tr>
<tr><td>植被生物量</td><td>植被生物量</td><td>调查数据或空间数据</td></tr>
<tr><td>生物多样性</td><td>维管束植物、鸟类、兽类、两栖爬行类、鱼类、昆虫</td><td>生物多样性指数</td></tr>
<tr><td rowspan="3">化学指标</td><td>土壤/沉积物重金属污染</td><td>镉、汞、砷、铅、六价铬、铜和锌</td><td>重金属综合污染指数</td></tr>
<tr><td>水体富营养化状况</td><td>叶绿素 a、总磷、总氮、透明度和高锰酸盐指数</td><td>水体综合营养状态指数</td></tr>
<tr><td>水质状况</td><td>pH、溶解氧、高锰酸盐指数、氨氮、总氮、总磷、铜、砷、汞、六价铬、镉和铅</td><td>水质综合状况指数</td></tr>
<tr><td rowspan="5">社会指标</td><td>人口密度</td><td>人口数量、评估区面积</td><td>人口数量/评估区面积</td></tr>
<tr><td>农业发展</td><td>作物产量、农业总产值</td><td>统计数据</td></tr>
<tr><td>城镇化</td><td>湿地转城镇面积</td><td>空间分析</td></tr>
<tr><td>围垦面积</td><td>湿地转农田面积</td><td>空间分析</td></tr>
<tr><td>湿地保护恢复</td><td>退耕还湿面积</td><td>空间分析</td></tr>
</table>

（三）指标意义及选取说明

增补的广义湿地生态系统健康评价指标意义及选取说明如下：

（1）水资源量。是湿地重要的水文指标，表征湿地生态系统的水文状态，是维持湿地生态系统基本功能的保证，体现湿地蓄水量等综合作用，以此来评价湿地生态系统内部组织的功能状况和系统活力。

（2）人口密度。人类活动对湿地生态系统的结构和功能的实现存在潜在威胁，通过人口密度表征湿地生态系统所受的人口压力，能够间接反映人类活动强度，是湿地生态系统健康的胁迫指标。

（3）农业发展。农业发展对湿地生态系统的结构和功能的实现存在潜在威胁。农业发展反映了湿地遭受人类干扰的程度，是湿地生态系统健康的一项外部压力指标。通常用作物产量和农业总产值来表征。

（4）城镇化。城镇化对湿地生态系统的结构和功能的实现存在潜在威胁。城镇化反映了湿地遭受人类干扰的程度，是湿地生态系统健康的一项外部压力指标。通常用湿地转化为城镇的面积来表征。

（5）围垦面积。围垦对湿地生态系统的结构和功能的实现存在潜在威胁。围垦反映了湿地遭受人类干扰的程度，是湿地生态系统健康的一项外部压力指标。通常用湿地转化为农田的面积来表征。

（6）湿地保护恢复。湿地保护恢复反映出当地主管部门对湿地保护的重视程度和认知的宣传程度，是湿地生态系统健康的响应指标，能够反映人类社会对维护和改善湿地生态系统状态的资金投入、科研水平及管理能力。通常用退耕还湿面积来表征。

第六节　湿地生态系统健康评价指标的标准化与权重

一、湿地生态系统健康评价指标的标准化

在进行湿地生态系统健康综合评价时，由于评价目标和评价尺度的不同，会涉及很多不同类型、不同含义、不同量纲、不同数量级的指标，不利于统一分析和评价。为了统一标准，需要对所有的评价指标进行标准化处理，使其转化为量纲一的数值，以实现指标间的加权处理。根据这些指标代表的不同含义和湿地生态系统健康状况的对应关系进行分级，以反映湿地生态系统健康状况从好到差的时间变化和空间变化。

本书采用极值归一化法将各类指标的取值换算成 0 ~ 1 标准化的量纲，从而实现评价因子的标准化。对于与湿地生态系统健康正相关的指标，定义其与湿地生态健康状况的对应关系为：0 代表生态系统健康状况最差，1 则代表生态系统健康状况最好；对于其物理意义恰与前者相反，即与湿地生态系统健康负相关的指标，将其进行逆转换，得到相应意义上的 0 ~ 1 标准化值。

二、湿地生态系统健康评价指标的权重

采用层次分析法（AHP）确定指标权重。AHP 是美国数学家 A. L. Satty 于 20 世纪 70 年代提出的多指标综合评价的定量系统分析方法，它是一种将决策者对复杂系统的决策思维过程模型化、数量化的方法。其主要思路是：首先，将所研究的问题分解成多个组成要

素，将这些要素按照相互间的支配关系进行分组，使之形成有序的递阶层次；其次，通过两两比较的方式判定各个层次中一种因素相对于另一种要素的重要性，以此类推；最后，根据研究者的判断决定因素重要性的总体顺序（表1-6）。AHP本质上是一种系统分析方法，由于其具有在研究系统各组分相关性及系统所处环境的基础上进行决策的特点，因此对于处理类似研究中所涉及的生态系统健康状况评价这样的复杂问题，是一种极其有效的决策方式（上官修敏，2013）。

表1-6 判断矩阵标度及对应的含义

标度	含义
1	相对于某种因素来说同等重要
3	相对于某种因素来说稍微重要
5	相对于某种因素来说明显重要
7	相对于某种因素来说强烈重要
9	相对于某种因素来说极端重要
2、4、6、8	介于相邻两种判断的中间情况
倒数	两两对比颠倒的结果，即指标 j 相对于指标 i 来说

采用AHP法确定指标权重的具体步骤如下：

（1）确定目标和评价指标集 B；

（2）建立两两比较的判断矩阵；

（3）以 A 表示目标元素，B_i 表示评价因素，B_i 为任意 B（i=1，2，3，…，n）。B_{ij}表示 B_i 对 B_j 的相对重要程度的判断值（j=1，2，3，…，n）。

（4）计算重要性排序。

根据 **A-B** 矩阵，求出最大特征根所对应的特征向量。所求特征向量即为各评价要素重要性排序，也就是权数分配。

利用公式（1-1）进行一致性检验。

$$\mathrm{CR}=\mathrm{CI}/\mathrm{RI} \tag{1-1}$$

$$\mathrm{CI}=(\lambda_{\max}-n)/(n-1) \tag{1-2}$$

式中，CR为判断矩阵的随机一致性比率，当CR<0.10则说明判断矩阵具有较为满意的一致性；CI为一般一致性指标；RI为平均随机一致性指标，对于1～9阶矩阵，RI值如表1-7所示；n 为评价因素的个数；$\lambda_{\max}$为计算最大特征根。

表1-7 判断矩阵平均随机一致性指标

n	1	2	3	4	5	6	7	8	9	10
RI	0.00	0.00	0.58	0.90	1.12	1.24	1.32	1.41	1.45	1.49

在以上构建湿地生态系统健康评价指标体系、指标的标准化与确定的指标权重基础上，选择湿地生态系统健康适宜的评价方法，结合要评价的具体湿地生态系统性质和特点，对目标湿地进行生态系统健康评价。

第二章 典型湖泊湿地生态健康评价

第一节 研究背景

全球超过10亿人直接以湿地为生（RCW，2018）。快速的社会经济发展导致湿地面积退化和生态系统健康恶化（Tian et al.，2016），仅20世纪，全球湿地就消失了64%。针对这些问题，很多国家实施了大面积的湿地生态保护与恢复项目，以减轻湿地损失并改善生态系统健康（Li et al.，2021）。截至2024年，我国已实施湿地保护修复项目4100多个（人民日报海外版，2023）。建立湿地类型自然保护地2200多个，其中国际重要湿地82处、国家重要湿地58处、国家湿地公园903处、国际湿地城市13个和535个国家级水产种质资源保护区（Guo et al.，2019；郭子良等，2019；国家林业和草原局科学技术司，2021；新华社，2024），形成了湿地保护区网络体系。随着湿地保护修复项目的实施和湿地保护区网络的建设，我国湿地保护率从20世纪90年代的25.6%提高到2019年的52.2%。目前，全球172个缔约方境内建立了2513个国际重要湿地，保护了全球25 730万 hm^2 湿地（Ramsar，2024）。

大规模的湿地保护修复措施会遏制湿地的损失，提高湿地生态系统健康及其提供给人类的福祉（Liu et al.，2020a），如净化水质和温室气体减排，增加生物多样性保护（Crooks et al.，2018；Cheng et al.，2020；Su et al.，2021），从而促进湿地的可持续保护与利用。然而，湿地生态健康状况也受到人类主导的社会经济发展的严重影响（Kirwan and Megonigal，2013；Song et al.，2020），有可能抵消大规模湿地保护修复措施带来的湿地生态健康状况的改善。因此，评价社会经济发展和湿地保护修复措施对湿地生态健康的整体作用至关重要，这将有助于更好地了解它们对湿地生态健康的净影响，并优化未来湿地适应性管理的措施和途径。

近年来，越来越多的研究评价了人类活动和社会经济发展导致的湿地生态系统健康恶化（Bridgewater and Kim，2021），如水质恶化、生物栖息地退化以及滨海湿地污染（Cheng et al.，2018；Kong et al.，2021；Zhao et al.，2021）。此外，也有研究评价了湿地保护修复措施带来的生态效益，如硝酸盐去除、氮污染清除和生物多样性保护（Benayas et al.，2009；Cheng et al.，2020；Su et al.，2021）。然而，以往对湿地生态健康的研究大多集中在单一指标（Cheng et al.，2020）或上述单一影响因素（Cheng et al.，2018；Su et al.，2021）。综合评估社会经济发展和湿地保护修复措施这两个因素影响下湿地生态健康的时间和空间变化，有助于评估湿地保护修复措施的效果，辨识保护措施的不足和未来保护的方向。Liu等（2020a）基于省级统计数据，评价了我国湿地生态系统健康的时空变化及其驱动因素。然而，在社会经济发展和湿地保护修复措施双重影响下，基于长期监测的特定湿地综合生态系统健康状况的空间变化研究仍然很少。

为了揭示湿地保护修复措施和社会经济发展对湿地生态健康的影响，我们以衡水湖国家级自然保护区为例，由于其地处人口稠密的华北平原，农业围垦和城市建设活动强度大，加上工业和农业废水排放，对湿地生态系统健康造成了严重风险。自2000年河北衡水湖湿地和鸟类省级自然保护区成立，并于2003年晋升为国家级自然保护区以来，实施了一系列湿地保护修复项目（如湿地恢复项目、湿地污染治理项目、栖息地保护项目和生态移民项目），这些项目有可能改善生态系统健康。因此，衡水湖国家级自然保护区长期处于人类开发利用和保护等管理措施相互作用过程中（邓晓梅等，2011），是研究社会经济发展和湿地保护修复措施这两个因素对湿地生态健康影响的典型案例。尽管以往有对衡水湖湿地生态健康方面的研究（解莉，2007；王贺年等，2019），但大多数研究主要集中在特定时期的定性评估。对衡水湖湿地生态健康的时间和空间变化进行定量研究，对明确未来湿地保护管理策略至关重要。此外，研究典型湿地生态系统健康的时空动态变化，有助于了解湿地保护修复措施和社会经济发展影响对更多的湿地生态健康状况的影响。

本书采用湿地生态系统健康综合评价方法，分析了2000～2019年社会经济发展和湿地保护修复措施双重作用下衡水湖国家级自然保护区生态健康的时空动态变化，以及社会经济发展（即人口密度、作物产量、农业总产值、湿地转化为城镇和湿地转化为农田）、湿地保护修复措施（即农田转化为湿地）与生态系统健康之间的关系。旨在①明确过去19年来衡水湖湿地生态健康状况的时空动态变化；②阐明社会经济发展和湿地保护修复措施双重作用对湿地生态健康产生的净影响；③为改善湿地健康状况管理决策的制定提供有价值的策略。

第二节　研究区域概况及评价方法

一、研究区域概况

河北衡水湖国家级自然保护区（115°28′27″E～115°42′54″E，37°31′39″N～37°41′16″N）位于河北省衡水市境内。行政区域上，下辖彭杜村乡、郑家河沿镇、小寨乡、冀州镇、魏家屯镇和徐家庄乡六个乡（镇）和一个河北衡水湖国家级自然保护区管理委员会。保护区生态系统类型由沼泽、水域、林地、湖泊、河流、居民区、草甸和耕地等多种生境组成（图2-1，见彩图）。保护区总面积为1.64万hm^2，蓄水面积为0.75万hm^2，包括东湖和西湖两个湖泊。东湖面积为0.10万hm^2，湖水的平均深度为1.5～2.0m，最大深度为3.5m。东湖被人工修建的硬质岸堤隔绝成大湖和小湖两部分（王乃姗等，2016）；西湖面积为0.32万hm^2，目前未蓄水，主要以种植农作物和作为养殖场和乡镇企业用地为主。湖区土壤类型为潮土和盐土。优势植物有芦苇和香蒲（Zhang et al.，2009；刘魏魏等，2021）。

图 2-1 研究区主要生态系统类型

二、评价方法

（一）湿地生态健康综合评价指标

湿地生态健康综合评价指数（integrated ecosystem health assessment index，IEAI；量纲一）是由物理指标、生物指标和化学指标组成（表 2-1），反映了社会经济发展和湿地保护修复措施双重作用下湿地生态系统结构、状态和功能的变化。这些指标容易获得，并经常用于评价湿地生态健康状况（Lu et al.，2015；Tang et al.，2018；Liu et al.，2020a）。湿地生态健康综合评价指数可通过式（2-1）计算获得

$$\mathrm{IEAI} = \mathrm{PHI} \times W_{\mathrm{PHI}} + \mathrm{BII} \times W_{\mathrm{BII}} + \mathrm{CHI} \times W_{\mathrm{CHI}} \tag{2-1}$$

式中，PHI（physical index）为生态健康物理指数；BII（biological index）为生态健康生物指数；CHI（chemical index）为生态健康化学指数；PHI、BII 和 CHI 值（量纲一）分别通过式（2-2）、式（2-7）和式（2-10）计算获得；W_{PHI}、W_{BII}和 W_{CHI}分别为物理指数权重（量纲一）、生物指数权重（量纲一）和化学指数权重（量纲一），数值具体计算方法见第（二）部分。

表 2-1　湿地生态健康评价指标体系

类别	指数	公式	参考文献
物理指标	湿地率	WRI=AW/ANR	—
	生境质量	$HQI=NC\times\frac{0.18\times AF+0.23\times AG+0.40\times AW+0.08\times AC+0.01\times AR+0.10\times AO}{ANR}$	环境保护部，2015
	斑块密度	PDI=PD/ANR	—
生物指标	物种丰度	SAI=WSN/ANR	—
	植被生物量	—	—
	生物多样性	$BDI=\left(\frac{N_V}{635}\times0.25+\frac{N_P}{3662}\times0.25+0.125\right)\times100$	环境保护部，2011
化学指标	土壤/沉积物重金属污染	$P_n=\sqrt{\frac{\max(P_i)^2+\mathrm{ave}(P_i)^2}{2}}$	王磊等，2020
	水体富营养化状况	$TLI=\sum W_j\times TLI(j)$	汪明宇等，2019
	水质状况	$WQI=\sum_{i=1}^{n}WQI_i/n\times100$	郑灿等，2018

（二）湿地生态健康评价指标权重

采用层次分析法（AHP），并参照《中国湿地资源 · 总卷》(国家林业局，2015）和 Liu 等（2020a）的权重，获得各指标的权重值。

1. 确定目标和评价指标集

根据构建的衡水湖湿地生态健康评价指标和层次分析法专业软件 Yaahp V. 6. 0 版，建立衡水湖湿地生态健康评价体系的层次结构模型，即目标层、准则层和指标层，确定评价目标和评价指标集（图 2-2）。

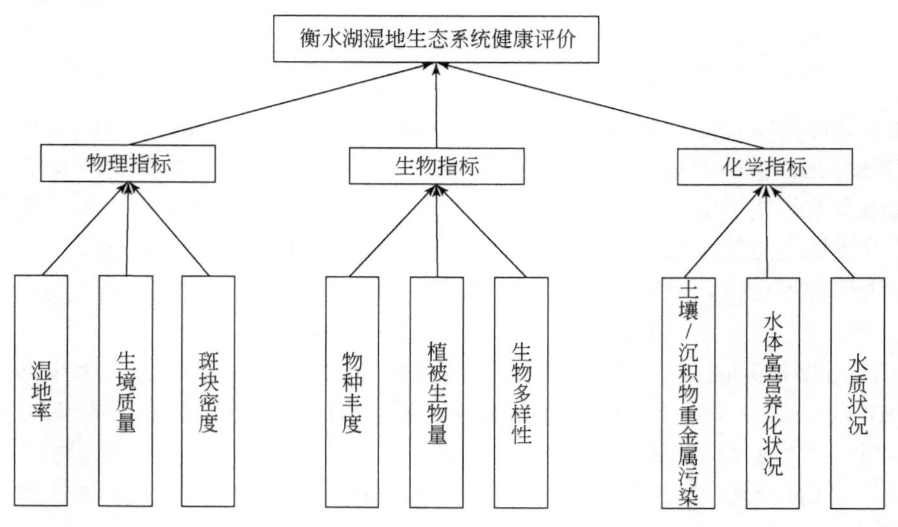

图 2-2　湿地生态健康评价体系的层次结构模型

2. 判断矩阵

在构建的层次结构模型基础上，建立判断矩阵，通过对判断矩阵进行层次单排序和层次总排序，并判断矩阵一致性，得出各指标的权重值。

1）准则层权重

经检验，CR<0. 1000，判断矩阵具有满意的一致性。经判断矩阵一致性分析，可得出以下结果：衡水湖湿地生态健康评价判断矩阵 $\lambda_{max}=3.0536$；CI = 0. 0268；RI = 0. 5800；CR = 0. 0516<0. 1000，通过一致性检验，对总目标的权重为 1. 0000（表 2-2）。

表 2-2 湿地生态健康评价判断矩阵及指标权重

生态健康指标	物理指标	生物指标	化学指标	W_i
物理指标	1	1/2	1/2	0. 220
生物指标	2	1	2	0. 473
化学指标	2	1/2	1	0. 307
W_i	0. 220	0. 473	0. 307	

2）指标层权重

衡水湖湿地生态健康物理指标判断矩阵 $\lambda_{max}=3.0000$；CR = 0<0. 1000，通过一致性检验，对总目标的权重为 0. 220。（表 2-3）。

表 2-3 湿地生态健康物理指标判断矩阵及指标权重

物理指标	湿地率	生境质量	斑块密度	W_i
湿地率	1	1	5	0. 455
生境质量	1	1	5	0. 455
斑块密度	1/5	1/5	1	0. 091
W_i	0. 455	0. 455	0. 091	

衡水湖湿地生态健康生物指标判断矩阵 $\lambda_{max}=3.0536$；CR = 0. 0516<0. 1000，通过一致性检验，对总目标的权重为 0. 4730（表 2-4）。

表 2-4 湿地生态健康生物指标判断矩阵及指标权重

生物指标	物种丰度	植被生物量	生物多样性	W_i
物种丰度	1	2	1	0. 381
植被生物量	1/2	1	1/4	0. 159
生物多样性	1	4	1	0. 461
W_i	0. 381	0. 159	0. 461	

衡水湖湿地生态健康化学指标判断矩阵 $\lambda_{max}=3.0536$；CR = 0. 0516<0. 1000，通过一致性检验；对总目标的权重为 0. 3070（表 2-5）。

表 2-5　湿地生态健康化学指标判断矩阵及指标权重

化学指标	土壤/沉积物重金属污染	水体富营养化状况	水质状况	W_i
土壤/沉积物重金属污染	1	1/2	1/2	0.199
水体富营养化状况	2	1	1/2	0.313
水质状况	2	2	1	0.489
W_i	0.199	0.313	0.489	

3）指标权重

对以上三类指标的判断矩阵进行权重计算与归一化处理，并最终得到衡水湖湿地生态健康评价指标体系的权重值（表 2-6）。

表 2-6　湿地生态健康评价各项指标权重

评价指标	物理指标	生物指标	化学指标	W_i
	0.220	0.473	0.307	
湿地率	0.455	—	—	0.100
生境质量	0.455	—	—	0.100
斑块密度	0.091	—	—	0.020
物种丰度	—	0.381	—	0.180
植被生物量	—	0.159	—	0.075
生物多样性	—	0.461	—	0.218
土壤/沉积物重金属污染	—	—	0.199	0.061
水体富营养化状况	—	—	0.313	0.096
水质状况	—	—	0.489	0.150

（三）湿地生态健康物理指数

物理指数（PHI）包括湿地率、生境质量和斑块密度。这些指标由于具有代表性且易于获得，被广泛用于衡量湿地生态系统物理指数（环境保护部，2015；Wheeler et al., 2015；Liu et al., 2020a）：

$$\mathrm{PHI}=\mathrm{WRI}\times W_{\mathrm{WRI}}+\mathrm{HQI}\times W_{\mathrm{HQI}}+\mathrm{PDI}\times W_{\mathrm{PDI}} \tag{2-2}$$

式中，WRI 为湿地率归一化值（量纲一）；HQI 为生境质量归一化值（量纲一）；PDI 为斑块密度归一化值（量纲一）；WRI、HQI 和 PDI 值均在 0 ~ 1，可以通过式（2-3）计算获得；W_{WRI}、W_{HQI}和 W_{PDI}分别为湿地率的权重（量纲一）、生境质量的权重（量纲一）和斑块密度的权重（量纲一，表 2-6）。

$$\mathrm{WRI/HQI/PDI}=\frac{\mathrm{ORIV}-\mathrm{MINV}}{\mathrm{MAXV}-\mathrm{MINV}} \tag{2-3}$$

式中，ORIV、MINV 和 MAXV 分别为原始值、最小值和最大值。湿地率归一化值 WRI、生境质量归一化值 HQI 和斑块密度归一化值 PDI 的原始值分别利用式（2-4）、式（2-5）和式（2-6）计算获得。

WRI 原始值的计算方法如下式所示：

$$\mathrm{WRI}=\mathrm{AW}/\mathrm{ANR} \tag{2-4}$$

式中，AW 为湿地面积（hm^2）；ANR 为湿地自然保护区面积（hm^2）；数据来源于中国生态系统评估与生态安全数据库。

HQI 原始值利用环境保护部（2015）推荐的方法计算：

$$\mathrm{HQI}=\mathrm{NC}\times\frac{0.18\times\mathrm{AF}+0.23\times\mathrm{AG}+0.40\times\mathrm{AW}+0.08\times\mathrm{AC}+0.01\times\mathrm{AR}+0.10\times\mathrm{AO}}{\mathrm{ANR}} \tag{2-5}$$

式中，NC 为自然保护区生境质量的归一化系数（量纲一），其数值为 785.6（环境保护部，2015）；AF、AG、AC、AR 和 AO 分别为林地面积、草地面积、耕地面积、居住地和工矿交通用地面积，以及其他用地面积（hm^2）；AW 和 ANR 含义与式（2-4）一样。

PDI 原始值的计算方法如下式所示：

$$\mathrm{PDI}=\mathrm{PD}/\mathrm{ANR} \tag{2-6}$$

式中，PD 为斑块数量（量纲一）；ANR 含义与式（2-4）一样。

（四）湿地生态健康生物指数

由于衡水湖国家级自然保护区是鸟类迁徙的关键栖息地之一，研究区在维持生物多样性方面发挥着重要作用。本书选择物种丰度和生物多样性，以及具有最具代表性的生物量指标来衡量衡水湖湿地生态健康生物指标状况（Tang et al.，2018；Liu et al.，2020a）。生物指数（BII）根据研究区现场调查获得的数据（表 2-7）和参考文献的数据计算获得，具体计算公式如下：

$$\mathrm{BII}=\mathrm{SAI}\times W_{\mathrm{SAI}}+\mathrm{BMI}\times W_{\mathrm{BMI}}+\mathrm{BDI}\times W_{\mathrm{BDI}} \tag{2-7}$$

式中，SAI 为物种丰度指数归一化值（量纲一）；BMI 为生物量指数归一化值（量纲一）；BDI 为生物多样性指数的归一化值（量纲一）；SAI、BMI 和 BDI 归一化值的计算方法与式（2-3）一样，由原始值、最大值和最小值计算获得，SAI 和 BDI 的原始值具体计算方法如式（2-8）和式（2-9）所示；W_{SAI}、W_{BMI}和 W_{BDI}分别为物种丰度指数权重（量纲一）、生物量指数权重（量纲一）和生物多样性指数权重（量纲一，表 2-6）。

物种丰度指数 SAI 的原始值利用如下公式计算获得

$$\mathrm{SAI}=\mathrm{WSN}/\mathrm{ANR} \tag{2-8}$$

式中，WSN 为野生动植物物种（包括鸟类、两栖爬行类、哺乳动物、鱼类、昆虫和维管束植物物种）数量（种）；2019 年的野生动植物物种数量（种）通过野外调查获得（调查样点见表 2-7）；2000 年和 2010 年的野生动植物物种数量（种）通过搜集文献获得（中国农业科学院等，2002；蒋志刚，2009；王金水等，2011；衡水市生态环境局，2020）。

生物量指数（BMI）的原始值通过中国生态系统评估与生态安全数据库获得。

生物多样性指数（BDI）利用环境保护部（2011）推荐的方法计算：

$$\mathrm{BDI}=\left(\frac{N_V}{635}\times0.25+\frac{N_P}{3662}\times0.25+0.125\right)\times100 \tag{2-9}$$

式中，N_V为野生动物（包括鸟类、两栖爬行类、哺乳动物、鱼类、昆虫）物种数量

（种）；N_P为野生维管束植物物种数量（种）；2019 年野生动物物种数量和野生维管束植物物种数量通过野外调查获得（表 2-7），2000 年和 2010 年的野生动物物种数量和野生维管束植物物种数量通过搜集文献获得（中国农业科学院等，2002；蒋志刚，2009；王金水等，2011；衡水市生态环境局，2020）。计算出 BDI 值后，利用 ArcGIS 10.2 的反距离权重（inverse distance weight，IDW）插值方法对研究区进行空间插值，获得整个研究区的生物多样性指数空间分布状况。

表 2-7 衡水湖国家级自然保护区野生动植物物种调查样点

样点	位置	样点	位置
SW1	釜阳新河-1	SW32	小湖隔堤附近-2
SW2	釜阳新河-2	SW33	魏屯闸
SW3	釜阳新河-3	SW34	冀州小湖隔堤-1
SW4	釜阳新河-4	SW35	冀州小湖隔堤-2
SW5	釜阳新河-5	SW36	冀州小湖隔堤-3
SW6	釜阳新河-6	SW37	冀州小湖隔堤-4
SW7	釜阳新河-7	SW38	冀州小湖隔堤-5
SW8	釜阳新河-8	SW39	冀州小湖隔堤-6
SW9	釜东排河-1	SW40	南关闸
SW10	釜东排河-2	SW41	大湖东部
SW11	釜东排河-3	SW42	冀州小湖东部-1
SW12	釜东排河-4	SW43	冀州小湖东部-2
SW13	釜东排河-5	SW44	冀州小湖东部-3
SW14	釜东排河-6	SW45	冀州小湖东部-4
SW15	釜东排河-7	SW46	冀州小湖东部-5
SW16	釜东排河-8	SW47	大湖西部-1
SW17	釜东排河-9	SW48	大湖西部-2
SW18	釜东排河-10	SW49	大湖西部-3
SW19	釜东排河-11	SW50	大湖西部-4
SW20	釜东排河-12	SW51	大湖西部-5
SW21	釜东排河-13	SW52	大湖西部-6
SW22	釜东排河-14	SW53	大湖西部-7
SW23	釜东排河-15	SW54	大湖西部-8
SW24	王口闸附近	SW55	大湖西部-9
SW25	大湖开阔水面-1	SW56	大湖西部-10
SW26	大湖开阔水面-2	SW57	西湖北部鱼塘-1
SW27	大湖开阔水面-3	SW58	西湖北部鱼塘-2
SW28	大湖开阔水面-4	SW59	西湖北部鱼塘-3
SW29	大湖开阔水面-5	SW60	西湖南部沟渠-1
SW30	顺民庄	SW61	西湖南部沟渠-2
SW31	小湖隔堤附近-1	SW62	西湖南部

（五）湿地生态健康化学指数

选取土壤/沉积物重金属污染物状况、水体富营养化状况和水质状况，三种被广泛用于量化湿地生态健康的化学指标（国家林业局，2015；Wheeler et al.，2015；Liu et al.，2020a），来反映衡水湖国家级自然保护区生态健康化学指数（CHI）。土壤/沉积物重金属污染物状况、水体富营养化状况和水质状况一般利用综合污染物指数（P_n，量纲一）、富营养化综合指数（TLI，量纲一）和水质综合状况指数（WQI，量纲一）来评价。由于CHI和P_n、TLI、WQI之间的物理意义相反，本书采取P_n、TLI、WQI指数的倒数，来反映化学指数情况。

$$\mathrm{CHI}=\frac{W_P}{P_n}+\frac{W_{\mathrm{TLI}}}{\mathrm{TLI}}+\frac{W_{\mathrm{WQI}}}{\mathrm{WQI}} \tag{2-10}$$

式中，P_n、TLI和WQI归一化值的计算方法与式（2-3）相同，其原始值基于衡水湖国家级自然保护区野外土壤/沉积物样品的采样与分析测试获得，然后分别利用式（2-11）、式（2-13）和式（2-19）的方法进行计算；W_P、W_{TLI}和W_{WQI}分别为土壤/沉积物重金属污染物权重（量纲一）、水体富营养化权重（量纲一）和水质综合状况权重（量纲一，表2-6）。

土壤/沉积物重金属污染物的综合污染物指数P_n利用王磊等（2020）推荐的方法计算：

$$P_n=\sqrt{\frac{\max(P_i)^2+\mathrm{ave}(P_i)^2}{2}} \tag{2-11}$$

$$P_i=\frac{C_i}{S_i} \tag{2-12}$$

式中，P_n为土壤/沉积物重金属污染物的综合污染物指数（量纲一）；P_i为土壤/沉积物重金属污染物i的单因子污染指数（量纲一；如镉、汞、砷、铅、六价铬、铜和锌）；C_i为土壤/沉积物重金属污染物i的实测含量（mg/kg，取样点位置见表2-8）；S_i为重金属污染物i的标准值（mg/kg），具体值参考生态环境部和国家市场监督管理总局（2018）制定的土壤环境质量农用地土壤污染风险管控标准。

2000年和2010年样点的土壤/沉积物重金属数据来自参考文献与前期当年的取样分析测试（Zhang et al.，2009；王倩，2015）。2019年的土壤/沉积物重金属数据通过野外实际采样（表2-8）与分析测试获得。计算出P_n值后，利用ArcGIS 10.2反距离权重（IDW）插值方法对研究区进行空间插值。

表2-8　衡水湖国家级自然保护区沉积物采样点位置（2019年）

样点	位置	样点	位置
A1	梅花岛	A6	大湖开阔水面-3
A2	新岛	A7	大湖开阔水面-4
A3	大湖东部	A8	魏屯闸
A4	大湖开阔水面-1	A9	冀州小湖开阔水面-1
A5	大湖开阔水面-2	A10	冀州小湖开阔水面-2

续表

样点	位置	样点	位置
A11	冀州小湖开阔水面-3	A15	大湖西部-1
A12	冀州小湖东部	A16	大湖西部-2
A13	冀州小湖隔堤-1	A17	大湖西部-3
A14	冀州小湖隔堤-2	A18	大湖北部

衡水湖水体富营养化状况的计算根据相关文献与标准（中国环境监测总站，2001；杨梅玲等，2013；汪明宇等，2019），采用综合营养状态指数法来进行评价，计算方法见式（2-13）：

$$\mathrm{TLI} = \sum W_j \times \mathrm{TLI}(j) \tag{2-13}$$

式中，W_j为水体第j项评价因子（包括叶绿素 a、总磷、总氮、透明度和高锰酸盐指数）营养状态指数的相对权重（分别为0.267、0.188、0.179、0.183和0.183，量纲一）；TLI（j）为水体第j项评价因子的综合营养状态指数（量纲一），计算方法见式（2-14）～式（2-18）。

$$\mathrm{TLI(Chla)} = 10\times(2.500+1.0861\times\ln\mathrm{Chla}) \tag{2-14}$$

$$\mathrm{TLI(TP)} = 10\times(9.436+1.624\times\ln\mathrm{TP}) \tag{2-15}$$

$$\mathrm{TLI(TN)} = 10\times(5.453+1.694\times\ln\mathrm{TN}) \tag{2-16}$$

$$\mathrm{TLI(SD)} = 10\times(5.118-1.940\times\ln\mathrm{SD}) \tag{2-17}$$

$$\mathrm{TLI(PI)} = 10\times(0.109+2.661\times\ln\mathrm{PI}) \tag{2-18}$$

式中，Chla 为水体叶绿素 a 的质量浓度（mg/L）；TP 为水体总磷质量浓度（mg/L）；TN 为水体总氮质量浓度（mg/L）；SD 为水体透明度（m）；PI 为水体高锰酸盐指数（mg/L）。Chla、TP、TN、SD 和 PI 的值通过研究区实际采样与测试分析获得（具体采样点见表2-9）。

表2-9　衡水湖国家级自然保护区水质监测点分布位置

2000年和2010年固定样点		2019年新增样点	
编号	位置	编号	位置
GD1	大赵闸	D1	小湖东岸-1
GD2	大湖开阔区	D2	小湖东岸-2
GD3	芦苇区	D3	小湖东岸码头
GD4	香蒲区	D4	小湖隔堤-1
GD5	顺民庄	D5	大湖西岸-1
GD6	魏屯闸/王口闸	D6	大湖西岸-2
GD7	小湖湖心	D7	大湖西岸-3
GD8	南关闸	D8	大湖北岸
GD9	南关新闸	D9	大湖桃花岛

续表

2000年和2010年固定样点		2019年新增样点	
编号	位置	编号	位置
		D10	大湖新岛
		D11	大湖芦苇区
		D12	大湖湖心
		D13	小湖隔堤-2
		D14	小湖隔堤-3
		D15	大湖鸟岛
		D16	大湖东岸-1
		D17	大湖东岸-2

水质综合状况指数法（WQI）是以单因子指数法为基础，与水体功能要求相对应，通过统计各指标的相对指数，确定水体污染程度（安国安等，2016；郑灿等，2018）。参照安国安等（2016）的方法，其计算公式见式（2-19）：

$$\mathrm{WQI}=\sum_{i=1}^{n}\mathrm{WQI}_i/n\times 100 \tag{2-19}$$

式中，WQI为水质综合状况指数（量纲一）；n为评价因子项目数；WQI_i为第i项评价因子（包括pH、溶解氧、高锰酸盐指数、氨氮、总磷、总氮、铜、砷、汞、六价铬、镉和铅）的水质指数（量纲一）。除溶解氧和pH之外，其他评价因子的指数计算公式为

$$\mathrm{WQI}_i=c_{ij}/c_{si} \tag{2-20}$$

式中，c_{ij}为评价因子i在监测点j的实测值（mg/L）；c_{si}为评价因子i的水质评价标准限值（mg/L）。

溶解氧的评价指数计算公式为

$$\mathrm{WQI}_{\mathrm{DO},j}=\mathrm{DO}_s/\mathrm{DO}_j \qquad \mathrm{DO}_j\leqslant\mathrm{DO}_f \tag{2-21}$$

$$\mathrm{WQI}_{\mathrm{DO},j}=\frac{|\mathrm{DO}_f-\mathrm{DO}_j|}{\mathrm{DO}_f-\mathrm{DO}_s} \qquad \mathrm{DO}_j>\mathrm{DO}_f \tag{2-22}$$

$$\mathrm{DO}_f=468/(31.6+T) \tag{2-23}$$

式中，$\mathrm{WQI}_{\mathrm{DO},j}$为水体溶解氧的评价指数（量纲一）；$\mathrm{DO}_j$为溶解氧在监测点$j$质量浓度的实测值（mg/L）；$\mathrm{DO}_s$为溶解氧的水质评价标准限值（mg/L）；$\mathrm{DO}_f$为饱和溶解氧的质量浓度（mg/L）；$T$为水温（℃）。

pH值的评价指数计算公式为

$$\mathrm{WQI}_{\mathrm{pH},j}=\frac{7-\mathrm{pH}_j}{7-\mathrm{pH}_{\mathrm{sd}}} \qquad \mathrm{pH}_j\leqslant 7 \tag{2-24}$$

$$\mathrm{WQI}_{\mathrm{pH},j}=\frac{\mathrm{pH}_j-7}{\mathrm{pH}_{\mathrm{su}}-7} \qquad \mathrm{pH}_j>7 \tag{2-25}$$

式中，$\mathrm{WQI}_{\mathrm{pH},j}$为监测点$j$的pH评价指数（量纲一）；$\mathrm{pH}_j$为监测点$j$的pH实测值（量纲一）；$\mathrm{pH}_{\mathrm{sd}}$为评价标准中pH的下限值（量纲一）；$\mathrm{pH}_{\mathrm{su}}$为评价标准中pH的上限值（量纲一）。

2000年、2010年和2019年固定样点的14个指标（即pH、溶解氧、叶绿素a、透明度、高锰酸盐指数、氨氮、总氮、总磷、铜、砷、汞、六价铬、镉和铅）的数据来自河北省衡水市水文水资源勘测局、河北省衡水生态环境监测中心和相关参考文献（刘振杰，2004；解莉，2007；范玉贞，2010；张彦增等，2010）。除2000年和2010年的固定样点外，2019年又额外增加了采样点（表2-9）。取样测试后，数据经均质化用于计算TLI和WQI，然后利用ArcGIS 10.2反距离权重（IDW）插值方法对研究区进行空间插值。

三、社会经济发展和生态保护与恢复对湿地生态系统健康变化的影响

社会经济发展和湿地保护与修复措施导致湿地生态系统健康的变化。本书使用人口密度、作物产量、农业总产值、湿地转城镇面积和湿地转农田面积来表征社会经济发展因素，使用农田转湿地面积来反映湿地保护与修复措施（表2-10）。评价这些因素对河北衡水湖国家级自然保护区生态健康综合指数变化的影响：①人口密度（人口密度的变化）；②农业发展（作物产量变化和农业总产值的变化）；③湿地转城镇面积（湿地转化为城镇的面积变化）；④湿地转农田面积（湿地转化为农田的面积变化），以及⑤农田转湿地面积（农田转化为湿地的面积变化）。

表2-10　衡水湖国家级自然保护区社会经济发展和生态保护与恢复因素

因素	时间	徐家庄乡	小寨乡	魏家屯镇	冀州镇	彭杜村乡	河北衡水湖国家级自然保护区管理委员会	郑家河沿镇
人口密度/(人/hm^2)	2000年	3.35	2.91	4.43	3.49	3.34	—	3.56
	2010年	3.46	2.91	4.31	3.54	2.91	—	3.75
	2019年	3.45	2.83	5.50	6.83	4.27	—	4.29
作物产量/10^3t	2000年	16.94	30.61	14.41	29.69	27.11	—	43.44
	2010年	17.91	18.32	18.87	24.64	31.16	—	44.99
	2019年	19.73	34.87	17.85	34.67	38.20	—	46.09
农业总产值/10^6元	2000年	113.00	120.02	41.77	138.63	95.01	—	161.83
	2010年	177.61	206.21	85.94	279.66	334.54	—	527.43
	2019年	197.34	296.25	145.76	197.54	194.76	—	399.17
湿地转城镇面积/hm^2	2000~2010年	0	0	9.81	30.78	0	6.75	0
	2010~2019年	1.35	3.15	2.25	72.18	0.54	11.79	11.97
湿地转农田面积/hm^2	2000~2010年	69.75	31.14	12.42	35.10	5.85	44.55	17.19
	2010~2019年	10.35	67.77	12.69	36.99	18.81	26.73	83.79
农田转湿地面积/hm^2	2000~2010年	13.68	32.85	0.00	25.65	0.00	0.00	4.50
	2010~2019年	8.64	57.24	3.96	38.52	24.03	47.43	129.60

注：—为无数据。

结构方程模型（structural equation model，SEM）强调通过研究路径关系来评价因果效应，着重理解直接路径和间接路径，是一种确定经验数据和理论之间强有力明确联系的科学方法。该方法非常适合研究复杂系统中多个过程的假设，并越来越多地被用于分析社会系统与生态系统之间的交互作用产生的效应（Grace et al.，2010；Kong et al.，2018）。本书中，我们使用结构方程模型来分析社会经济发展、湿地保护与恢复措施对衡水湖国家级自然保护区健康变化的直接影响和间接影响。结构方程模型的适宜性取决于它的拟合优度，使用卡方值（chi-square value，χ^2；$P>0.05$）、拟合优度指数（goodness of fit index，GFI>0.900）、比较拟合指数（comparative fit index，CFI>0.900）和近似均方根误差（root mean squared error of approximation，RMSEA<0.05）来表示模拟或预测关系与真实关系的接近匹配程度（Hooper et al.，2008；Kong et al.，2018）。数据在乡镇尺度上进行处理和分析，所有的变量都表示2000年、2010年和2019年变化的绝对值。使用离差标准化方法对所有的观测变量进行预处理。

四、数据来源和分析

研究区2000年、2010年和2019年的湿地面积、衡水湖国家级自然保护区面积、斑块数量、植被生物量、土地利用数据（30m×30m）来自中国生态系统评估与生态安全数据库。提取三期土地利用的湿地、城镇和农田生态系统类型，用ArcGIS 10.2的转移矩阵，计算湿地转农田面积、湿地转城镇面积和农田转湿地的面积。此外，物种数量（包括鸟类、两栖爬行类动物、哺乳类动物、鱼类、昆虫和维管植物物种）来自衡水湖国家级自然保护区实地调查（2019年的数据）和文献数据分析（2000年和2010年的数据；中国农业科学院等，2002；蒋志刚，2009；王金水等，2011；衡水市生态环境局，2020），这些数据用于估计物种丰度指数（SAI）和生物多样性指数（BDI）。

2019年的土壤/沉积物重金属污染物（包括镉、汞、砷、铅、六价铬、铜和锌）、水体富营养化（包括叶绿素a、总磷、总氮、水体透明度和高锰酸盐指数）和水质（包括pH、溶解氧、高锰酸盐指数、氨氮、总磷、总氮、铜、砷、汞、六价铬、镉和铅）数据来自衡水湖国家级自然保护区野外样品采样和实测分析，2000年和2010年的土壤/沉积物重金属污染物数据、水体富营养化数据和水质数据来自研究区固定样点监测与文献数据。①对于沉积物重金属污染物，使用TC—600重力抓斗底泥采样器采集深度在0～50cm的沉积物样品（取样点见表2-8）。采集后，将样品装入聚乙烯袋运回实验室。样品风干后，用研钵研磨样品便于后续分析。然后用HNO_3-$HClO_4$消解沉积物样品，并利用原子吸收分光光谱仪或原子荧光光谱仪分析镉、铅、六价铬、铜、锌、汞和砷的含量。标准物质（中国标准物质研究中心：GSS—7和GSS—22）和重复样品用于质量保证和控制，样品回收率为90%～110%。②对于水体富营养化和水质指标，利用采水器于各样点采集10～20cm处水样3L（样点见表2-9），并置于干净的聚乙烯瓶中，冷冻保存，带回实验室。用于测定pH、溶解氧、高锰酸盐指数、氨氮、总氮、总磷、铜、砷、汞、六价铬、镉、铅、透明度和叶绿素a，共计14个指标。采用玻璃电极法测定水体pH值；采用碘量法测定溶解氧；采用滴定法测定高锰酸盐指数；采用水杨酸分光光度法测定氨氮；采用碱性过硫酸钾消解紫外分光光度法测定总氮；采用钼酸铵分光光度法测定总磷；采用原子吸收分光光度法测定铜、镉和铅；采用原子荧光法测定砷和汞；采用二苯碳酰二肼分光光度法测定六价铬；采用铅字法测定透明度；采用乙醇萃取分光光度法测定叶绿素 a。

通过野外采样与测试分析（2019 年的数据）和文献搜集（2000 年和 2010 年的数据）获得各指标数据，经指数分析后，利用 ArcGIS 软件的反距离权重（IDW）插值方法将各指数变量（SAI、BDI、P_n、TLI 和 WQI）进行空间化处理，将变量插值到整个研究区域。2000 年、2010 年和 2019 年的人口数量、作物产量和农业总产值数据来自国家统计局农村社会经济调查司（2001，2011-2019）及河北省人民政府办公厅和河北省统计局（2001，2011，2019）。

利用冗余分析（redundancy analysis，RDA）和结构方程模型（SEM）评估社会经济发展、湿地保护与修复措施和衡水湖国家级自然保护区生态健康指数之间的关系。利用方差分解分析（variance partitioning analysis，VPA）来分析社会经济发展和湿地保护与修复措施对生态健康的贡献。使用 R V. 3. 6. 2 版本进行 RDA 和 VPA 分析。结构方程模型分析使用 Amos V. 24. 0（IBM North America，New York，USA）来实现。

第三节　湿地生态健康综合指数时空变化特征

衡水湖国家级自然保护区的生态健康综合指数平均值从 2000 年的 0. 2467（范围：0. 0087 ~ 0. 3922）增加到 2010 年的 0. 3393（范围：0. 0072 ~ 0. 5422），随后又略微下降到 2019 年的 0. 3320（范围：0. 0052 ~ 0. 5169）。从 2000 ~ 2019 年，衡水湖国家级自然保护区生态健康综合指数平均值提高了 34. 6%。衡水湖生态健康综合指数也表现出明显的空间变化。其中，湖泊、沼泽、绿地和河流聚集的东湖以及西湖的生态健康综合指数最高，其次是耕地，而居住地和工矿交通用地区域的生态健康综合指数较低（图 2-3）。2000 ~ 2010 年，衡水湖国家级自然保护区大部分区域的生态健康综合指数均呈现增长趋势，而 2010 ~ 2019 年又略微降低。尽管居住地和工矿交通用地区域生态健康综合指数的平均值呈先降低后上升趋势，但其空间差异较大导致其数值范围变化较大，研究期间大部分居住地和工矿交通用地区域的生态健康综合指数降低。

对于各乡镇来说，2000 ~ 2010 年，不同乡镇的生态健康综合指数也呈现出增长的趋势，而 2010 ~ 2019 年则略有下降。从空间分布上来看，河北衡水湖国家级自然保护区管理委员会的生态健康综合指数最高，其次是魏家屯镇和冀州镇，其他乡镇的生态健康综合指数差别不大（图 2-4）。这可能是因为东湖湖区主要归属于河北衡水湖国家级自然保护区管理委员会、魏家屯镇和冀州镇，该湖区的生态健康综合指数较高，从而导致这三个乡镇的生态健康综合指数也较高。

生态保护与恢复措施提高了生态系统健康状况（Ouyang et al.，2016；Huang et al.，2018；Kong et al.，2018；Liu et al.，2019；Liu et al.，2020a）。本书发现 2000 ~ 2019 年，衡水湖国家级自然保护区生态健康综合指数提高了 34. 6%。这是由于自 2000 年河北衡水湖湿地和鸟类省级自然保护区成立，并于 2003 年晋升为国家级自然保护区以来，当地政府出台与实施了一系列湿地保护政策与恢复工程（刘振杰，2004；衡水湖国家级自然保护

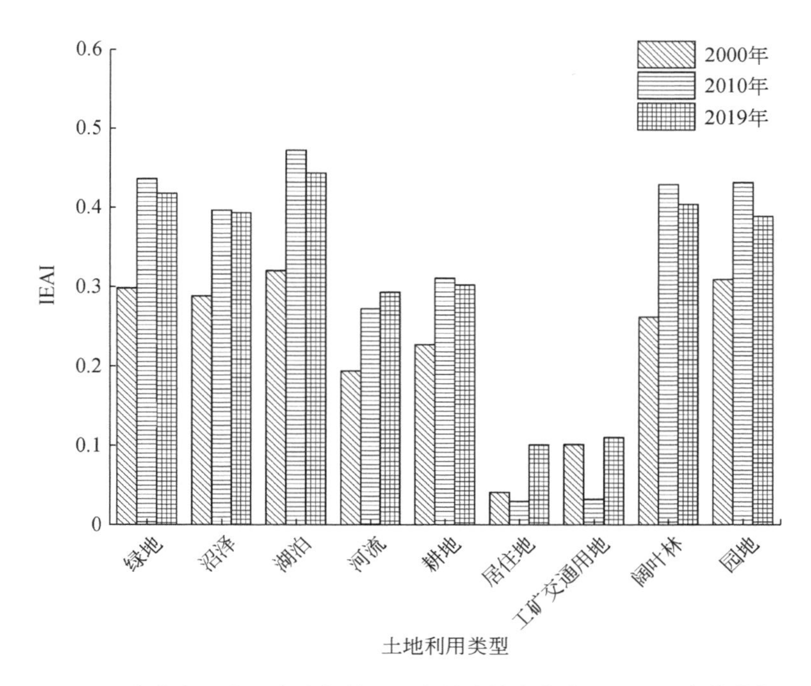

图 2-3　衡水湖国家级自然保护区生态健康综合指数（IEAI）变化特征

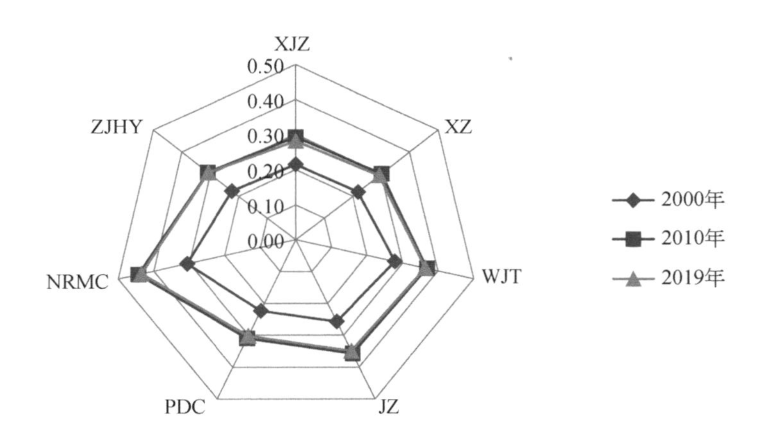

图 2-4　2000 年、2010 年和 2019 年衡水湖国家级自然保护区各乡镇生态健康综合指数（IEAI）变化特征

PDC，彭杜村乡；ZJHY，郑家河沿镇；NRMC，河北衡水湖国家级自然保护区管理委员会；XZ，小寨乡；JZ，冀州镇；WJT，魏家屯镇；XJZ，徐家庄乡

区管理委员会综合办公室，2010）。这些保护政策与恢复工程主要有四种类型：①湿地恢复项目：2003～2006 年实施的河北衡水湖湿地可持续管理示范项目，主要在滏阳新河附近进行湿地恢复（衡水湖国家级自然保护区管理委员会综合办公室，2012）；2010 年左右实施了衡水湖西湖、滏阳新河、盐河故道湿地恢复及引蓄水工程（衡水湖国家级自然保护区管理委员会综合办公室，2010）。同时还实施了衡水湖水禽栖息地保护与恢复示范项目、

河北衡水湖国家级自然保护区巡护工程和保护区基础设施建设项目，以及衡水湖滨湖带建设项目（衡水湖国家级自然保护区管理委员会，2012）；2016 年启动实施了中德财政合作衡水湖湿地保护与恢复项目。这一系列湿地保护政策和恢复措施使衡水湖湿地面积由2000年的5385hm^2 增长到 2010 年的 5443hm^2 和 2019 年的 5483hm^2。②湿地污染整治项目：2008 年，开展集中取缔治理衡水湖水质污染专项行动，清理取缔网箱养殖、拦网养殖和围埝养殖，并对湖区及周边六家污染企业实施了搬迁；2012 年起，规划实施顺民庄污染治理项目以及衡水湖富营养化与沼泽化生态调控工程（衡水湖国家级自然保护区管理委员会，2012），这些恢复措施使衡水湖湿地污染源得到根除，2000～2019 年衡水湖湿地富营养化综合指数（TLI）和水质综合状况指数（WQI）分别提升了 20.9% 和 53.4%（刘魏魏等，2021）。③栖息地保护措施：如实施衡水湖水禽栖息地保护和恢复示范项目，以及为减少人类活动对水鸟的干扰，封闭小湖隔堤等。这些保护措施使衡水湖国家级自然保护区的水鸟数量由 2000 年的 286 种增加到 2019 年的 324 种（中国农业科学院等，2002；衡水市生态环境局，2020）和 2023 年的 333 种，国家一级保护鸟类由原来的 7 种增至 21 种；昆虫由原来的 538 种增至 757 种，其中 33 种为河北省新记录。④生态移民项目：2012 年实施了原冀衡农场居住区拆迁工程（衡水湖国家级自然保护区管理委员会，2012）；2019 年实施了衡水湖国家级自然保护区核心区顺民庄村的整体搬迁与生态恢复工程，并计划于 2019～2024年用五年时间分两期完成衡水湖国家级自然保护区核心区、缓冲区及实验区中对生态有重要影响的 32 个村庄 1.8 万人的生态搬迁。这些生态移民项目通过降低人口密度改善了衡水湖湿地生态健康状况。自 2011 年衡水滨湖新区管理委员会成立后，在行政管理上切实加强了这一系列保护政策和恢复措施的落实，这些湿地生态保护与恢复措施有效地改善了衡水湖国家级自然保护区的生态健康状况，为多种鸟类创造了适宜的栖息、觅食和生存环境，缓解了水体污染状况。

第四节　湿地生态健康分指数时空变化特征

一、物理指数时空变化特征

衡水湖国家级自然保护区的生态健康物理指数平均值由 2000 年的 0.4171（范围：0.0109～0.9118）增长到 2010 年的 0.4389（范围：0.0237～0.9519），随后又降低到 2019 年的 0.4302（范围：0.0155～0.9127）。从空间分布上来看，衡水湖国家级自然保护区的东湖湖区、西湖坑塘区域的生态健康物理指数较高，其次是耕地的生态健康物理指数，而居住地、工矿交通用地、阔叶林和园地区域的生态健康物理指数较低。从各区域各类型生态健康物理指数的变化来看，2000～2010 年，衡水湖国家级自然保护区大部分区域的生态健康物理指数均呈现增长趋势，2010～2019 年又略微降低（图 2-5）。尽管居住地和工矿交通用地生态健康物理指数的平均值呈先降低后上升趋势，但其空间差异较大导致其数值范围变化较大，研究期间大部分居住地和工矿交通用地区域的生态健康物理指数降低。

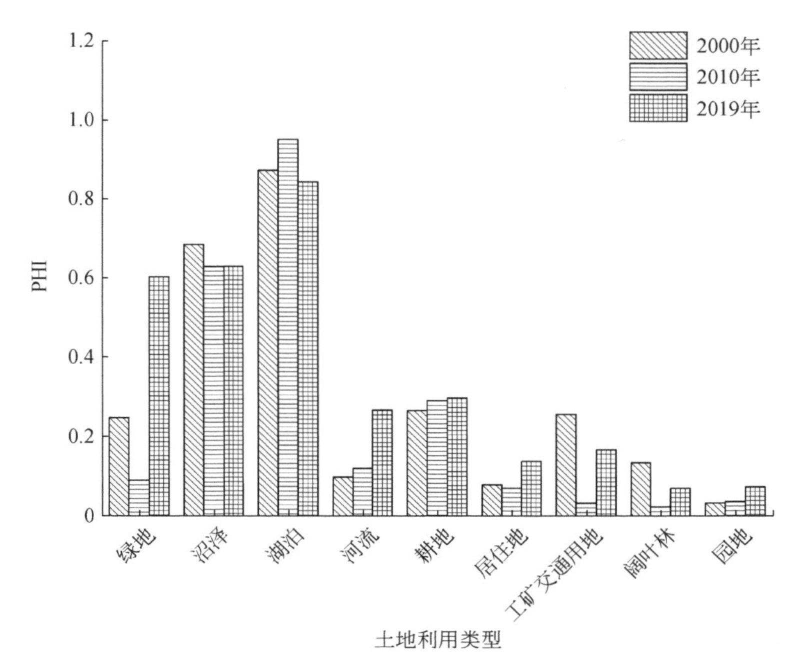

图 2-5　衡水湖国家级自然保护区生态健康物理指数（PHI）空间分布特征

从时间变化上来看，2000～2010 年，衡水湖国家级自然保护区大部分乡镇的生态健康物理指数均呈现上升的趋势；2010～2019 年，则呈现略微降低的趋势。从空间分布上来看，河北衡水湖国家级自然保护区管理委员会的生态健康物理指数最高，其次是魏家屯镇和冀州镇的生态健康物理指数，这是由于东湖湖区主要归属于河北衡水湖国家级自然保护区管理委员会、魏家屯镇和冀州镇，该湖区的生态健康物理指数较高，从而导致这三个区域的生态健康物理指数也较高。而位于西湖的徐家庄乡和小寨乡，以及东湖北部低洼区的彭杜村乡和郑家河沿镇，由于缺水导致这四个乡镇的生态健康物理指数较低（图 2-6）。

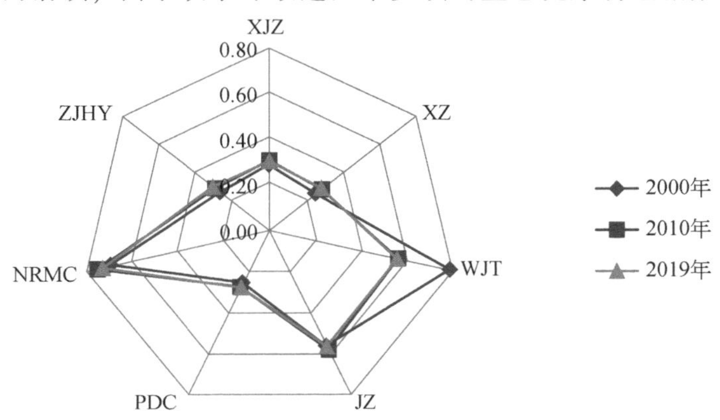

图 2-6　2000 年、2010 年和 2019 年衡水湖湿地国家级自然保护区各乡镇生态健康物理指数（PHI）变化特征

PDC，彭杜村乡；ZJHY，郑家河沿镇；NRMC，河北衡水湖国家级自然保护区管理委员会；XZ，小寨乡；JZ，冀州镇；WJT，魏家屯镇；XJZ，徐家庄乡

乡镇水平的生态健康物理指数的空间差异性可为各乡镇实施有针对性的湿地保护措施提供指导，未来西湖的徐家庄乡和小寨乡，以及东湖北部低洼区的彭杜村乡和郑家河沿镇，应实施更加严格的湿地保护与恢复措施，通过生态补水与湿地恢复等措施，切实提高管辖区域的生态健康物理指标。

二、生物指数时空变化特征

衡水湖国家级自然保护区的生态健康生物指数平均值由2000年的0.4345（范围：0～0.8435）增长到2010年的0.4852（范围：0～1.0000），随后又降低到2019年的0.4721（范围：0～0.9810）。从空间分布上来看，衡水湖国家级自然保护区林地、园地和绿地的生态健康生物指数较高，其次是耕地和东湖湖区的生态健康生物指数，而居住地、工矿交通用地的生态健康生物指数仍然最低（图2-7）。从各区域各类型生态健康生物指数的变化情况来看，2000～2010年，衡水湖国家级自然保护区大部分区域的生态健康生物指数均呈现增长趋势，而2010～2019年略微下降（图2-7）。尽管居住地和工矿交通用地生态健康生物指数的平均值呈先降低后上升的趋势，但其空间差异较大导致其数值范围变化也较大，研究期间大部分居住地和工矿交通用地的生态健康生物指数都有所降低。

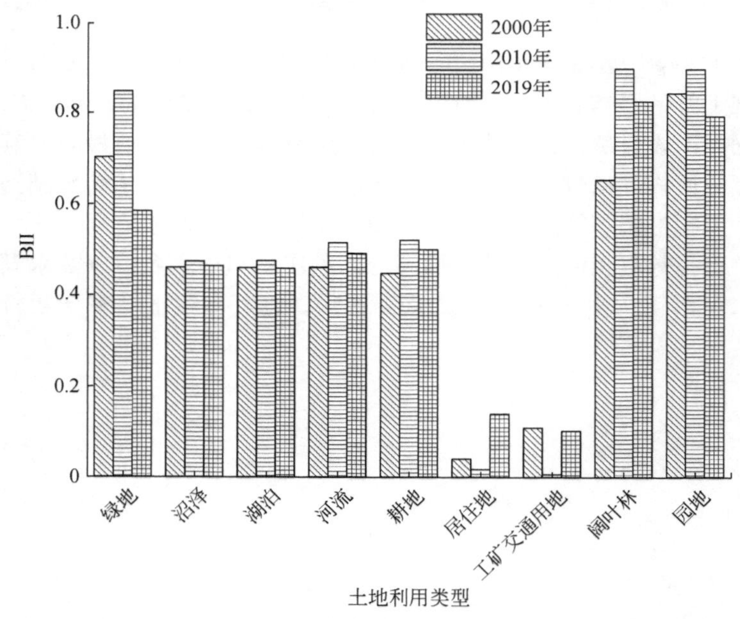

图2-7　衡水湖国家级自然保护区生态健康生物指数（BII）空间分布特征

从时间上来看，2000～2010年，各乡镇的生态健康生物指数呈现上升趋势；2010～2019年，则呈现略微降低的趋势。从空间分布上来看，彭杜村乡的生态健康生物指数最高，其次是郑家河沿镇、小寨乡和徐家庄乡，而河北衡水湖国家级自然保护区管理委员会、魏家屯镇和冀州镇的生态健康生物指数则相对较低（图2-8）。这主要是因为河北衡水湖国家级自然保护区管理委员会、魏家屯镇和冀州镇主要包含东湖湖区，而该区域大湖面的植物比较单一，主要存在以芦苇和香蒲为主的 13 种植物（牛玉璐和白丽荣，2008），而其他区域的植物种类可高达 159 ~ 370 种（郭子良和张曼胤，2021；衡水市生态环境局，2020）。同时，大湖面由于缺乏水鸟赖以取食和休憩的浅滩（郭子良等，2024），东湖湖区的水鸟种类也比较少。以上两个因素导致河北衡水湖国家级自然保护区管理委员会、魏家屯镇和冀州镇的生态健康生物指数较低。

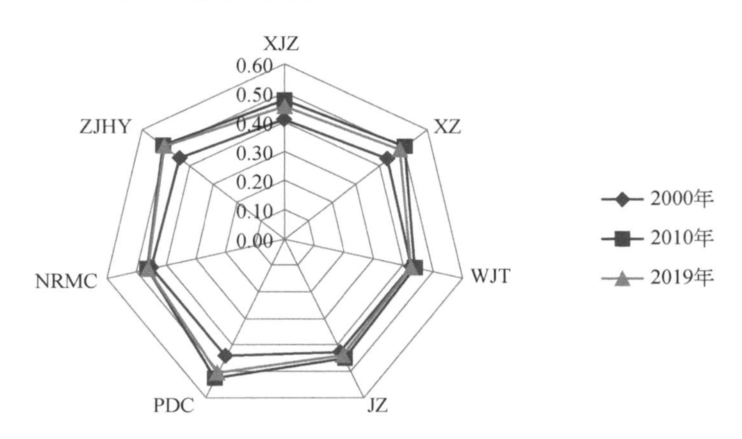

图 2-8　2000 年、2010 年和 2019 年衡水湖湿地国家级自然保护区各乡镇生态健康生物指数（BII）变化特征

PDC，彭杜村乡；ZJHY，郑家河沿镇；NRMC，河北衡水湖国家级自然保护区管理委员会；XZ，小寨乡；JZ，冀州镇；WJT，魏家屯镇；XJZ，徐家庄乡

建议未来在东湖大水面建设适宜水鸟觅食和休息的生态浮岛，增加水鸟栖息地的面积，补植沉水植物等水鸟食源植物，提升东湖湖区的生物多样性，从而提高该区域的生态健康生物指数。乡镇水平的生态健康生物指数的空间差异性也为各乡镇实施有针对性的生物保护措施提供了指导，未来东湖的河北衡水湖国家级自然保护区管理委员会、魏家屯镇和冀州镇应实施更加严格的生物保护与栖息地恢复措施，切实提高管辖区域的生物指标。

三、化学指数时空变化特征

衡水湖国家级自然保护区的生态健康化学指数最高值由 2000 年的 0. 8922 增长到 2010 年的 0. 9899，随后又降低到 2019 年的 0. 8489。从空间分布上来看，衡水湖国家级自然保护区的东湖湖区及西湖南部和中部部分区域的生态健康化学指数较高，而河流、耕地、阔叶林、园地、居住地、工矿交通用地等区域的生态健康化学指数变化范围较大，平均值整体较低（图 2-9）。从各区域各类型生态健康化学指数的变化来看，2000 ~ 2019 年，衡水湖国家级自然保护区大部分区域的生态健康化学指数基本变化不大。湖泊的生态健康化学指数呈现先增长后略微降低的趋势，而保护区南部区域，特别是绿地、河流、耕地、工矿交通用地和阔叶林区域的生态健康化学指数则呈现先降低后增长的趋势（图 2-9）。

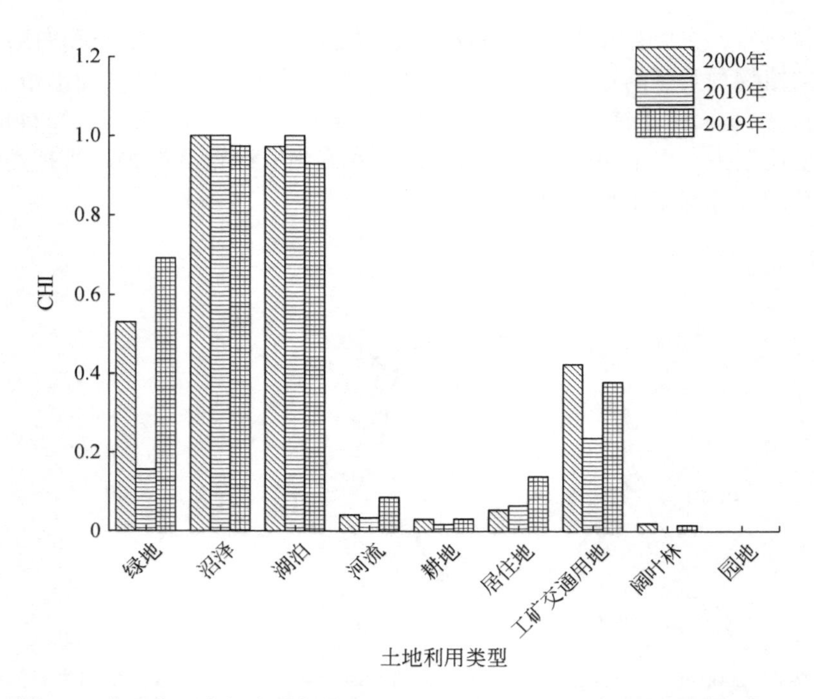

图 2-9　衡水湖国家级自然保护区生态健康化学指数（CHI）空间分布特征

从时间变化上来看，2000 年各乡镇的生态健康化学指数均较低，2010 年和 2019 年增长较大。从空间分布上来看，河北衡水湖国家级自然保护区管理委员会的生态健康化学指数最高，其次是魏家屯镇和冀州镇，而其他各乡镇的生态系统健康化学指数相差不大（图 2-10）。这是因为河北衡水湖国家级自然保护区管理委员会主要为东湖的开阔大湖面区域，而该区域的水体综合营养状态、水质综合状况和重金属污染状况均好于魏家屯镇和

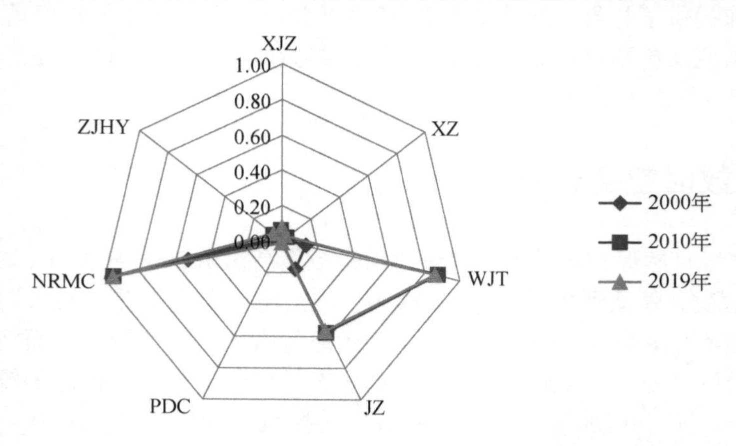

图 2-10　2000 年、2010 年和 2019 年衡水湖湿地国家级自然保护区各乡镇生态健康化学指数（CHI）变化特征

PDC，彭杜村乡；ZJHY，郑家河沿镇；NRMC，河北衡水湖国家级自然保护区管理委员会；XZ，小寨乡；JZ，冀州镇；WJT，魏家屯镇；XJZ，徐家庄乡

冀州镇（刘魏魏等，2021；Liu et al.，2022），从而导致河北衡水湖国家级自然保护区管理委员会的生态健康化学指数最高。乡镇水平的生态健康化学指数的时间变化和空间差异为各乡镇实施有针对性的污染治理和保护措施提供了指导，未来魏家屯镇和冀州镇应实施更加严格的污染治理措施和水环境保护措施，切实提高管辖区域的化学指标。

第五节　湿地生态健康变化的驱动因素

一、湿地生态健康分指数的相关性分析

社会经济发展和湿地保护与修复措施导致衡水湖国家级自然保护区的生态健康状况发生变化。利用冗余分析（RDA 双序图）探讨了社会经济发展、湿地保护与修复措施（主要针对退耕还湿措施）与衡水湖国家级自然保护区的生态健康物理指数、生物指数和化学指数之间的关系。社会经济发展因素和退耕还湿为解释变量，生态健康物理指数、生物指数和化学指数为响应变量。解释变量的方差膨胀因子 VIF（variance inflation factors）<10，表明本书的解释变量之间不共线。模型的决定系数 R^2（coefficient of determination）为 0.146，表明解释变量的六个因素可以解释总变异的 14.6%。

冗余分析结果表明（图 2-11），湿地转化为城镇面积、农业总产值和人口密度这三个变量的箭头平均长度长于其他因素的箭头长度，说明这三种因素的贡献率较高，对衡水湖国家级自然保护区的生态健康状况起着重要作用。另外，解释变量社会经济发展、退耕还湿面积与响应变量生态健康物理指数、生物指数和化学指数变量之间存在正相关关系和负相关关系。生态健康物理指数与农业总产值、人口密度、退耕还湿面积（农田转化为湿地的面积）和围垦面积（湿地转化为农田的面积）四个变量之间呈现正相关关系，其中生态健康物理指数与围垦面积（湿地转化为农田的面积）两者之间的箭头交角很小，说明两者的相关性很高，围垦是导致衡水湖国家级自然保护区的生态健康物理指数变化的主要原因；生态健康物理指数与城镇化（湿地转化为城镇的面积）和作物产量两个变量之间则呈现负相关关系。生态健康生物指数与农业总产值之间呈现正相关关系，两者箭头的交角很小，接近于0，且箭头的长度长于其他箭头的平均长度，说明两者的正相关性很高，农业生产是导致衡水湖国家级自然保护区生态健康生物指数变化的主要原因；而生态健康生物指数与人口密度、城镇化（湿地转城镇面积）、作物产量和退耕还湿面积（农田转化为湿地的面积）四个变量之间呈现负相关关系。生态健康化学指数与农业生产总产值、城镇化（湿地转城镇的面积）和作物产量三个变量之间呈现正相关关系，其中生态健康化学指数与农业生产总产值两者之间箭头的交角较小，说明两者的相关性很高，农业生产是导致衡水湖国家级自然保护区的生态健康化学指数变化的主要原因；而生态健康化学指数与人口密度和退耕还湿面积（农田转湿地的面积）两者之间则呈现负相关关系。

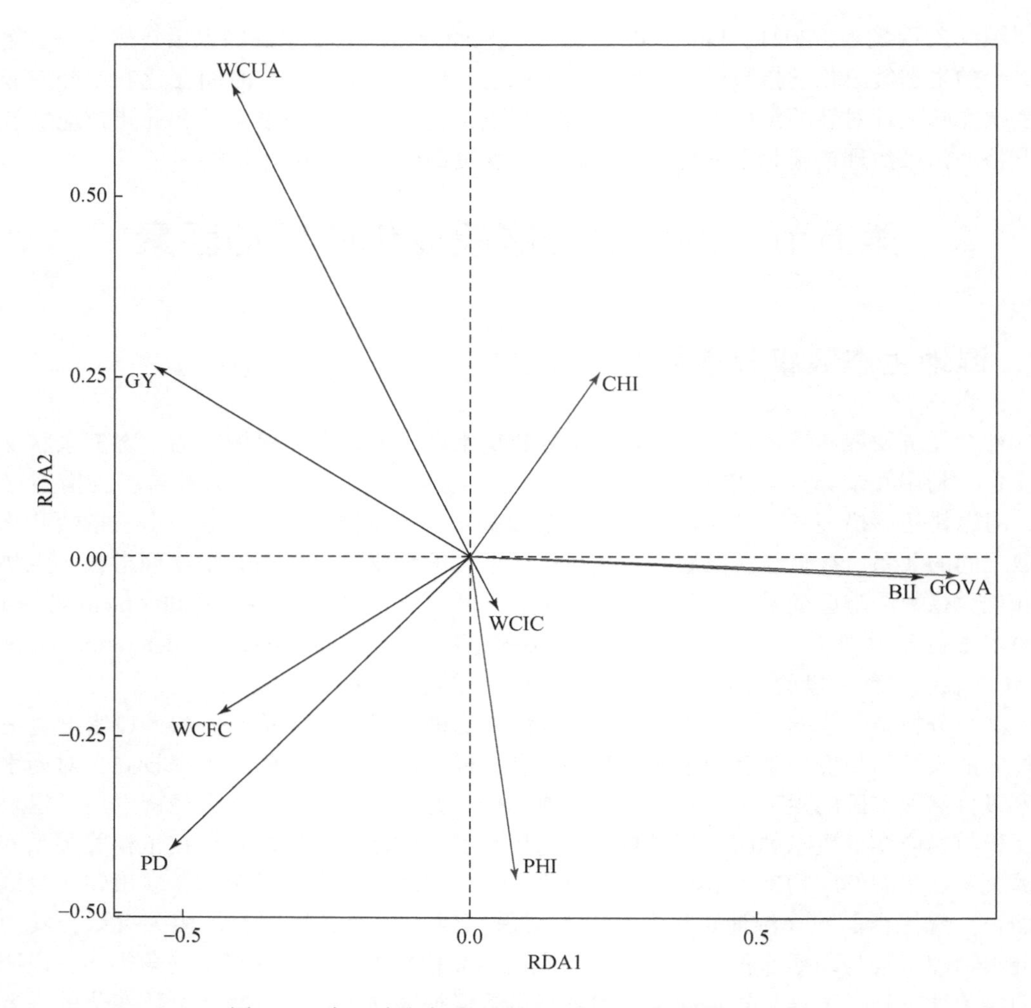

图 2-11　解释变量与响应变量关系的冗余分析（RDA）

箭头之间交角的余弦值近似于变量之间的相关系数，箭头的长度代表变量多大程度上被解释。解释变量有：PD，人口密度；WCUA，湿地转城镇面积；GY，作物产量；GOVA，农业总产值；WCIC，湿地转农田面积；WCFC，退耕还湿面积。响应变量有：PHI，生态健康物理指数；BII，生态健康生物指数；CHI，生态健康化学指数

二、社会经济发展和湿地保护修复措施对衡水湖湿地生态健康的贡献

使用方差分解分析（VPA）分析了社会经济发展和湿地保护与修复措施（退耕还湿）对衡水湖国家级自然保护区生态健康综合指数的贡献（图 2-12）。结果表明，所有解释变量共同解释了 18. 1% 的衡水湖国家级自然保护区生态健康综合指数变化，社会经济发展和退耕还湿措施分别解释了综合指数总变化的 26. 0% 和 10. 6% 。社会经济发展解释的比例大于退耕还湿措施解释的比例，说明社会经济发展对衡水湖国家级自然保护区生态健康综

合指数的贡献高于退耕还湿措施的贡献。社会经济发展和退耕还湿措施共同解释的变化小于0，表明这两组解释变量之间没有相关性。

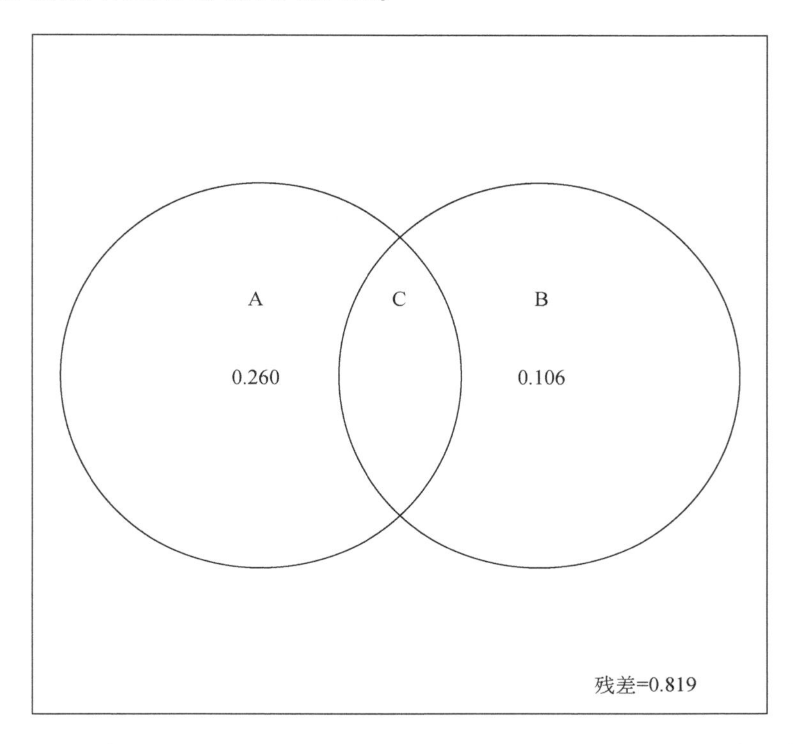

图2-12　社会经济发展（A）和退耕还湿措施（B）及共同作用（C）对衡水湖国家级自然保护区生态健康的贡献

用 R^2 值表示解释变量的百分比；数值小于0的没有显示

三、湿地生态健康的驱动因子解析

衡水湖国家级自然保护区生态健康综合指数的提高与社会经济发展因素和湿地保护与修复措施（退耕还湿措施）之间的结构方程模型如图2-13所示。结构方程模型的置信水平和拟合指数表明该模型模拟的结果是合适的、可信的（表2-11）。

表2-11　结构方程模型的拟合优度指数值

拟合优度指数	推荐水平	评估值
χ^2/df	<5.000	0.611
RMSEA	<0.050	0
GFI	>0.900	0.905
CFI	>0.900	1.000

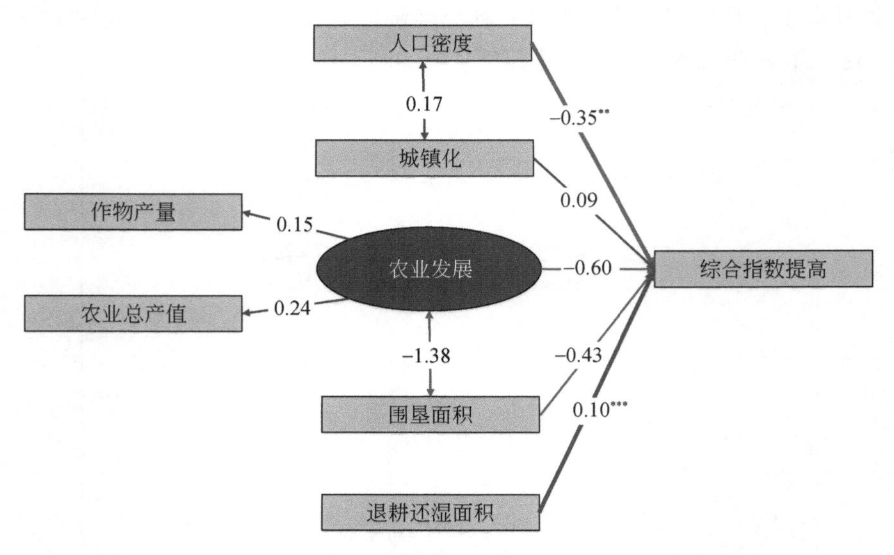

图 2-13　结构方程模型结果

chi-square = 7.3，P=0.834，df=12，***P<0.01，**P<0.05

图 2-13 中矩形框表示观测变量，观测变量包括人口密度（人口密度的变化）、城镇化（湿地转城镇的面积变化）、作物产量（作物产量的变化）、农业总产值（农业总产值的变化）、围垦面积（湿地转化为农田的面积变化）和退耕还湿面积（农田转化为湿地的面积变化）。

所有的观测变量都代表 2000～2010 年，以及 2010～2019 年的绝对变化。椭圆形框中为潜在变量，潜在变量是农业发展，由作物产量（作物产量的变化）和农业总产值（农业总产值的变化）两个观测变量构成。人口密度与生态健康综合指数的提高呈现显著的负相关关系（路径系数为-0.35）；农业发展和围垦面积与生态健康综合指数的提高呈现负相关关系（路径系数分别为-0.60 和-0.43）。退耕还湿面积、城镇化与生态健康综合指数的提高分别存在极显著正相关关系（路径系数为 0.10）和正相关关系（路径系数为 0.09）。说明人口密度和农业发展与围垦活动降低了生态健康状况，而湿地保护政策的实施和城镇化则提高了生态健康状况。同时，围垦面积和农业发展之间呈现负相关关系（路径系数为-1.38）（图 2-13），这可能是由于近年来随着农业生产效率的提高，作物产量和农业总产值不断提高，而围垦面积自 2000 年河北衡水湖湿地和鸟类省级自然保护区成立以来却不断降低，导致两者呈现负相关关系。

人类社会经济发展是影响生态系统健康状况变化的主要因素之一（Ouyang et al.，2016；Cheng et al.，2018；Liu et al.，2020a）。图 2-13 显示人口增长与湿地生态健康综合指数的提高呈现负相关关系。这主要是由于人口快速增长，可能通过居住区扩张、基础设施建设和农业发展侵占湿地，导致湿地面积减少，从而影响湿地生态健康状况（van Asselen et al.，2013；Xu et al.，2019a）。与此同时，人口增长还可能增加栖息地的破碎化程度，减少生物多样性。此外，工业废弃物排放的增加也加速了土壤和水体的污染。相关性分析表明，人口密度与生态健康生物指数和化学指数之间均呈现负相关关系（表 2-

12），这也可能是导致人口密度与生态健康综合指数呈现显著负相关关系的原因之一。作为国家级自然保护区，衡水湖国家级自然保护区拥有大量村庄，人口密度高达 3.5 ~ 4.5 人/hm^2，远高于国家平均人口密度（1.4 人/hm^2）。因此，建议未来可以通过灵活多样式的生态移民途径，控制保护区的人口数量。

表 2-12　驱动因素与湿地生态健康指数的相关性分析

类别	物理指数	生物指数	化学指数
人口密度	0.143	−0.391	−0.281
城镇化	−0.557 *	−0.353	0.078
作物产量	−0.308	−0.445	−0.123
农业总产值	−0.063	0.707 **	0.045
围垦面积	−0.071	0.102	−0.016
退耕还湿面积	0.044	−0.324	−0.379

注：* $P<0.05$；** $P<0.01$。

在社会经济发展和湿地保护与修复措施的双重影响下，全球湿地生态系统健康状况发生了显著变化（Liu et al.，2020a）。尽管退耕还湿面积与衡水湖湿地生态健康综合指数的提升呈极显著正相关关系（图 2-13），但其对生态健康的贡献仍低于社会经济发展因素的影响（图 2-12）。然而，结合衡水湖国家级自然保护区实施的湿地恢复项目、湿地污染整治项目、栖息地保护措施和生态移民项目等多种湿地保护与恢复措施，所有湿地保护与恢复措施对生态健康的提升抵消了社会经济发展导致的生态健康降低，致使 2000 ~ 2019 年衡水湖国家级自然保护区生态健康综合指数净提高 34.6%。这一结果表明，社会经济发展和湿地生态保护与恢复措施对衡水湖国家级自然保护区的净效应是正面的、积极的。此外，先前的研究也表明（Liu et al.，2020a），湿地生态保护与恢复措施的正面效应抵消了社会经济发展的负面效应，使我国湿地生态系统健康状况提升了 7.2%。这些研究结果彰显了湿地生态保护与恢复措施在促进生态健康状况改善方面取得的成就，以及实施湿地生态保护与恢复措施对协调人与自然和谐关系的重要性，这对于全球退化湿地，特别是那些受高强度人类活动和快速社会经济发展影响极大的湿地，具有重要启示。

尽管湿地保护与恢复措施有助于衡水湖国家级自然保护区大多数区域生态健康的改善，特别是有助于生态健康物理指数的提高（图 2-11 和表 2-12），但它们并不能完全阻止居住地和工矿交通用地生态健康状况下降（图 2-3、图 2-5、图 2-7 和图 2-9），甚至如果不实施湿地保护与恢复措施，居住地和工矿交通用地的生态健康状况可能会下降更多。这与该区域高强度的人类活动有关，由于衡水湖国家级自然保护区不是一个封闭的保护区，区域内约有 26 万人口，其道路作为主要的交通干线，车辆流量很大。该研究结果表明，人口密度和农业活动会降低生态健康状况，特别是人口密度增长（图 2-13）。因此，尽管湿地保护与恢复措施和社会经济发展对衡水湖国家级自然保护区整个研究区生态健康的改善产生了正面的净效应，但这两个相反的因素决定了研究区不同区域生态健康状况，即湿地保护与恢复措施改善了大部分区域的生态健康，而人口增长导致了居住区和工矿交通用地区域的生态健康状况下降，从而加剧了整个研究区生态健康的内部空间异质性。随着人口的增长和湿地保护与恢复措施的持续实施，如果不严格控制人口增长，衡水湖国家级自然保护区生态健康的内部空间异质性可能会更加明显。尽管湿地保护与恢复措施和社会经济发展对生态健康起着相反的作用，但社会经济发展也通过为湿地污染治理、生态移民和生态补水提供资金支持，助力于湿地保护与恢复项目的落地实施。因此，湿地生态健康综合指数的变化反映了湿地保护与恢复措施与社会经济发展之间的权衡和协同。

第六节 衡水湖湿地生态健康变化对管理的启示

在过去的19年里，随着湿地保护与恢复措施实施强度的增大，衡水湖国家级自然保护区的生态健康状况显著改善，但其仍面临着很多的生态问题，如生态健康内部异质性的加剧。社会经济发展和湿地保护与恢复措施对生态健康有着复杂的影响（Liu et al., 2020a），研究这些影响和空间异质性可以有针对性地为未来湿地管理的提供适应性管理对策。第一，稠密的人口数量仍然是影响衡水湖国家级自然保护区生态健康的首要问题。作为国家级湿地自然保护区，衡水湖国家级自然保护区包括大量的村庄，平均人口密度为3.5~4.5人/hm^2，显著高于我国平均人口密度（1.4人/hm^2）和全球平均人口密度（0.5人/hm^2）(Liu et al., 2017)。因此，应该更加严格控制保护区的人口数量增长，实施灵活多样的生态移民与补偿措施，如顺民庄整体搬迁和生态恢复项目，旨在缓解居住区扩张对衡水湖国家级自然保护区生态健康的负面影响，尤其是对居住地和工矿交通用地区域的负面影响。第二，实施最严格的限制湿地开垦措施，确保自然保护区湿地面积不减少。同时，衡水湖国家级自然保护区管理委员会应尽可能扩大生态补水的范围和引水数量。根据湿地生态健康物理指标的空间分布状况，针对物理指标低的区域，特别是水资源短缺的地区，即西湖（小寨乡、徐家庄乡和冀州镇西部）和东湖北部低洼地（彭杜村乡和郑家河沿镇），进行生态补水，以扩大湿地面积。第三，应在东湖大水面（即河北衡水湖国家级自然保护区管理委员会、魏家屯镇和冀州镇东部）建造适合水鸟觅食和休息的生态浮岛，以增加其栖息地面积，补植水鸟食源植物，从而提高东湖的生物多样性和生态健康生物指数。第四，应通过底泥疏浚、污水防渗处理、排干换水等措施，加强东湖湖区冀州小湖的水污染控制，确保该地区生态健康化学指标不降低。第五，切实增强人们的湿地保护意识，一方面通过科普宣教，提升保护区人们和到访游客的湿地保护意识；另一方面通过多种途径，保障人们从保护湿地活动中获得实实在在的收益，从而切实提高人们保护湿地自主能动性，形成湿地保护的社会合力，确保生态健康指数不下降。尽管未来的管理策略主要针对衡水湖国家级自然保护区，但该研究方法和途径广泛适用于全球湿地，特别是那些受社会经济发展和人类活动强烈影响而退化的湿地。

由于缺乏衡水湖国家级自然保护区大部分湿地保护与恢复项目的规模和相关数据，无法评价所有湿地保护和恢复措施与研究区生态健康指数之间的关系。因此，只分析了有数据的单一湿地保护与恢复措施——退耕还湿对衡水湖国家级自然保护区生态健康的贡献。然而，生态健康状况变化本身已体现了所有湿地保护与恢复措施对研究区的作用，因此这一分析并不能掩盖所有湿地保护与恢复措施对生态健康的贡献，尽管如此，也应进一步跟踪衡水湖湿地污染治理、栖息地保护和生态移民等其他湿地保护与恢复项目的规模和效果，将其纳入驱动因素分析，以阐明不同湿地保护与恢复措施对生态健康的相对贡献率。此外，由于本书的时间跨度近20年，无法获得如无脊椎动物和微生物等一些重要指标的详细历史数据，因此没有将这些因素纳入指标体系。未来的研究应进行更广泛详细的数据获取与测试分析，将这些指标纳入评估体系。

由于仅有不同土地利用类型的野生动物和维管植物物种数量数据，缺乏研究区最小栅格单元（30m×30m）的野生动物和维管植物物种数据，因此目前的生态健康生物指标仅能反映不同土地利用类型之间的生物状况差异。未来建议对最小栅格单元的野生动物和维管植物物种进行详细调查，更细致地了解某一类型土地利用内部的生物状况差异，以减少评估的不确定性。

第七节　结　　语

评估湿地保护与恢复措施和社会经济发展对衡水湖国家级自然保护区生态健康的双重影响，可为湿地的长期保护有针对性地提供管理策略。2000～2019年，衡水湖国家级自然保护区因保护和恢复实施而带来的生态健康增长抵消了因社会经济发展而带来的下降，使其显著净增长34.6%。生态健康综合指数较高的区域主要集中在东湖的湖区、西湖的林地和坑塘区域。人类社会经济发展，特别是人口增加显著影响了衡水湖国家级自然保护区湿地生态健康状况的改善。尽管湿地保护和恢复措施显著改善了衡水湖国家级自然保护区大部分区域的生态健康状况，但它并没有完全阻止居住地和工矿交通用地的生态健康状况下降，可能与这些区域的高强度人类活动有关。这两个相反的因素主导不同区域的生态健康状况，加剧了衡水湖国家级自然保护区生态健康的内部空间异质性。未来建议实施更加严格的湿地保护与恢复策略，特别是在生态健康状况较差的西湖区域。具体湿地保护与恢复措施建议包括：

（1）严格控制衡水湖国家级自然保护区的人口增长，可通过类似于湖区顺民庄整体搬迁的形式，实施灵活多样的生态移民与保护区生态恢复工程，逐渐降低人口因素对自然保护区生态健康的不利影响，进一步提高衡水湖国家级自然保护区的生态健康状况。

（2）实施最严格的限制围垦措施，确保自然保护区的湿地面积不减少。同时尽可能地扩大生态补水的面积和补水量，特别是向缺水的西湖和东湖的北面洼地区域进行生态补水。

（3）有序推进退耕还湿工作，针对不同乡镇的湿地生态系统保护管理的突出问题，坚持分类施策、科学管理、综合治理，做到宜湿则湿，宜耕则耕，宜退则退，稳步有序加大退耕还湿的力度，扩大退耕面积。

（4）建议在东湖大水面建设适宜水鸟觅食和休息的生态浮岛，增加水鸟栖息地的面积，补植水鸟食源植物，提升东湖湖区的生物多样性，从而提高该区域的生态健康生物指数。

（5）加强东湖湖区小湖的水体污染治理工作，通过底泥清淤、污水渗透治理、排干换水等措施，加强东湖湖区，特别是冀州小湖的水污染控制，保障该区域的生态健康化学指数不降低。

（6）切实增强湿地保护意识，一方面通过科普宣教，提升人们保护湿地的意识；另一方面通过多种途径，保障人们从保护湿地活动中获得实实在在的收益，从而切实提高人们保护湿地自主能动性，形成湿地保护的社会合力，确保生态健康指数不下降。

该研究为湿地自然保护区的生态健康评价提供了一种综合方法，并提出了有针对性的保护策略，这将有利于衡水湖湿地管理策略的制定。更重要的是，本书揭示的社会经济发展和湿地保护与恢复措施对生态健康的双重影响、空间异质性及管理策略，可能会对全球受这两种因素影响的湿地生态系统产生重要影响。未来的研究应注重生态系统综合状况的评估，即通过构建包括生态健康和生态系统服务在内的综合评估指标来全面评估生态系统质量。

第三章 典型湖泊湿地水环境质量评价

第一节 研究背景

地表水环境污染是全球科研工作者关注生态环境热点的问题之一（Posthuma et al., 2019）。水环境质量评价不仅是水资源可持续利用的基础，也是生态管理与治理决策制定的依据（Ighalo and Adeniyi，2020）。水环境质量常用的评价方法有单因子指数法（徐好，2019）、综合污染指数法（杨梅玲等，2013；李国华等，2018；徐好，2019；王磊等，2020）、模糊综合评价法（温晓君等，2016；徐好，2019）和主成分分析法（Ganiyu et al.，2018；李国华等，2018）等，其中以成熟的综合污染指数法应用较为广泛（安国安等，2016）。徐好（2019）利用单因子指数法、综合指数法和模糊评价法评价了南四湖水环境质量，研究结论可为南水北调东线南四湖的水环境管理及水质改善提供指导。李国华等（2018）利用主成分分析和综合指数法评价了黄河托克托段水质状况，明确了该段的主要污染因子及主要污染源。因此，定量评价水环境质量不仅可以明确水体主要污染因子、探析污染物来源，同时也为改善水环境和制定保护管理措施提供方向（Mercadogarcia et al.，2019）。

河北衡水湖是我国受人为干扰影响强烈的典型内陆淡水湖泊湿地之一，也是华北地区唯一由沼泽、水域、滩涂、草甸和耕地等多种生境组成的国家级自然保护区（Zhang et al.，2009）。对严重干旱缺水的华北平原来说，探究其水环境质量及变化趋势有着极其重要的社会意义和生态意义（刘振杰，2004）。由于其地处人口高度稠密的华北平原腹地，历史上人口的增加、工农业和生活用水量的增加，导致地表水过量开采。加上工业废水、农业和生活污水的排放，使衡水湖水环境质量不容乐观（温晓君等，2016）；2003 年衡水湖国家级自然保护区成立后一系列保护措施的实施则改善了湿地水环境状况。作为衡水市和冀州区的城市饮用水源地，衡水湖湿地理应保持较高的水环境质量。然而，近年来衡水湖周边城市的快速扩张和经济的快速发展，给衡水湖湿地水环境质量带来了很大的挑战。因此，评价衡水湖湿地水环境质量及其时空变化趋势，可为其制定综合保护和防治措施提供科学支撑，同时将对华北地区乃至全国的湿地水环境保护具有良好的示范作用（刘振杰，2004）。以往研究主要关注衡水湖某年（江春波等，2010；丁二峰，2015；王贺年等，2020）、某几年（温晓君等，2016；汪明宇等，2019），或某几种指标（丁二峰，2011；周振昉，2014；王乃姗等，2016；温晓君等，2016）的水环境状况，从时空变化角度对衡水湖多种水环境指标进行综合评价分析的研究还较少见。本书对 2000 年、2010 年和 2019 年衡水湖湿地水体 pH、溶解氧、高锰酸盐指数、氨氮、总氮、总磷、铜、砷、汞、六价铬、镉、铅、透明度和叶绿素 a 这 14 个指标进行分析，利用综合营养状态指数、水质综合状况指数和水环境质量指数对衡水湖湿地水环境质量进行评价，分析其时空变化趋势，并对污染源进行解析，以期为衡水湖湿地水环境保护和管理提供科学依据。

第二节 研究方法

一、数据获取及处理

选取2000年、2010年和2019年衡水湖湿地顺民庄、魏屯闸/王口闸、南关闸、小湖湖心、大赵闸、南关新闸、芦苇区、香蒲区和大湖开阔区这9个长期监测点的水质数据。2019年除上述长期监测点外，又增设17个临时监测点（表3-1）。于当年的6月，利用采水器于各样点采集10～20cm处水样3L，并置于干净的聚乙烯瓶中，冷冻保存，带回实验室。用于测定pH、溶解氧、高锰酸盐指数、氨氮、总氮、总磷、铜、砷、汞、六价铬、镉、铅、透明度和叶绿素a，共计14个指标。采用玻璃电极法测定水体pH值；采用碘量法测定溶解氧；采用滴定法测定高锰酸盐指数；采用水杨酸分光光度法测定氨氮；采用碱性过硫酸钾消解紫外分光光度法测定总氮；采用钼酸铵分光光度法测定总磷；采用原子吸收分光光度法测定铜、镉和铅；采用原子荧光光谱法法测定砷和汞；采用二苯碳酰二肼分光光度法测定六价铬；采用铅字法测定透明度；采用乙醇萃取分光光度法测定叶绿素a。2000年、2010年和2019年的长期监测点数据来自河北省衡水市水文水资源勘测局、河北省衡水生态环境监测中心和相关文献（刘振杰，2004；解莉，2007；范玉贞，2010；张彦增等，2010），对各监测点的数据进行均质化处理，用以表示相应年份的水环境状况。利用Excel 2010和SPSS 18.0对数据进行分析，利用Sigma Plot 12.5进行绘图。

表3-1 2019年衡水湖湿地增设水质采样点分布位置

编号	位置	编号	位置
D1	小湖东岸-1	D10	大湖新岛
D2	小湖东岸-2	D11	大湖芦苇区
D3	小湖东岸码头	D12	大湖湖心
D4	小湖隔堤-1	D13	小湖隔堤-2
D5	大湖西岸-1	D14	小湖隔堤-3
D6	大湖西岸-2	D15	大湖鸟岛
D7	大湖西岸-3	D16	大湖东岸-1
D8	大湖北岸	D17	大湖东岸-2
D9	大湖桃花岛		

二、水环境质量评价方法

（一）水环境质量指数

水环境质量指数（water environment quality index，WEQI；量纲一）反映了衡水湖湿地水体的水质综合状况和综合营养状态（陈雨艳和杨坪，2015），其计算方法见式（3-1）所示：

$$WEQI = WQI \times 0.9 + TLI \times 0.1 \tag{3-1}$$

式中，WQI（water quality index）为水质综合状况指数（量纲一）；TLI（trophic levels index）为水体综合营养状态指数（量纲一）。

根据水环境质量指数 WEQI 值，对衡水湖湿地水环境质量状况进行分级，分为优、良好、轻度污染、中度污染和重度污染五个水环境质量级别（表 3-2）。水环境质量指数的值越高，说明其水环境质量状况越差。

表 3-2　水环境质量分级

水环境质量指数	水环境质量分级
WEQI≤20	优
20<WEQI≤40	良好
40<WEQI≤60	轻度污染
60<WEQI≤80	中度污染
WEQI>80	重度污染

（二）水质综合状况指数

水质综合状况指数法是以单因子指数法为基础，与水体功能要求相对应，通过统计各指标的相对指数，确定水体的污染程度（安国安等，2016；郑灿等，2018）。参照安国安等（2016）的方法，其计算方法与式（2-19）一样。

根据水质综合状况指数 WQI 值的大小对衡水湖湿地水质综合状况进行分级，分为好、较好、轻度污染、中度污染和重度污染五个水质状况级别（表 3-3）（周春何，2018）。水质综合状况指数 WQI 的值越高，说明其水体污染程度越严重。

表 3-3　水质综合状况指数的分级评价体系

水质综合状况指数	水质状况分级	分级依据
WQI≤20	好	多数项目未检出，个别项目检出值在标准内
20<WQI≤40	较好	检出值在标准内，个别项目接近或超标
40<WQI≤70	轻度污染	个别项目检出超标

续表

水质综合状况指数	水质状况分级	分级依据
70<WQI≤100	中度污染	有两项检出值超标
WQI>100	重度污染	相当部分检出值超标

（三）水体综合营养状态指数

依据文献与标准（中国环境监测总站，2001；杨梅玲等，2013；汪明宇等，2019）推荐的方法，采用综合营养状态指数法对衡水湖湿地水体综合营养状况进行评价，计算方法与式（2-13）一样。

根据水体综合营养状态指数 TLI 值的大小对衡水湖湿地综合营养状况进行分级，分为贫营养、中营养、富营养（轻度富营养、中度富营养和重度富营养）几个营养状态级别（表 3-4）（中国环境监测总站，2001；杨梅玲等，2013；汪明宇等，2019）。水体综合营养状态指数 TLI 的值越高，说明其水体富营养化程度越严重。

表 3-4　湖泊（水库）营养状态分级标准

综合营养状态指数	营养状态分级
TLI（Σ）<30	贫营养
30≤TLI（Σ）≤50	中营养
TLI（Σ）>50	富营养
50<TLI（Σ）≤60	轻度富营养
60<TLI（Σ）≤70	中度富营养
TLI（Σ）>70	重度富营养

第三节　湿地水体监测指标变化特征及相关性分析

一、水体监测指标变化特征

2000 年、2010 年和 2019 年，衡水湖湿地水体 pH、透明度、溶解氧、高锰酸盐指数、氨氮、叶绿素 a、总氮、总磷、铜、砷、汞、六价铬、镉和铅的变化特征见图 3-1 和表 3-5。2000～2019 年，衡水湖湿地水体 pH、高锰酸盐指数、氨氮、总磷、镉和铅质量浓度的平均值随着时间变化呈现降低的趋势；而溶解氧、总氮、铜和砷质量浓度的平均值则随时间变化呈现先降低再略微升高的趋势；汞质量浓度的平均值先升高再降低。由于未能收集到 2000 年的水体透明度和叶绿素 a 的数据，2010～2019 年，水体透明度平均值降低，而叶绿素 a 则略微上升。变异系数（coefficient of variation，CV）可以衡量离散程度。2000 年氨氮和总磷、2019 年铅和氨氮的 CV 分别达 1.53 和 1.11、1.00 和 0.44，表明氨氮、总磷和铅在空间上变化较大。

与国家地表水水质分类标准相比，2000 年衡水湖湿地水体溶解氧有 50% 的样点达到Ⅲ类水质标准，2010 年仅有开阔区、顺民庄和南关新闸这三个样点达到Ⅲ类标准，2019 年则所有样点均达到Ⅲ类标准，其中有 96.3% 的样点达到Ⅰ类水质标准；对高锰酸盐指数来说，2000 年仅有顺民庄一个样点达到Ⅲ类水质标准，2010 年则均未达到Ⅲ类水质标准，2019 年仅有 44.4% 的样点达到Ⅲ类水质标准；对氨氮来说，2000 年有 66.7% 的样点达到Ⅲ类水质标准，2010 年有 77.8% 的样点达到Ⅲ类水质标准，2019 年则所有样点均达到Ⅲ类水质标准；对总氮来说，2000 年和 2010 年仅有 33.3% 和 11.1% 的样点达到Ⅲ类水质标准，2019 年则均未达到Ⅲ类标准；对总磷来说，2000 年有 44.4% 的样点达到Ⅲ类水质标准，2010 年所有样点均未达到Ⅲ类水质标准，2019 年则有 63.0% 的样点达到Ⅲ类水质标准；铜质量浓度均达到Ⅲ类水质标准，其中 2000 年和 2019 年分别有 44.4% 和 96.3% 的样点达到Ⅰ类水质标准；对砷来说，2000 年仅有小湖湖心一个样点未达到Ⅰ类水质标准，2000 年和 2019 年所有样点均达到Ⅰ类标准；对汞来说，2000 年所有样点达到Ⅰ类水质标准，2010 年有 88.9% 的样点达到Ⅲ类水质标准，2019 年则有 96.3% 的样点达到Ⅰ类标准；所有样点六价铬质量浓度均达到Ⅰ类水质标准；镉和铅质量浓度均达到Ⅲ类水质标准（图 3-1）。表明高锰酸盐指数、总氮和总磷超标是衡水湖湿地存在的主要水环境问题。

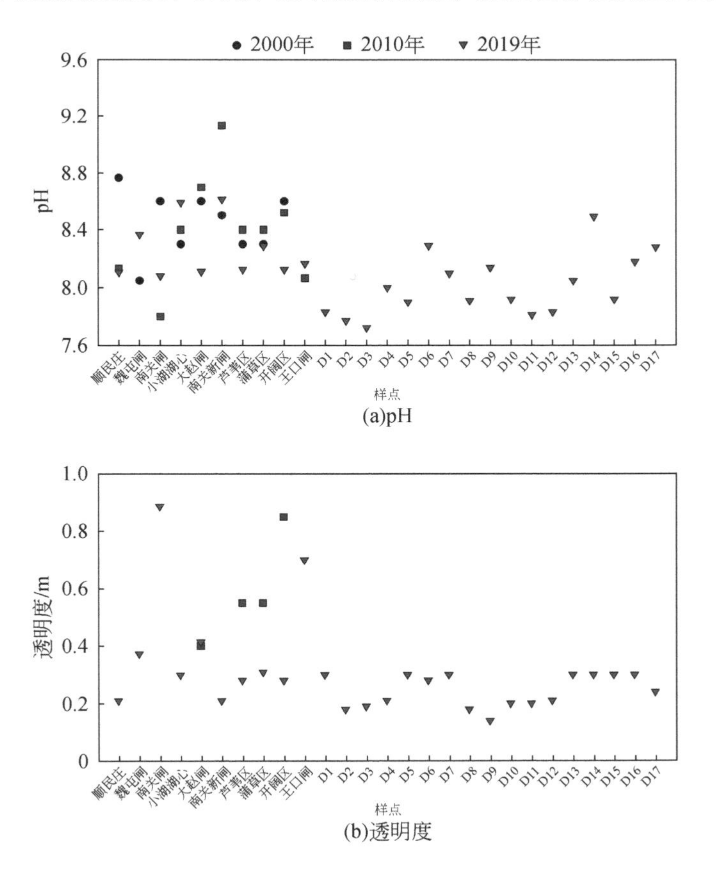

(a)pH

(b)透明度

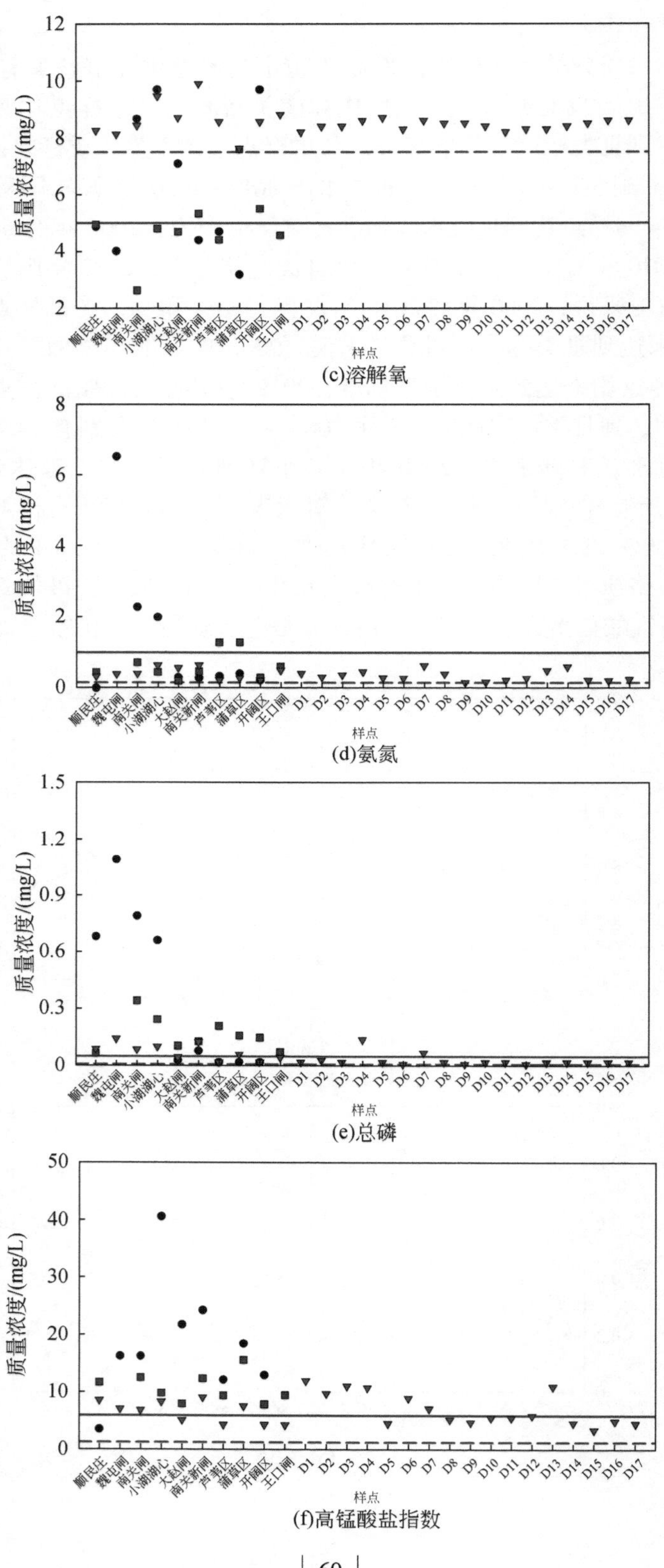

(c)溶解氧

(d)氨氮

(e)总磷

(f)高锰酸盐指数

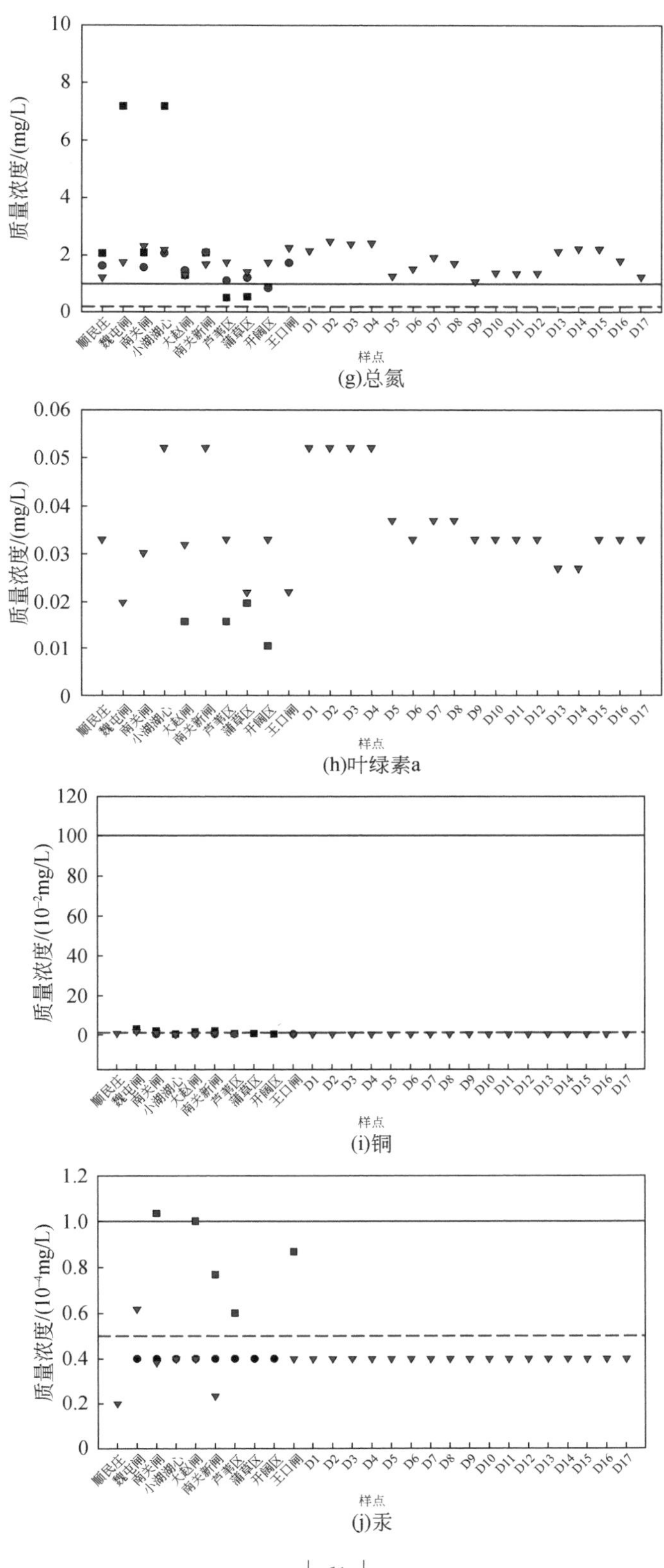
质量浓度/(mg/L)
样点
(g)总氮
质量浓度/(mg/L)
样点
(h)叶绿素a
质量浓度/(10⁻²mg/L)
样点
(i)铜
质量浓度/(10⁻⁴mg/L)
样点
(j)汞

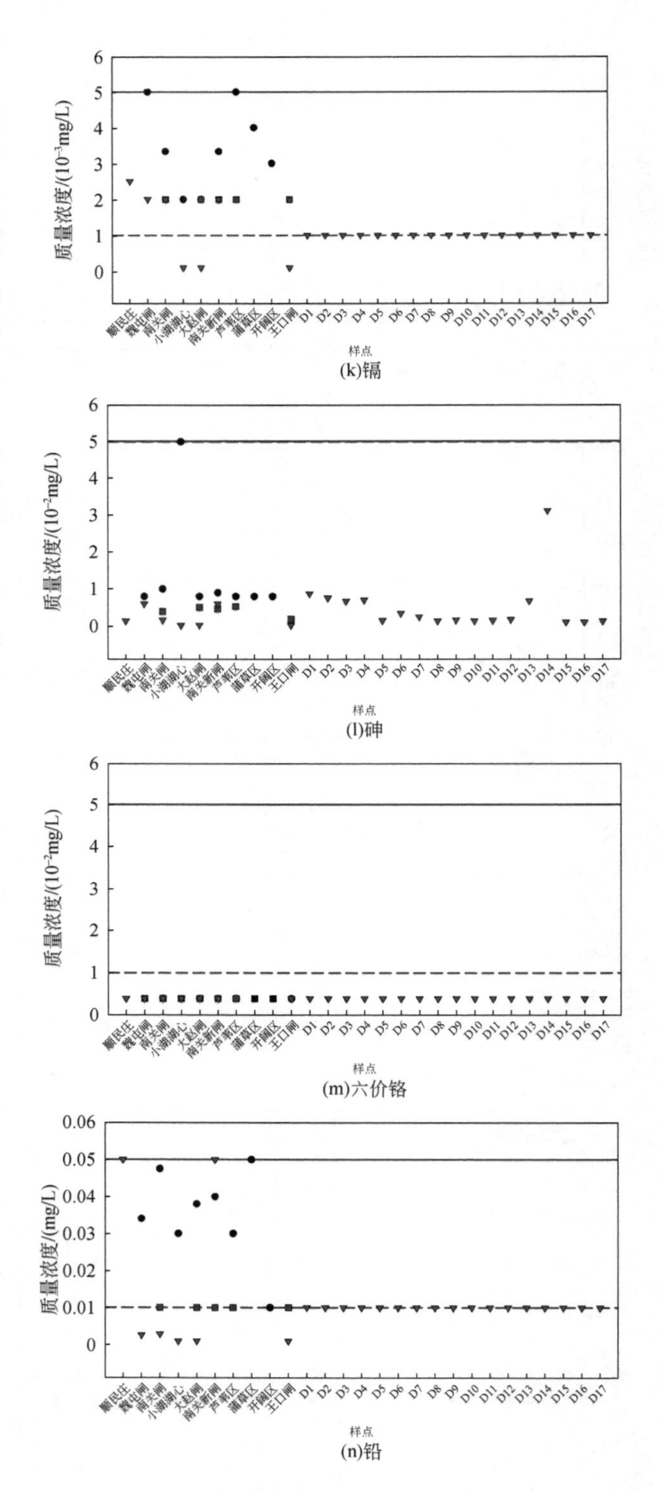

图 3-1　衡水湖湿地水体监测指标

2019 年 D1 ~ D17 监测点的铜、汞、六价铬、镉和铅质量浓度均在检测线以下，此处按照最低检测线质量浓度计；实线表示水质分类Ⅲ类标准，虚线表示水质分类Ⅰ类标准

表 3-5　衡水湖湿地水环境指标描述性统计

时间	项目	pH	溶解氧/(mg/L)	高锰酸盐指数/(mg/L)	氨氮/(mg/L)	总氮/(mg/L)	总磷/(mg/L)	铜/(10^{-2} mg/L)	砷/(10^{-2} mg/L)	汞/(10^{-4} mg/L)	六价铬/(10^{-3} mg/L)	镉/(10^{-3} mg/L)	铅/(mg/L)	透明度/m	叶绿素 a/(mg/L)
2000 年	最大值	8.77	9.70	40.60	6.52	7.19	1.09	3.00	5.00	0.40	4.00	5.00	0.05	—	—
	最小值	8.05	3.20	3.60	0	0.51	0.02	0.20	0.80	0.40	4.00	2.00	0.01	—	—
	平均值	8.45	6.26	18.51	1.37	2.66	0.38	1.25	1.36	0.40	4.00	3.46	0.03	—	—
	标准差	0.22	2.56	10.21	2.10	2.64	0.42	0.01	0.01	0	0	0	0.01	—	—
	变异系数	0.03	0.41	0.55	1.53	0.99	1.11	0.01	0.01	0	0	0	0.33	—	—
2010 年	最大值	9.13	7.60	15.65	1.30	2.10	0.34	0.20	0.53	1.03	4.00	2.00	0.01	0.85	0.02
	最小值	7.80	2.66	7.95	0.20	0.85	0.07	0.20	0.20	0.60	4.00	2.00	0.01	0.40	0.01
	平均值	8.39	4.95	10.80	0.64	1.53	0.16	0.20	0.42	0.85	4.00	2.00	0.01	0.59	0.02
	标准差	0.38	1.29	2.50	0.40	0.42	0.09	0	0	0	0	0	0	0.19	0
	变异系数	0.05	0.26	0.23	0.63	0.27	0.56	0	0	0	0	0	0	0.32	0
2019 年	最大值	8.61	9.91	12.00	0.65	2.49	0.14	1.40	3.13	0.62	4.00	2.50	0.05	0.89	0.05
	最小值	7.72	5.53	3.50	0.15	1.08	0.01	0.10	0.03	0.20	4.00	0.10	0	0.14	0.02
	平均值	8.14	8.30	7.24	0.35	1.71	0.05	0.23	0.43	0.39	4.00	1.08	0.01	0.30	0.03
	标准差	0.25	0.79	2.17	0.14	0.43	0	0.01	0	0	0	0	0.01	0.14	0.01
	变异系数	0.03	0.10	0.30	0.44	0.25	0	0.04	0	0	0	0	1.00	0.47	0.33
2000～2019 年	变化率/%	-3.7	32.6	-60.9	-74.5	-35.7	-86.8	-81.6	-68.4	-2.5	0.0	-68.8	-66.7	-49.2	50.0

注："—"表示该指标没有数据。

二、水体监测指标相关性

皮尔逊相关性分析（Pearson correlation analysis）是研究不同指标之间同源性的常用方法，相关性高的指标之间具有相似的污染来源或者迁移特征（王磊等，2020）。通过相关性分析表明（表3-6）：高锰酸盐指数、氨氮、总氮和总磷四个指标之间均存在极显著正相关关系（$P<0.01$），说明高锰酸盐指数、氨氮、总氮和总磷可能具有相同的污染来源。高锰酸盐指数、总磷与铜、砷和镉之间，氨氮与铜和镉之间，总氮与铜和砷之间，铜与镉之间，铅与高锰酸盐指数和镉之间均存在极显著正相关关系（$P<0.01$）；铅与总磷和铜之间存在显著正相关关系（$P<0.05$），可以推测这些指标可能具有同样的污染来源或者存在迁移转化的相互作用。监测的各指标间均不存在显著负相关，说明这些指标之间不存在明显的竞争作用。

表3-6 衡水湖湿地水体监测指标相关性分析矩阵

指标	高锰酸盐指数	氨氮	总氮	总磷	铜	砷	汞	六价铬	镉	铅
高锰酸盐指数	1.000									
氨氮	0.383**	1.000								
总氮	0.536**	0.746**	1.000							
总磷	0.420**	0.805**	0.706**	1.000						
铜	0.421**	0.695**	0.405**	0.694**	1.000					
砷	0.709**	0.267	0.594**	0.402**	0.100	1.000				
汞	-0.017	-0.057	-0.039	0.017	-0.106	-0.071	1.000			
六价铬	0.048	0.006	-0.024	0.015	0.087	0.112	0.053	1.000		
镉	0.488**	0.489**	0.181	0.505**	0.679**	0.192	0.064	0.228	1.000	
铅	0.552**	0.316	0.110	0.403*	0.582*	0.259	-0.316	0.174	0.683**	1.000

注：*表示在0.05水平上显著相关；**表示在0.01水平上显著相关。

第四节 湿地水体综合营养状态指数时空变化

衡水湖湿地水体综合营养状态指数时空变化情况如表3-7所示。从时间变化趋势来看，2000～2019年衡水湖湿地水体综合营养状态指数呈现降低的趋势，平均指数由2000年的66.3降低到2010年的62.0，再降低到2019年的59.2。从空间分布状况来看，2000年各样点的水体综合营养状态指数顺序为：小湖湖心>魏屯闸>南关闸>南关新闸>顺民庄>大赵闸>蒲草区>开阔区>芦苇区；2010年各样点的水体综合营养状态指数顺序为：南关闸>小湖湖心>南关新闸>蒲草区>芦苇区>顺民庄>大赵闸>王口闸>开阔区；2019年整体上各样点水体综合营养状态指数顺序为：南关新闸>小湖湖心>顺民庄>魏屯闸=芦苇区>蒲草区=开阔区>南关闸>大赵闸>王口闸；衡水湖湿地水体综合营养状态指数整体上呈现从南部到中西部再到东北部降低的趋势。

表 3-7 衡水湖湿地水环境质量分级

时间	监测点	TLI	营养状态分级	WQI	水质状况分级	WEQI	水环境质量分级
2000 年	顺民庄	63.6	中度富营养	50.8	轻度污染	52.1	轻度污染
	魏屯闸	86.4	重度富营养	129.5	重度污染	125.2	重度污染
	南关闸	77.8	重度富营养	75.1	中度污染	75.4	中度污染
	小湖湖心	91.7	重度富营养	100.7	重度污染	99.8	重度污染
	大赵闸	59.7	轻度富营养	33.8	较好	36.4	良好
	南关新闸	68.7	中度富营养	45.0	轻度污染	47.4	轻度污染
	芦苇区	47.1	中营养	28.6	较好	30.5	良好
	蒲草区	51.1	轻度富营养	35.4	较好	37.0	良好
	开阔区	50.9	轻度富营养	25.5	较好	28.1	良好
	平均值	66.3	中度富营养	58.3	轻度污染	59.1	轻度污染
2010 年	顺民庄	59.9	轻度富营养	30.6	较好	33.5	良好
	王口闸	59.1	轻度富营养	31.3	较好	34.1	良好
	南关闸	69.3	中度富营养	41.5	轻度污染	44.3	轻度污染
	小湖湖心	66.8	中度富营养	40.2	轻度污染	42.9	轻度污染
	大赵闸	59.5	轻度富营养	31.1	较好	34.0	良好
	南关新闸	65.4	中度富营养	39.1	较好	41.7	轻度污染
	芦苇区	60.4	中度富营养	35.0	较好	37.5	良好
	蒲草区	62.9	中度富营养	32.5	较好	35.5	良好
	开阔区	55.0	轻度富营养	25.4	较好	28.4	良好
	平均值	62.0	中度富营养	34.1	较好	36.9	良好
2019 年	顺民庄	63.2	中度富营养	26.6	较好	30.2	良好
	魏屯闸	59.4	轻度富营养	27.5	较好	30.7	良好
	王口闸	56.0	轻度富营养	22.4	较好	25.8	良好
	南关闸	58.6	轻度富营养	26.3	较好	29.6	良好
	小湖湖心	65.2	中度富营养	29.9	较好	33.5	良好
	大赵闸	56.4	轻度富营养	18.9	好	22.7	良好
	南关新闸	66.8	中度富营养	35.6	较好	38.7	良好
	芦苇区	59.4	轻度富营养	19.9	好	23.9	良好
	蒲草区	59.2	轻度富营养	21.8	较好	25.5	良好
	开阔区	59.2	轻度富营养	19.9	好	23.9	良好
	D1	62.0	中度富营养	24.1	较好	27.8	良好
	D2	64.5	中度富营养	24.2	较好	28.3	良好
	D3	63.5	中度富营养	24.2	较好	28.1	良好

续表

时间	监测点	TLI	营养状态分级	WQI	水质状况分级	WEQI	水环境质量分级
2019 年	D4	69.0	中度富营养	30.9	较好	34.7	良好
	D5	54.7	轻度富营养	16.7	好	20.5	良好
	D6	56.3	轻度富营养	20.9	较好	24.4	良好
	D7	62.0	中度富营养	25.1	较好	28.8	良好
	D8	58.1	轻度富营养	19.2	好	23.1	良好
	D9	54.7	轻度富营养	15.8	好	19.6	优
	D10	57.0	轻度富营养	16.9	好	20.9	良好
	D11	57.0	轻度富营养	16.3	好	20.4	良好
	D12	55.1	轻度富营养	16.6	好	20.5	良好
	D13	59.6	轻度富营养	24.8	较好	28.3	良好
	D14	55.6	轻度富营养	24.1	较好	27.3	良好
	D15	54.7	轻度富营养	19.6	好	23.1	良好
	D16	55.8	轻度富营养	19.9	好	23.5	良好
	D17	55.1	轻度富营养	17.9	好	21.6	良好
	平均值	59.2	轻度富营养	22.4	较好	26.1	良好
2000～2019 年	变化率/%	-10.7		-61.6		-55.8	

第五节　湿地水质综合状况指数时空变化

衡水湖湿地水质综合状况指数时空变化情况如表 3-7 所示。从时间变化趋势来看，2000～2019 年衡水湖湿地水质综合状况指数呈现降低的趋势，平均值由 2000 年的 58.3 降低到 2010 年的 34.1，再降低到 2019 年的 22.4。从空间分布状况来看，2000 年各样点的水质综合状况指数顺序为：魏屯闸>小湖湖心>南关闸>顺民庄>南关新闸>蒲草区>大赵闸>芦苇区>开阔区；2010 年各样点的水质综合状况指数顺序为：南关闸>小湖湖心>南关新闸>芦苇区>蒲草区>王口闸>大赵闸>顺民庄>开阔区；2019 年整体上各样点的水质综合状况指数顺序为：南关新闸>小湖湖心>魏屯闸>顺民庄>南关闸>王口闸>蒲草区>芦苇区=开阔区>大赵闸；衡水湖湿地水质综合状况指数整体上也呈现从南部到中西部到东北部降低的趋势。

第六节　湿地水环境质量指数时空变化

衡水湖湿地水环境质量指数时空变化特征如表 3-7 所示。从时间变化趋势来看，2000～2019 年衡水湖湿地水环境质量呈现降低的趋势，平均指数由 2000 年的 59.1 降低到 2010 年的 36.9，再降低到 2019 年的 26.1。从空间分布状况来看，2000 年各采样点的水环境质量指数大小顺序为：魏屯闸>小湖湖心>南关闸>顺民庄>南关新闸>蒲草区>大赵闸>芦苇区>开阔区；2010 年各采样点的水环境质量指数大小顺序为：南关闸>小湖湖心>南关新闸>芦苇区>蒲草区>王口闸>大赵闸>顺民庄>开阔区；2019 年整体上各采样点的水环境质量指数大小顺序为：南关新闸>小湖湖心>魏屯闸>顺民庄>南关闸>王口闸>蒲草区>芦苇区=开阔区>大赵闸；整体上，衡水湖湿地水环境质量指数呈现从南部到中西部再到东北部降低的空间分布趋势。

第七节　湿地水环境变化特征与污染源分析

2000~2019 年，衡水湖湿地水体溶解氧质量浓度升高了 32.6%，而总磷、铜、氨氮、镉、砷、铅、高锰酸盐指数、总氮和汞质量浓度则分别降低了 86.8%、81.6%、74.5%、68.8%、68.4%、66.7%、60.9%、35.7% 和 2.5%（表 3-5）。同时，综合营养状态指数、水质综合状况指数和水环境质量指数分别降低了 10.7%、61.6% 和 55.8%（表 3-7）。自 2000 年河北衡水湖湿地和鸟类省级自然保护区成立，并于 2003 年晋升为国家级自然保护区以来，当地政府出台了一系列保护政策（刘振杰，2004；衡水湖国家级自然保护区管理委员会综合办公室，2010），同时实施了封堵所有入湖排污口、搬迁湖边污染企业、拆除违规超限建筑、取缔所有燃油机动船只、取消非法拦网养殖以及季节性收割芦苇和蒲草等措施（衡水湖国家级自然保护区管理委员会综合办公室，2010）。2011 年衡水滨湖新区管理委员会成立后，在行政管理上切实加强了这一系列政策和措施的落实，从而有效地控制了水体污染，使衡水湖湿地水体综合营养状态、水质状况和水环境质量分别由 2000 年的中度富营养、轻度污染和轻度污染水平降低到 2019 年的轻度富营养、较好和良好水平（表 3-7）。

2000 年衡水湖水体污染严重的区域主要集中在冀州小湖及其周边的魏屯闸、南关闸（表 3-7）。冀州小湖是一个独立的库区，2000 年其水环境质量达到重度污染水平（表 3-7），主要以总氮（7.2 倍）和高锰酸盐指数（6.7 倍）超标为主（图 3-1）。这是由于 2000 年衡水湖湿地和鸟类省级自然保护区建立后，为改善衡水湖东湖水质状况，把原向大湖排放的所有排污口堵死，改向冀马渠或冀州小湖排放（刘振杰，2004），致使小湖水体污染严重。2010 年小湖水环境质量仍然为轻度污染水平；2019 年虽然达到良好水平，但仍高于绝大多数监测点（表 3-7），其中高锰酸盐指数超标 1.6 倍（图 3-1）。这是由于虽然近些年衡水湖的严禁一切形式的排污，但在小湖上游的冀码渠仍有 11 处化肥厂和化工厂等排污口。平日进水闸关闭，污水不能进入湖区，一旦上游来水，所有积存在河道内的污水会汇入小湖，严重影响小湖水环境质量（丁二峰，2015）。魏屯闸位于冀州小湖的东北角，2000 年其水环境质量达到重度污染水平，其中总磷和高锰酸盐指数分别超标 21.8 倍和 7.2 倍（图 3-1）。这可能是由于随着小湖不断接受冀州的排污，致使魏屯闸水质不断恶化；同时魏屯镇医疗器械和橡胶等民营企业发达，也是导致该监测点污染严重的重要原因。保护区成立后，严禁企业污水入湖措施的实施，魏屯闸水环境质量达到了良好水平，但是总磷仍然超标 2.8 倍（图 3-1）。南关闸和南关新闸位于衡水湖南部的冀州，2000 年南关闸和南关新闸的水环境质量分别为中度污染和轻度污染，其中南关闸总磷超标 15.8

倍，南关新闸高锰酸盐指数超标4.1倍（图3-1）。这是因为2003年以前冀州的生活和工业污水主要通过此处排入衡水湖（刘振杰，2004），导致这两处闸口污染严重。2003年衡水湖国家级自然保护区成立后，该排污口已关闭。相应的2010年和2019年南关闸和南关新闸的水环境质量也均逐渐提高到轻度污染和良好水平。但与其他样点相比，2019年南关新闸的水环境质量指数还相对较高，主要以高锰酸盐指数（1.5倍）和总磷（2.6倍）超标为主（图3-1），这可能是闸上工业和生活污水的侧渗导致的（崔希东等，2011）。

顺民庄作为衡水湖唯一一个湖心渔庄，2000年其水环境质量为轻度污染水平，其中总磷和总氮分别超标13.6倍和2.1倍（图3-1）。这主要是当地居民直接将生活污水和垃圾直接排入湖内，以及村庄周边拦网养鱼、投放饲料导致的。随着网箱养鱼和拦网捕鱼的取缔，以及生活污水和垃圾的有效管理，2010年和2019年顺民庄水环境质量已达到良好水平（图3-1）。2019年底，为响应衡水湖生态搬迁项目，顺民庄已整体搬迁完毕，其原址将进行绿色生态恢复工作，未来该监测点水环境质量将会持续提高。

王口闸是衡水湖引黄入湖的进水口，水环境质量均达到良好水平。但2019年总氮超标2.3倍。这可能是引水途经枣强县“皮毛之乡”的大营镇和枣强县城，以及广大农村地区，引水沿途工业、生活污水和农业非点源污染物等随引水汇入衡水湖导致的（刘振杰，2004；温晓君等，2016）。与其他监测点相比，芦苇区、蒲草区、大赵闸和开阔区三个时间段的水环境质量相对较好，均达到良好水平（表3-7），但2019年高锰酸盐指数和总氮仍超过地表水Ⅲ类标准1.3～1.5倍（图3-1）。这可能是湖内植物枯落腐烂和引水污染物的汇入引起的。

尽管衡水湖湿地水环境状况有显著的改善趋势，但2019年仍有55.6%、100.0%和37.0%的监测点水体高锰酸盐指数、总氮和总磷超标，特别是小湖及其周边闸口超标尤为明显，这是可能由于衡水湖水体缺乏流动、湖内植物枯落腐烂、工业和生活污水的侧渗与下泄等（刘振杰，2004；丁二峰，2015；温晓君等，2016），为水体富营养化创造了条件。因此，小湖周边污染防控和水体治理是未来衡水湖水环境管理的重点。同时引水农业面源污染物的汇入，以及旅游业开发带来的人类活动日趋频繁等（刘振杰，2004；崔希东等，2011；丁二峰，2015；温晓君等，2016），也给衡水湖湿地水环境质量带来了挑战。

第八节　结　　语

为了评价衡水湖湿地水环境质量时空变化趋势，并对污染源进行分析。本书依据衡水湖湿地历史水体监测点数据和2019年布设的17个采样点数据，利用综合营养状态指数、水质综合状况指数和水环境质量指数评价方法，研究了2000年、2010年和2019年衡水湖湿地水体营养状态、水质状况和水环境质量时空变化特征，分析了可能的污染物来源。主要结论如下：

（1）2000～2019年，衡水湖湿地水体pH、高锰酸盐指数、氨氮、总磷、镉和铅平均质量浓度随着时间变化呈现降低的趋势；而溶解氧、总氮、铜和砷质量浓度则随时间变化先降低再略微升高。随着时间的变化，达到Ⅲ类水质的监测点比例升高。衡水湖湿地水体高锰酸盐指数、总氮和总磷质量浓度超标是存在的主要水环境问题。

（2）从时间变化上来看，2000～2019 年衡水湖湿地水体综合营养状态、水质状况和水环境质量三种指数均呈现降低的趋势；从空间分布上来看，衡水湖湿地水体综合营养状态、水质状况和水环境质量三种指数整体上呈现出从南部到中西部到东北部降低的趋势。

（3）衡水湖国家级自然保护区建立后，一系列水体保护政策和措施的实施，使 2000～2019 年衡水湖湿地水体综合营养状态、水质状况和水环境质量分别降低了 10.7%、61.6%和 55.8%，显著提高了衡水湖湿地水环境质量。但是污水的侧渗与下泄、引水农业面源污染物的汇入，以及湖内植物枯落腐烂等也给衡水湖湿地水环境质量带来很大的挑战。

第四章　典型湖泊湿地重金属污染评价

第一节　研究背景

湿地生态系统重金属污染是一个世界性的环境问题，因重金属对生态环境和人类健康具有巨大风险而受到越来越多的关注（Tang et al.，2014；Yang et al.，2019；Ma et al.，2020），特别是湿地沉积物中的重金属污染，由于沉积物更容易富集重金属，并且富集的重金属能够随着食物链不断进行生物放大（Tang et al.，2014；Hsu et al.，2016；Liu et al.，2020b，2020c）。因此，湿地沉积物不仅是工农业重金属污染排放物的汇集库，也可能是食物链重金属污染的源头（Tang et al.，2014）。鉴于湿地沉积物富集的重金属对水质和湿地生态系统健康，甚至人类健康都具有重要影响（Hsu et al.，2016；Liu et al.，2020b），分析湿地重金属污染状况，评价其污染程度和生态风险，可能对未来湿地生态系统的有效地管理具有重要意义。

湿地沉积物重金属污染受人类活动的强烈影响（Hsu et al.，2016；Liang et al.，2017；Yang et al.，2019），例如工业“三废”排放和交通废气排放（Türker and Vymazal，2021；Laha et al.，2022）。随着经济和工业化的快速发展，我国湿地生态系统沉积物重金属污染程度日益严重，尤其是我国东南沿海河流和珠江流域（Tang et al.，2014）。近年来，随着政府主导的多项湿地保护与恢复措施实施，我国湿地生态系统健康状况显著改善（Liu et al.，2020a），这些政策措施有助于缓解湿地重金属污染。分析湿地重金属污染的时空变化特征，对于明确其时间变化趋势与空间分布差异，辨析人类活动和湿地保护与恢复措施对重金属污染的双重影响至关重要，并为未来湿地的适应性管理提供有针对性的保护策略（Al-Mutairi and Yap，2021）。

衡水湖湿地不仅是河北省衡水市和冀州区的生活水源和生产水源，而且在我国“南水北调”工程中发挥着重要作用（Zhang et al.，2009）。由于衡水湖湿地地处人口密集的华北平原，高强度的农业开垦和城市建设活动，以及工业和农业废弃物的排放，造成其沉积物重金属污染的风险较大。衡水湖国家级自然保护区成立以来，实施的一系列湿地保护和恢复措施有助于衡水湖湿地重金属污染状况的缓解。尽管先前已有对衡水湖湿地重金属污染评价的研究（Zhang et al.，2009；王乃姗等，2016；刘利等，2020；王贺年等，2020），但大多数研究主要集中在特定某一时期或单一重金属类型，缺少对衡水湖湿地多种重金属污染的时间变化趋势与空间分布特征的分析，这对于阐明人类活动和湿地保护与恢复措施对重金属污染的影响至关重要。

本书分析了2005年和2020年衡水湖湿地沉积物重金属含量（镉、汞、砷、铅、六价铬、铜和锌）特征，通过单因子污染指数法和内梅罗综合污染指数法评估重金属污染程度，运用重金属富集因子法识别可能的污染源，利用潜在生态风险指数确定重金属污染的生态风险。旨在明确衡水湖湿地沉积物重金属含量的时间变化趋势与空间分布特征，揭示可能的污染源，以期为未来衡水湖湿地的适应性管理提供减缓污染的靶向治理措施与有针对性的保护策略。

第二节 研究方法

一、数据获取及处理

在衡水湖湿地2005年的20个沉积物采样点的基础上，2020年在衡水湖湿地均匀地布设了18个采样点（表4-1）。2020年5月，使用TC-600重力抓斗底泥采样器从50cm处采集沉积物样品。采样过程中利用GPS进行定位，记录采样点编号、经纬度、采样点土地利用方式和周边环境等信息。样品采集后，将其装入聚乙烯塑料袋中并运往实验室。经自然风干，去除沉积物样品中石砾、植物根系和残叶等非土壤物质，用研钵研碎磨匀，并过100目筛。随后，用HNO_3-$HClO_4$对沉积物样品进行消解，再用石墨炉原子吸收分光光度法、原子荧光光谱法测定镉、铅、六价铬、铜、锌、汞和砷的含量。采用标准物质（中国标准物质研究中心：GSS-7和GSS-22）、空白和平行样全程进行质量控制。重金属样品回收率在90%～110%，相对标准偏差控制在10%以内。2005年的数据主要来源于我们前期的研究（Zhang et al.，2009）。使用SPSS 18.0和Excel 2010对沉积物重金属进行数据统计分析。采用R V.3.6.2版进行聚类分析和冗余分析（RDA）。使用SigmaPlot 12.5进行绘图。采用ArcGIS 10.2进行沉积物样点布设、地统计学分析、空间插值分析等。

表4-1 衡水湖湿地沉积物采样点位置

2005年		2020年	
样点	位置	样点	位置
B1	大赵闸-1	A1	梅花岛
B2	大赵闸-2	A2	新岛
B3	大赵闸-3	A3	大湖东部
B4	梅花岛-1	A4	大湖开阔水面-1
B5	梅花岛-2	A5	大湖开阔水面-2
B6	大湖东部-1	A6	大湖开阔水面-3
B7	大湖东部-2	A7	大湖开阔水面-4
B8	新岛	A8	魏屯闸
B9	观鸟岛	A9	冀州小湖开阔水面-1
B10	大湖开阔水面-1	A10	冀州小湖开阔水面-2
B11	大湖开阔水面-2	A11	冀州小湖开阔水面-3
B12	王口闸-1	A12	冀州小湖东部

续表

2005年		2020年	
样点	位置	样点	位置
B13	王口闸-2	A13	冀州小湖隔堤-1
B14	王口闸-3	A14	冀州小湖隔堤-2
B15	王口闸-4	A15	大湖西部-1
B16	魏屯闸-1	A16	大湖西部-2
B17	魏屯闸-2	A17	大湖西部-3
B18	魏屯闸-3	A18	大湖北部
B19	南关闸-1		
B20	南关闸-2		

二、重金属污染评价方法

（一）重金属污染指数

采用单因子污染指数（P_i）和内梅罗综合污染指数（P_n）评价衡水湖湿地沉积物重金属污染程度，计算方法同式（2-11）和式（2-12），根据单因子污染指数和内梅罗综合污染指数的计算结果，可以将沉积物重金属的污染程度分为无污染、轻度污染、中度污染和重度污染四个级别（表4-2）。

表4-2　重金属单因子污染指数和内梅罗综合污染指数标准

单因子污染指数（P_i）	污染程度	内梅罗综合污染指数（P_n）	污染程度
$P_i \leqslant 1$	无污染	$P_n \leqslant 1$	无污染
$1<P_i \leqslant 2$	轻度污染	$1<P_n \leqslant 2$	轻度污染
$2<P_i \leqslant 3$	中度污染	$2<P_n \leqslant 3$	中度污染
$P_i>3$	重度污染	$P_n>3$	重度污染

（二）重金属富集程度与污染源解析

富集因子（enrichment factor，EF；量纲一）一种常用于表示环境介质中重金属元素富集程度，表明人类活动对重金属污染的影响，并判断与识别其污染来源的重要方法（Zoller et al.，1974；Adeyemi et al.，2019），具体计算方法见式（4-1）：

$$\mathrm{EF}=\frac{(C_i/C_n)_S}{(C_i/C_n)_B} \tag{4-1}$$

式中，C_i/C_n为重金属i和参考重金属n的含量比（量纲一）；S和B分别为样品值（量纲一）和背景值（量纲一）。选择受人类活动影响较小、化学性质相对稳定的Al元素作为参考元素（王士宝等，2018）。重金属背景值以河北省表层土壤为基础。根据 EF 值，可将富集程度分为无富集、轻度富集、中度富集、显著富集、严重富集和极其严重富集（表4-3）。

表 4-3 重金属富集因子级别

污染水平	EF	富集程度
Ⅰ	EF≤1	无富集
	1<EF≤2	轻度富集
Ⅱ	2<EF≤5	中度富集
Ⅲ	5<EF≤20	显著富集
Ⅳ	20<EF≤40	严重富集
Ⅴ	EF>40	极其严重富集

（三）重金属潜在生态风险

潜在生态风险指数法（potential ecological risk，PRI）是由瑞典学者 Hakanson（1980）将重金属的含量、生态学效应和环境毒理学效应等联系在一起，从沉积学角度出发，根据重金属性质及环境行为特点，反映重金属污染对沉积物的潜在危害的方法（Wu et al.，2021），可系统全面地评价沉积物重金属污染状况。具体计算见式（4-2）：

$$\mathrm{PRI} = \sum_{i=1}^{m} E_r^i = \sum_{i=1}^{m} T_r^i \times \frac{C_i}{C_i^B} \tag{4-2}$$

式中，PRI 为重金属的综合潜在生态风险指数（量纲一）；E_r^i为重金属 i 的单因子潜在生态风险指数（量纲一）；T_r^i为重金属 i 的毒性响应系数（即镉=30，汞=40，砷=10，铅=铜=5，六价铬=2，锌=1；量纲一）（Hsu et al.，2016；王贺年等，2020；Nkinda et al.，2021；Acharjee et al.，2022），反映重金属毒性水平和环境中介质对重金属污染的敏感程度；C_i为重金属 i 含量的实测值（mg/kg）；C_i^B为重金属 i 的地球化学背景值（mg/kg），采用河北省表层土壤的平均值（中国环境监测总站，1990）；m 为重金属类型数量（量纲一）。根据单因子潜在生态风险指数 E_r^i值，可将沉积物重金属潜在生态风险程度划分为轻度生态风险、中度生态风险、较强生态风险、很强生态风险和极强生态风险五个等级，根据综合潜在生态风险指数 PRI 值，可将沉积物重金属潜在生态风险程度划分为低度生态风险、中度生态风险、较强生态风险和很强生态风险四个风险等级（表4-4）。

表 4-4 重金属潜在生态风险指数等级

单因子潜在生态风险指数（E_r^i）	生态风险等级	综合潜在生态风险指数（PRI）	生态风险等级
$E_r^i<40$	轻度生态风险	PRI<150	低度生态风险
$40\leq E_r^i<80$	中度生态风险	150≤PRI<300	中度生态风险
$80\leq E_r^i<160$	较强生态风险	300≤PRI<600	较强生态风险

续表

单因子潜在生态风险指数（E_r^i）	生态风险等级	综合潜在生态风险指数（PRI）	生态风险等级
$160 \leq E_r^i < 320$	很强生态风险	PRI≥600	很强生态风险
$E_r^i \geq 320$	极强生态风险		

第三节　湿地沉积物重金属污染特征

一、沉积物重金属含量变化

衡水湖湿地沉积物重金属含量的时间变化与空间分布特征如表4-5所示。2005年，衡水湖湿地沉积物重金属汞、砷和铜的平均含量分别超出河北省平均背景值的2.0倍、1.4倍和1.2倍。2020年，重金属镉和汞平均含量分别超出河北省平均背景值2.0倍和1.3倍。变异系数（CV）反映了重金属的分散性和空间变化（樊馨瑶等，2020；刘魏魏等，2021）。2005年，锌的变异系数达到1.30，表明其可能存在显著的空间变化。与2005年相比，2020年衡水湖湿地沉积物大部分重金属含量都有所下降，其中砷的含量下降幅度最大（-54.3%），其次是汞、铜、六价铬和铅，含量分别降低了-41.5%、-27.9%、-10.4%和-2.4%。然而，镉的含量却呈现上升趋势，两次研究期间增长了800.0%；其次是锌的含量增长了1.4%（表4-5）。

表4-5　衡水湖湿地沉积物重金属含量的描述性统计

时间	样点	位置	重金属含量/（mg/kg）						
			镉	汞	砷	铅	六价铬	铜	锌
2005年	B1	大赵闸-1	0.02	0.05	14.02	22.88	68.03	26.88	63.88
	B2	大赵闸-2	0.01	0.06	8.41	13.89	38.01	11.03	47.89
	B3	大赵闸-3	0.03	0.04	9.01	14.02	27.02	10.12	44.28
	B4	梅花岛-1	0.01	0.04	7.14	8.59	41.94	21.09	41.07
	B5	梅花岛-2	0.01	0.04	9.52	14.89	30.12	74.03	27.99
	B6	大湖东部-1	0.01	0.06	31.12	16.99	59.02	21.15	41.98
	B7	大湖东部-2	0.02	0.07	9.81	11.96	41.98	17.96	25.84
	B8	新岛	0.01	0.03	9.61	7.80	36.06	18.06	38.12
	B9	观鸟岛	0.06	0.04	10.02	10.03	41.98	21.31	42.06
	B10	大湖开阔水面-1	0.02	0.03	8.28	10.11	37.12	18.23	36.42
	B11	大湖开阔水面-2	0.01	0.03	9.88	14.02	52.89	18.17	35.84
	B12	王口闸-1	0.02	0.18	23.21	28.98	86.01	35.89	60.17

续表

时间	样点	位置	重金属含量/（mg/kg）						
			镉	汞	砷	铅	六价铬	铜	锌
2005 年	B13	王口闸-2	0.01	0.06	58.11	12.89	44.87	14.02	25.01
	B14	王口闸-3	0.02	0.15	24.06	34.99	85.92	37.05	63.22
	B15	王口闸-4	0.02	0.16	13.1	39.82	81.02	38.13	66.02
	B16	魏屯闸-1	0.02	0.20	13.09	33.83	93.13	36.92	65.08
	B17	魏屯闸-2	0.02	0.14	13.13	25.88	71.13	27.89	51.76
	B18	魏屯闸-3	0.02	0.13	82.03	44.95	69.98	33.97	401.2
	B19	南关闸-1	0.02	0.09	8.96	21.06	36.08	19.06	28.75
	B20	南关闸-2	0.01	0.07	9.11	21.03	55.16	21.82	40.81
	最大值		0.06	0.20	82.03	44.90	93.13	74.03	401.20
	最小值		0.01	0.03	7.14	7.80	27.02	10.12	25.01
	平均值		0.02	0.08	18.58	20.43	54.87	26.14	62.37
	标准差		0.01	0.06	19.07	10.97	20.60	14.26	80.86
	变异系数		0.61	0.66	1.03	0.54	0.38	0.55	1.30
2020 年	A1	梅花岛	0.13	0.04	9.04	13.00	41.00	16.00	53.00
	A2	新岛	0.12	0.04	8.34	17.00	40.00	16.00	48.00
	A3	大湖东部	0.22	0.06	10.80	21.00	50.00	23.00	74.00
	A4	大湖开阔水面-1	0.26	0.05	7.48	16.00	45.00	20.00	62.00
	A5	大湖开阔水面-2	0.25	0.04	9.61	33.00	76.00	33.00	86.00
	A6	大湖开阔水面-3	0.23	0.17	12.10	21.00	47.00	19.00	64.00
	A7	大湖开阔水面-4	0.25	0.06	9.26	18.00	39.00	19.00	62.00
	A8	魏屯闸	0.11	0.02	9.19	18.00	54.00	21.00	62.00
	A9	冀州小湖开阔水面-1	0.28	0.11	12.10	28.00	69.00	25.00	101.00
	A10	冀州小湖开阔水面-2	0.15	0.04	6.28	17.00	50.00	16.00	51.00
	A11	冀州小湖开阔水面-3	0.23	0.04	10.60	17.00	65.00	23.00	67.00
	A12	冀州小湖东部	0.28	0.06	10.80	26.00	58.00	24.00	74.00
	A13	冀州小湖隔堤-1	0.17	0.04	5.90	24.00	49.00	18.00	74.00
	A14	冀州小湖隔堤-2	0.17	0.04	7.39	26.00	40.00	14.00	87.00
	A15	大湖西部-1	0.11	0.04	6.26	19.00	46.00	17.00	49.00
	A16	大湖西部-2	0.09	0.02	7.42	16.00	39.00	12.00	45.00
	A17	大湖西部-3	0.11	0.02	5.48	15.00	45.00	16.00	49.00
	A18	大湖北部	0.07	0.01	4.73	14.00	32.00	7.00	30.00

续表

时间	样点	位置	重金属含量/（mg/kg）						
			镉	汞	砷	铅	六价铬	铜	锌
2020 年	最大值		0.28	0.17	12.10	33.00	76.00	33.00	101.00
	最小值		0.07	0.01	4.73	13.00	32.00	7.00	30.00
	平均值		0.18	0.05	8.49	19.94	49.17	18.83	63.22
	标准差		0.07	0.04	2.26	5.43	11.51	5.70	17.50
	变异系数		0.39	0.74	0.27	0.27	0.23	0.30	0.28
河北省背景值*			0.09	0.04	13.60	21.50	68.30	21.80	78.40
2005 ~ 2020 年	变化率/%		800.0	−37.5	−54.3	−2.4	−10.4	−27.9	1.4

注：* 的数据来自中国环境监测总站（1990）。

从空间分布上来看，2005 年，衡水湖湿地沉积物重金属汞、砷、铅、六价铬、锌含量较高的区域主要分布在魏屯闸和王口闸等小湖隔堤附近，而镉和铜含量较高的区域则主要分布在大湖北部（表 4-5）。2020 年，衡水湖湿地沉积物重金属镉、铅、六价铬、铜和锌含量较高的区域主要分布在冀州小湖及大湖开阔水面，汞和砷含量较高的区域主要分布在冀州小湖和大湖开阔水面（表 4-5）。该研究的重金属在空间上的分布特征与王贺年等（2020）研究的 2018 年衡水湖湿地沉积物重金属分布特征基本保持一致，表明衡水湖湿地沉积物重金属空间分布状况相对比较稳定。

二、沉积物重金属污染程度

单因子指数法（P_i）能够反映出单个重金属元素的污染状况。单因子指数结果表明：2005 年除个别采样点的砷和锌外，衡水湖湿地其他重金属的单因子污染指数均小于 1.0，说明除个别样点的砷和锌外，研究区其他重金属均处于无污染状态。2020 年所有采样点的重金属单因子污染指数远低于 1.0，衡水湖湿地沉积物重金属均处于无污染状态（图 4-1）。两次研究期间，衡水湖湿地沉积物重金属单因子指数平均值呈现降低的趋势。

内梅罗综合污染指数（P_n）反映了重金属的平均污染水平，并突出污染指数最大的重金属污染物对生态环境的影响（王锐等，2020），是常用的土壤/沉积物污染评价方法（杨安等，2020）。内梅罗综合污染指数结果分析表明，2005 年，除王口闸和魏屯闸外，衡水湖湿地其他区域沉积物重金属的内梅罗综合污染指数均在 1.0 以下，表明湖区没有受到重金属的污染。内梅罗综合污染指数高的区域主要分布在王口闸和魏屯闸附近（表 4-6），这是因为该区域位于大湖和冀州小湖之间的隔堤附近，所有废水都是从附近的冀州区排放的（刘振杰，2004）。由于冀州小湖废水可通过地下土壤渗入大湖区域，重金属易在该区域积聚，导致其污染程度较高。

2020 年，衡水湖湿地所有样点内梅罗综合污染指数都为无污染状态。内梅罗综合污染指数较高的区域主要分布在冀州小湖附近，以及大湖开阔水面区域（表 4-6）。这可能与

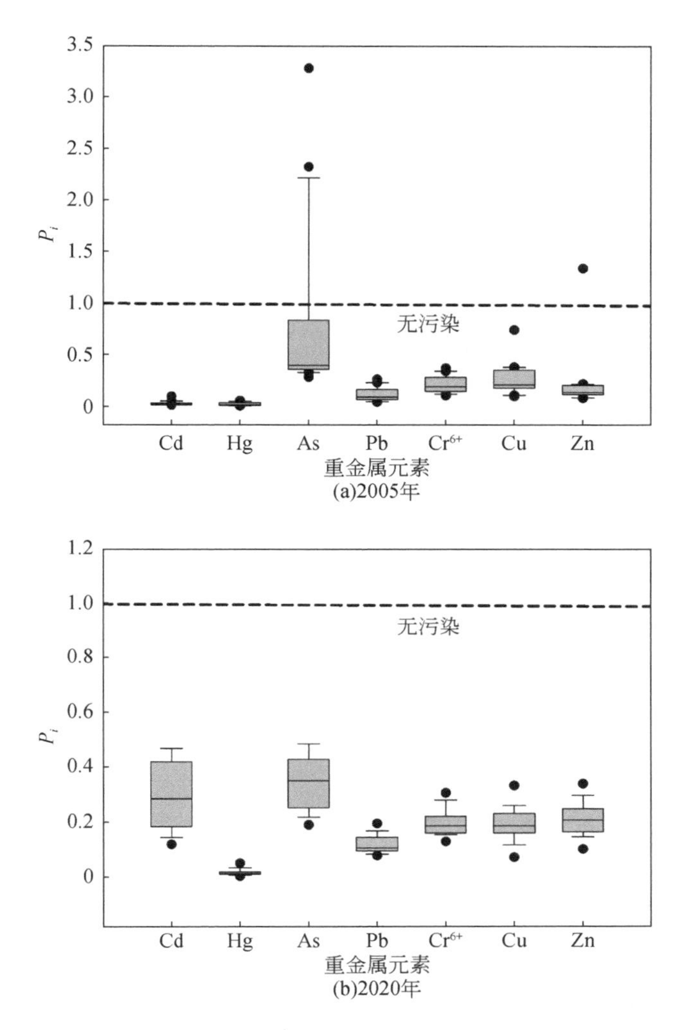

图 4-1　衡水湖湿地沉积物不同重金属单因子污染指数

魏家屯镇工业企业（如医疗器械生产、橡胶工业设施）数量较多有关，该镇的企业密度为 6.5×10^{-2}个/hm^2（国家统计局农村社会经济调查司，2011–2019），可能导致含有大量重金属的废水排放。总体而言，衡水湖湿地沉积物重金属平均内梅罗综合污染指数已由 2005 年的 0.56 下降到 2020 年的 0.29。

表 4-6　衡水湖湿地沉积物重金属内梅罗综合污染指数

2005 年			2020 年		
样点	位置	内梅罗综合污染指数（P_n）	样点	位置	内梅罗综合污染指数（P_n）
B1	大赵闸-1	0.42	A1	梅花岛	0.28
B2	大赵闸-2	0.25	A2	新岛	0.26

续表

2005年			2020年		
样点	位置	内梅罗综合污染指数（P_n）	样点	位置	内梅罗综合污染指数（P_n）
B3	大赵闸-3	0.27	A3	大湖东部	0.34
B4	梅花岛-1	0.22	A4	大湖开阔水面-1	0.34
B5	梅花岛-2	0.54	A5	大湖开阔水面-2	0.35
B6	大湖东部-1	0.90	A6	大湖开阔水面-3	0.38
B7	大湖东部-2	0.29	A7	大湖开阔水面-4	0.33
B8	新岛	0.28	A8	魏屯闸	0.29
B9	观鸟岛	0.30	A9	冀州小湖开阔水面-1	0.39
B10	大湖开阔水面-1	0.25	A10	冀州小湖开阔水面-2	0.21
B11	大湖开阔水面-2	0.29	A11	冀州小湖开阔水面-3	0.34
B12	王口闸-1	0.68	A12	冀州小湖东部	0.37
B13	王口闸-2	1.66	A13	冀州小湖隔堤-1	0.24
B14	王口闸-3	0.71	A14	冀州小湖隔堤-2	0.24
B15	王口闸-4	0.40	A15	大湖西部-1	0.21
B16	魏屯闸-1	0.40	A16	大湖西部-2	0.23
B17	魏屯闸-2	0.39	A17	大湖西部-3	0.18
B18	魏屯闸-3	2.37	A18	大湖北部	0.15
B19	南关闸-1	0.27			
B20	南关闸-2	0.28			

第四节　湿地沉积物重金属富集程度及污染源解析

一、沉积物重金属富集程度与污染源

2005年，衡水湖湿地沉积物重金属镉、汞、砷、铅、六价铬、铜和锌的富集因子值分别为0.13～0.77、0.91～6.71、0.63～7.29、0.44～2.53、0.48～1.65、0.56～4.10和0.39～6.18。锌和砷的富集因子最大值分别为其最小值的15.85倍和11.57倍（图4-2和表4-7），说明个别点位重金属锌和砷受到的人为干扰十分强烈，达到显著富集程度；个别点重金属汞也已达到显著富集程度。七种重金属的平均富集因子值顺序分别为：汞（2.80）>砷（1.65）>铜（1.45）>铅（1.15）>六价铬（0.97）>锌（0.96）>镉（0.24）。其中汞平均值为中度富集，砷、铜和铅平均值为轻度富集，六价铬、锌和镉平均值为无富集（图4-3）。这说明六价铬、锌和镉受人类活动的影响不大，受土壤元素自然富集的影响可能更大；而汞、砷、铜和铅主要受人类活动的影响，是人类生活生产过程中造成污染使其富集。空间分析显示大多数重金属的高富集因子值主要分布在魏屯闸和王口闸附近（表4-7），这与重金属含量的高分布区域（表4-5）和内梅罗综合污染指数空间分布特征（表4-6）一致。

2020年，镉、汞、砷、铅、六价铬、铜和锌的富集因子变化范围分别为0.91～3.60、0.23～5.57、0.42～1.07、0.73～1.85、0.57～1.34、0.39～1.83和0.46～1.56。汞的最大富集因子值为最小富集因子值的24.22倍（图4-2和表4-7），说明个别点位汞受到的人为干扰十分强烈，达到显著富集程度。七种重金属的平均富集因子值顺序为：镉（2.30）>汞（1.64）>铅（1.12）>铜（1.04）>锌（0.98）>六价铬（0.87）>砷（0.75）。镉平均值为中度富集，汞、铅和铜平均值为轻度富集，锌、六价铬和砷没有富集（图4-3）。这说明锌、六价铬和砷不受人类活动的影响，而镉、汞、铅和铜含量可能受人类活动的影响而增加。空间分析显示大部分重金属富集因子值高的区域主要分布在冀州小湖及大湖开阔水面（表4-7）。

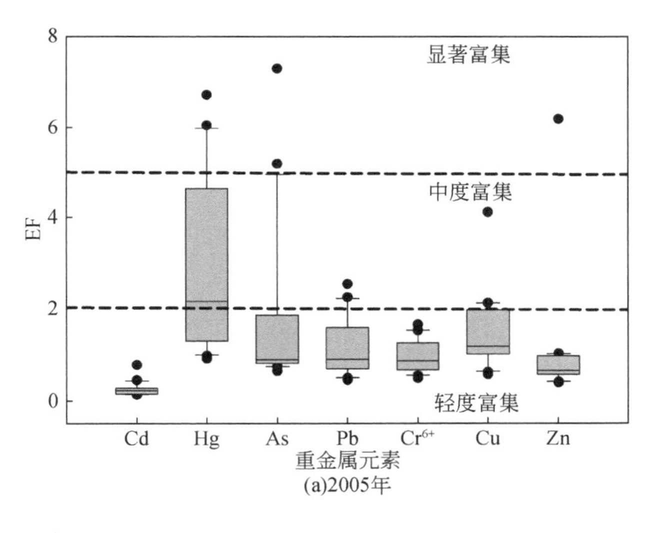

(a)2005年

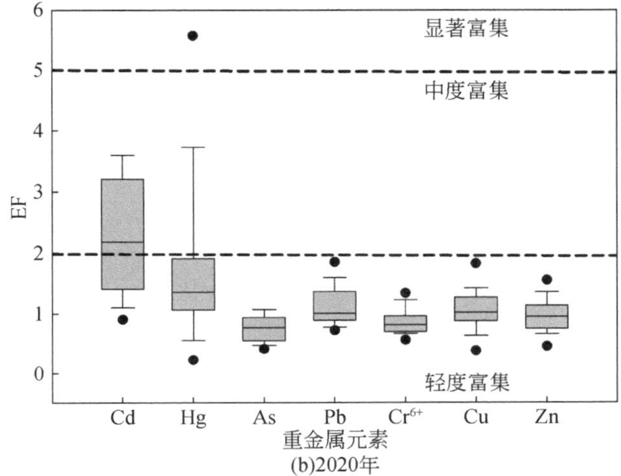

(b)2020年

图4-2　衡水湖湿地不同采样点沉积物重金属富集因子

表 4-7 衡水湖湿地沉积物重金属富集因子空间分布特征

时间	样点	位置	富集因子（EF）						
			镉	汞	砷	铅	六价铬	铜	锌
2005 年	B1	大赵闸-1	0. 19	1. 58	1. 25	1. 29	1. 20	1. 49	0. 98
	B2	大赵闸-2	0. 14	2. 15	0. 75	0. 78	0. 67	0. 61	0. 74
	B3	大赵闸-3	0. 44	1. 21	0. 80	0. 79	0. 48	0. 56	0. 68
	B4	梅花岛-1	0. 17	1. 28	0. 63	0. 48	0. 74	1. 17	0. 63
	B5	梅花岛-2	0. 14	1. 41	0. 85	0. 84	0. 53	4. 10	0. 43
	B6	大湖东部-1	0. 13	1. 88	2. 76	0. 95	1. 04	1. 17	0. 65
	B7	大湖东部-2	0. 23	2. 42	0. 87	0. 67	0. 74	1. 00	0. 40
	B8	新岛	0. 13	0. 97	0. 85	0. 44	0. 64	1. 00	0. 59
	B9	观鸟岛	0. 77	1. 34	0. 89	0. 56	0. 74	1. 18	0. 65
	B10	大湖开阔水面-1	0. 21	0. 91	0. 74	0. 57	0. 66	1. 01	0. 56
	B11	大湖开阔水面-2	0. 15	1. 11	0. 88	0. 79	0. 94	1. 01	0. 55
	B12	王口闸-1	0. 30	6. 04	2. 06	1. 63	1. 52	1. 99	0. 93
	B13	王口闸-2	0. 18	2. 15	5. 16	0. 72	0. 79	0. 78	0. 39
	B14	王口闸-3	0. 28	5. 03	2. 14	1. 97	1. 52	2. 05	0. 97
	B15	王口闸-4	0. 26	5. 37	1. 16	2. 24	1. 43	2. 11	1. 02
	B16	魏屯闸-1	0. 22	6. 71	1. 16	1. 90	1. 65	2. 05	1. 00
	B17	魏屯闸-2	0. 22	4. 70	1. 17	1. 45	1. 26	1. 55	0. 80
	B18	魏屯闸-3	0. 27	4. 36	7. 29	2. 53	1. 24	1. 88	6. 18
	B19	南关闸-1	0. 24	3. 09	0. 80	1. 18	0. 64	1. 06	0. 44
	B20	南关闸-2	0. 14	2. 32	0. 81	1. 18	0. 98	1. 21	0. 63
	最大值		0. 77	6. 71	7. 29	2. 53	1. 65	4. 10	6. 18
	最小值		0. 13	0. 91	0. 63	0. 44	0. 48	0. 56	0. 39
	平均值		0. 24	2. 80	1. 65	1. 15	0. 97	1. 45	0. 96
	标准差		0. 15	1. 86	1. 69	0. 62	0. 36	0. 79	1. 25
	变异系数		0. 61	0. 66	1. 03	0. 54	0. 38	0. 54	1. 30
	倍数		5. 92	7. 37	11. 57	5. 75	3. 44	7. 32	15. 85

续表

时间	样点	位置	富集因子（EF）						
			镉	汞	砷	铅	六价铬	铜	锌
2020 年	A1	梅花岛	1.67	1.21	0.80	0.73	0.73	0.89	0.82
	A2	新岛	1.54	1.24	0.74	0.96	0.71	0.89	0.74
	A3	大湖东部	2.83	2.01	0.96	1.18	0.88	1.27	1.14
	A4	大湖开阔水面-1	3.34	1.71	0.66	0.90	0.80	1.11	0.96
	A5	大湖开阔水面-2	3.21	1.34	0.85	1.85	1.34	1.83	1.33
	A6	大湖开阔水面-3	2.96	5.57	1.07	1.18	0.83	1.05	0.99
	A7	大湖开阔水面-4	3.21	2.01	0.82	1.01	0.69	1.05	0.96
	A8	魏屯闸	1.41	0.67	0.82	1.01	0.96	1.16	0.96
	A9	冀州小湖开阔水面-1	3.60	3.52	1.07	1.57	1.22	1.39	1.56
	A10	冀州小湖开阔水面-2	1.93	1.38	0.56	0.96	0.88	0.89	0.79
	A11	冀州小湖开阔水面-3	2.96	1.44	0.94	0.96	1.15	1.27	1.03
	A12	冀州小湖东部	3.60	1.88	0.96	1.46	1.03	1.33	1.14
	A13	冀州小湖隔堤-1	2.18	1.31	0.52	1.35	0.87	1.00	1.14
	A14	冀州小湖隔堤-2	2.18	1.17	0.66	1.46	0.71	0.78	1.34
	A15	大湖西部-1	1.41	1.44	0.56	1.07	0.81	0.94	0.76
	A16	大湖西部-2	1.13	0.60	0.66	0.90	0.69	0.67	0.69
	A17	大湖西部-3	1.41	0.74	0.49	0.84	0.80	0.89	0.76
	A18	大湖北部	0.91	0.23	0.42	0.79	0.57	0.39	0.46
	最大值		3.60	5.57	1.07	1.85	1.34	1.83	1.56
	最小值		0.91	0.23	0.42	0.73	0.57	0.39	0.46
	平均值		2.30	1.64	0.75	1.12	0.87	1.04	0.98
	标准差		0.91	1.21	0.20	0.30	0.20	0.31	0.27
	变异系数		0.40	0.74	0.26	0.27	0.23	0.30	0.28
	倍数		3.96	24.22	2.55	2.53	2.35	4.69	3.39
2005～2020 年	变化率/%		858.3	−41.4	−54.5	−2.6	−10.3	−28.3	1.0

与2005年相比，2020年衡水湖湿地沉积物重金属汞、砷、铅、六价铬和铜的富集因子均有所下降，其中砷的富集因子值下降幅度最大（−54.5%），其次是汞（−41.4%）、铜（−28.3%）、六价铬（−10.3%）和铅（−2.6%）。这些重金属的含量下降（表4-5）、内梅罗综合污染指数的下降（表4-6）和富集因子值的下降（表4-7），可能与衡水湖湿地实施的一系列生态保护与修复工程有关，如封堵所有排污口、迁移沿湖污染企业、引黄补水、禁止所有燃油机动车/船、取消非法阻拦水产养殖等（王贺年等，2020；Xu et al., 2018；刘魏魏等，2021）。自2011年衡水滨湖新区管理委员会成立以来，在行政管理上大

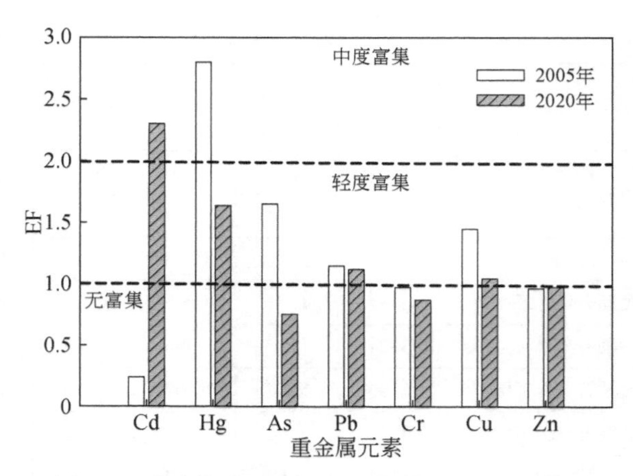

图 4-3　衡水湖湿地沉积物重金属平均富集因子

大加强了这些保护修复项目的实施（刘魏魏等，2021），有效控制了大部分重金属直接输入到衡水湖湿地。这些指数的下降也可能与过去 15 年重金属的降解、迁移和转化有关。虽然大部分重金属的富集因子降低，但镉和锌的富集因子却有所增加，分别增加了 853.8% 和 1.0%（表 4-7），说明在过去的 15 年里，衡水湖湿地仍然有大量的镉污染物输入。以往的研究也表明（刘利等，2020；王磊等，2020），镉仍然是目前衡水湖湿地沉积物的主要污染物。这可能是因为，虽然近年来衡水湖湿地已严格禁止各种形式的废水排放，但位于冀州小湖上游河流仍有 11 个化工废水排污口。正常情况下，这条运河的闸门是关闭的，污水不能进入衡水湖湿地中。但是，一旦上游来水到达，来自运河的含高镉的水就可能会溢出进入湖中（刘魏魏等，2021）。此外，刘利等（2020）报道表明黄河生态引水进入衡水湖湿地也可能导致镉的输入，上述因素都导致了衡水湖湿地镉含量及其富集因子严重增加（表 4-5 和表 4-7）。

二、沉积物重金属聚类分析

基于 Ward 欧氏距离法，对 2005 年衡水湖湿地 20 个沉积物样品和 2020 年 18 个沉积物样品的 7 种重金属含量进行系统聚类分析，分别以 2005 年衡水湖湿地 20 个沉积物样品和 2020 年 18 个沉积物样品为 Y 轴，7 种重金属含量为 X 轴绘制聚类分析热图。其中，每个颜色的小矩形代表一个样品中一种重金属元素的含量，颜色由绿色到黄色再到红色，表示重金属的含量由低到高逐渐增加。

衡水湖湿地重金属的聚类分析结果表明（图 4-4，见彩图）：从 X 轴方向可以看出，七种重金属被分为两组。镉-汞在同一组，说明这两种重金属是同系物，具有同源性。六价铬-锌-砷-铅-铜属于另一组，说明这五种重金属具有同源性；而两组之间可能具有不同的来源。从 Y 轴方向可以看出，所有样点均被分为三组。2005 年，第Ⅰ组和第Ⅱ组分别仅有 1 个样点，各占研究样点总数的 5.0%。两组的颜色相对较浅，属于轻度污染。第Ⅲ组共有 18 个样点，占研究样点总数的 90.0%，说明这些样点的相关性较强。同时相对于第Ⅰ组和第Ⅱ组的同种重金属来说，第Ⅲ组的颜色整体偏红色和偏黄色，反映出第Ⅲ组

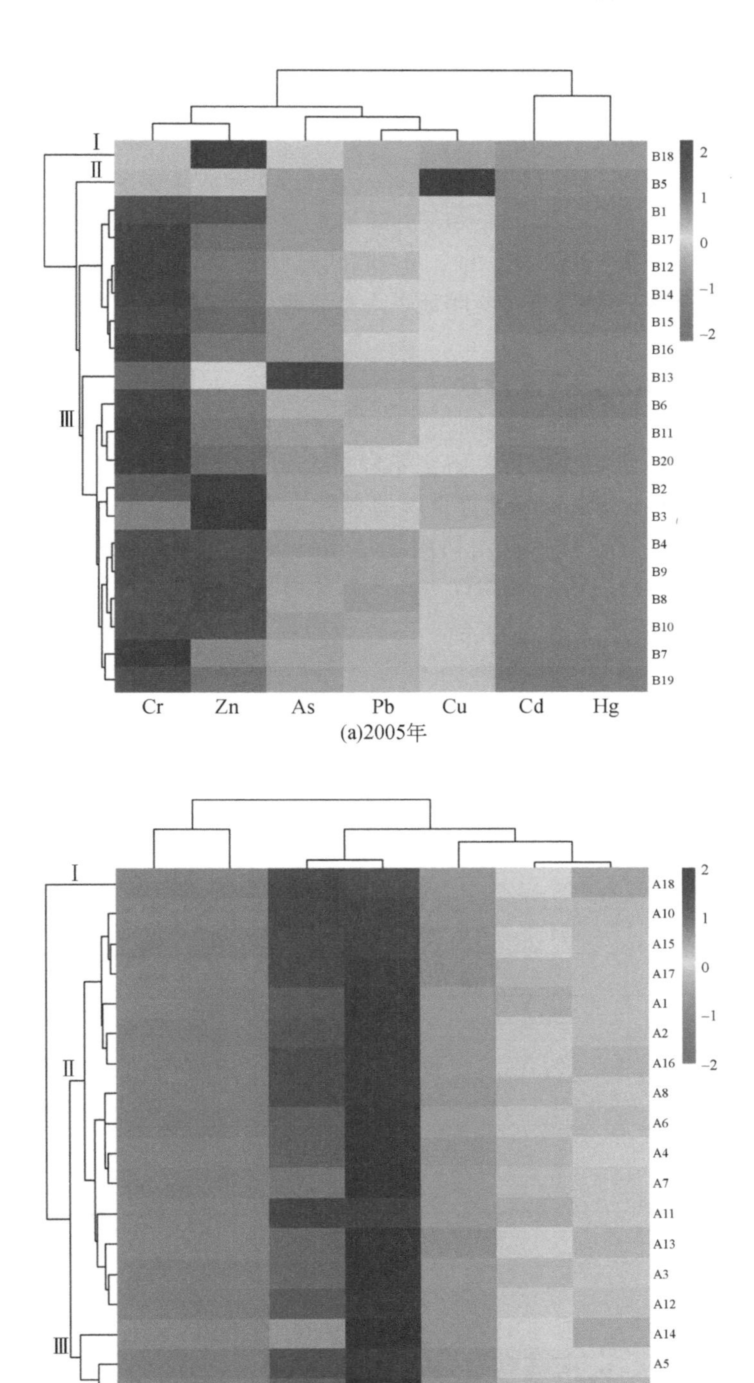

图 4-4 衡水湖湿地沉积物重金属聚类分析热图

的污染情况比第Ⅰ组和第Ⅱ组的同种重金属污染情况重。除样点B5和B18外，其他采样点表现出类似的重金属累积能力。2020年，第Ⅰ组仅为1个样点，占研究样点总数的5.6%，污染较轻；第Ⅱ组有14个样点，占研究样点总数的77.8%；第Ⅲ组有3个样点，占研究样点总数的16.7%，污染较重，这些样点A5、A9和A14表现出类似的重金属累积能力，且样点A9和A14主要位于冀州小湖及其隔堤附近。这与大部分重金属含量的空间分布状况（表4-5）、内梅罗综合污染指数的空间分布状况（表4-6）和富集因子较高区域的空间分布情况（表4-7）基本一致。进一步印证了人类活动对重金属污染具有累积效应。

三、沉积物重金属相关性分析

皮尔逊（Pearson）相关性分析是研究不同重金属之间同源性的常用方法，重金属之间的相关性可以反映衡水湖湿地不同重金属的来源的迁移特征，相关性高的重金属之间具有相似的污染源或类似的迁移特征。利用统计软件SPSS进行Pearson相关性分析表明：2005年，汞、铅和六价铬之间、砷和锌之间，以及铅和六价铬、铅和锌之间存在极显著正相关关系（$P<0.01$）（表4-8）；结合铅、六价铬和锌具有相似的空间分布规律（表4-5）以及聚类特征（图4-4），可以推测重金属铅、六价铬和锌可能具有相似的污染源或迁移特征。2020年，镉、铅、六价铬、铜、砷和锌之间存在极显著正相关关系（$P<0.01$）。结合铅、六价铬、铜和锌含量具有相似的空间分布特征（表4-5）以及聚类特征（图4-4），推测铅、六价铬、铜和锌可能具有相似的污染源或迁移特征。

表4-8　衡水湖湿地沉积物不同重金属的相关性矩阵

重金属元素	镉	汞	砷	铅	六价铬	铜	锌
镉	1.000	**0.603** **	**0.711** **	**0.596** **	**0.609** **	**0.753** **	**0.748** **
汞	0.026	1.000	**0.697** **	**0.327**	**0.260**	**0.343**	**0.427**
砷	−0.031	0.251	1.000	**0.423**	**0.565** **	**0.669** **	**0.610** **
铅	0.002	0.846 **	0.467 *	1.000	**0.690** **	**0.695** **	**0.849** **
六价铬	−0.037	0.861 **	0.269	0.822 **	1.000	**0.899** **	**0.697** **
铜	−0.097	0.369	0.058	0.428	0.325	1.000	**0.728** **
锌	0.067	0.303	0.764 **	0.629 **	0.304	0.163	1.000

注：*表示在0.05水平上显著相关；**表示在0.01水平上显著相关。左下三角形的数值表示2005年不同重金属元素的相关性系数；右上三角形加粗的数字表示2020年不同重金属元素的相关性系数。

四、沉积物重金属冗余分析

利用冗余分析方法（RDA），分析了pH、有机质含量（SOM）及重金属镉、铅、六价铬、铜、锌、汞和砷含量之间的关系（图4-5）。pH和有机质含量为解释变量，重金属含量为响应变量。解释变量的方差膨胀因子（VIF）<10，表明本书的解释变量之间不共线。模型的决定系数R^2为0.477，表明解释变量两个因素可以解释总变异的47.7%。

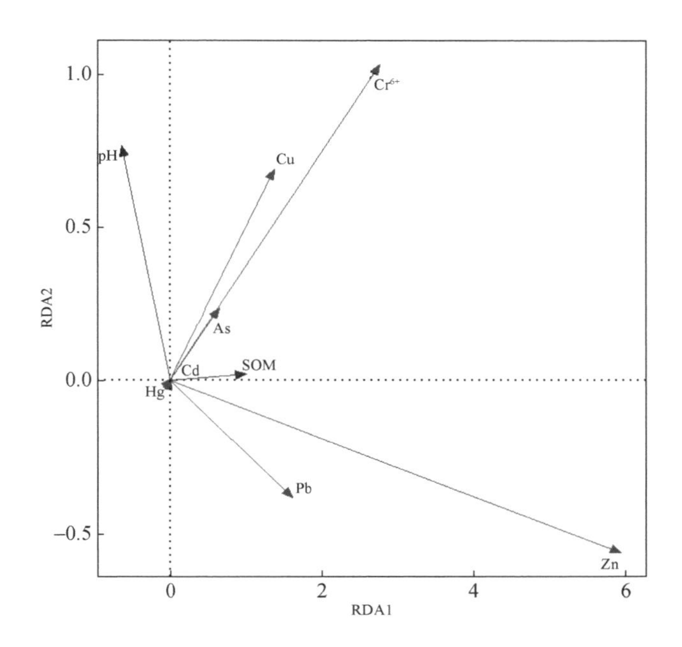

图 4-5 衡水湖湿地沉积物重金属含量与 pH 和有机质的冗余分析（RDA）

RDA 结果表明（图 4-5），pH 与六价铬、铜和砷含量之间存在显著正相关关系，其中 pH 与六价铬、铜之间的交角较小，箭头长度长于平均的箭头长度，说明 pH 与六价铬、铜之间的相关性最高，可以推断 pH 是影响衡水湖湿地沉积物重金属六价铬和铜富集与迁移的主要因素；而 pH 与锌和铅含量之间则存在显著负相关关系。有机质含量与锌、六价铬、铜、铅和砷含量之间存在显著正相关关系，其中有机质含量与六价铬、锌和砷含量之间交角较小，说明有机质含量与六价铬、锌和砷含量之间的相关性最高，有机质可能是影响衡水湖湿地沉积物重金属六价铬、锌和砷吸附特性和富集的主要因素。

第五节　湿地沉积物重金属生态风险

一、重金属单因子潜在生态风险变化特征

潜在生态风险指数反映了生物群落对重金属的敏感性与重金属污染带来的风险（Acharjee et al.，2022）。衡水湖湿地沉积物不同重金属的单因子潜在生态风险指数的时间变化如图 4-6 所示。2005 年，不同重金属平均单因子潜在生态风险指数（E_r^i）的排序为：汞>砷>铜>镉>铅>六价铬>锌。除重金属汞存在较强的潜在生态风险外，其他重金属的潜在生态风险程度均较低，表明 2005 年汞是衡水湖湿地最具有危害性的重金属元素（图 4-6）。2020 年，不同重金属平均单因子潜在生态风险指数排序为：镉>汞>砷>铅>铜>六价铬>锌。其中，重金属镉和汞存在中等强度的潜在生态风险，其他重金属的潜在生态风险程度较低，表明 2020 年镉和汞是衡水湖湿地最具有危害性的重金属元素（图 4-6）。

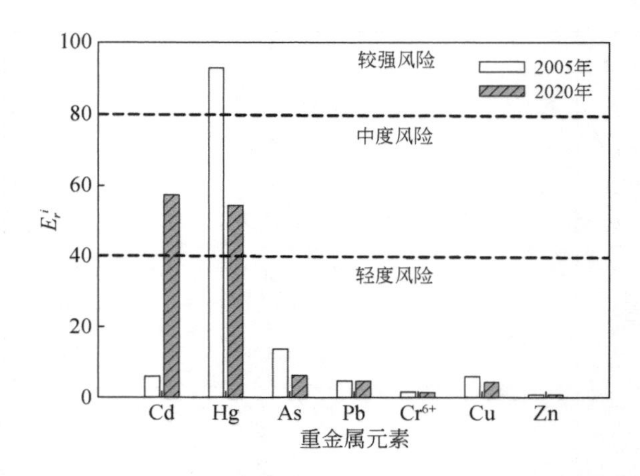

图 4-6 衡水湖湿地沉积物不同重金属的单因子潜在生态风险指数

与 2005 年相比，2020 年衡水湖湿地沉积物大部分重金属元素的单因子潜在生态风险指数均有所下降，其中重金属砷下降幅度最大，两次研究期间下降了 54. 3%；其次分别是汞（两次研究期间下降了 41. 5%）、铜（两次研究期间下降了 28. 0%）、六价铬（两次研究期间下降了 10. 6%）和铅（两次研究期间下降了 2. 3%）。然而，重金属镉和锌的平均单因子潜在生态风险指数却分别增加了 859. 0% 和 1. 3%（图 4-6）。这些结果与两期的重金属含量的时间变化规律（表 4-5）和富集因子的时间变化规律（图 4-3）基本保持一致，更进一步说明了镉污染物含量的增加导致其潜在生态风险也不断增强，沉积物镉污染控制与治理是衡水湖湿地需要重点关注的生态问题。

从重金属单因子潜在生态风险指数的空间分布上来看（表 4-9），2005 年，重金属汞、砷、铅、六价铬和锌的单因子潜在生态风险指数较高的地方主要分布在魏屯闸区域，而重金属镉和铜单因子潜在生态风险指数较高的地方则主要分布在大湖北部区域。2020 年，重金属镉、砷、铅、六价铬、铜和锌单因子潜在生态风险指数较高的区域主要分布在冀州小湖及大湖开阔水面。与 2005 年相比，2020 年衡水湖湿地重金属单因子潜在生态风险指数较大的区域有整体往湖区的南部移动和污染范围扩大的趋势。重金属平均单因子潜在生态风险指数的空间分布特征，明确了衡水湖湿地不同区域的最具有危害性的重金属类型，为不同区域的重点类型的重金属防控和治理提供了目标与方向。

表 4-9 衡水湖湿地沉积物不同重金属单因子潜在生态风险指数空间分布特征

时间	样点	位置	单因子潜在生态风险指数（E_r^i）						
			镉	汞	砷	铅	六价铬	铜	锌
2005 年	B1	大赵闸-1	4. 79	52. 22	10. 31	5. 32	1. 99	6. 17	0. 81
	B2	大赵闸-2	3. 51	71. 11	6. 18	3. 23	1. 11	2. 53	0. 61
	B3	大赵闸-3	10. 85	40. 00	6. 63	3. 26	0. 79	2. 32	0. 56
	B4	梅花岛-1	4. 15	42. 22	5. 25	2. 00	1. 23	4. 84	0. 52
	B5	梅花岛-2	3. 51	46. 67	7. 00	3. 46	0. 88	16. 98	0. 36

续表

时间	样点	位置	单因子潜在生态风险指数（E_r^i）						
			镉	汞	砷	铅	六价铬	铜	锌
2005 年	B6	大湖东部-1	3.19	62.22	22.88	3.95	1.73	4.85	0.54
	B7	大湖东部-2	5.74	80.00	7.21	2.78	1.23	4.12	0.33
	B8	新岛	3.19	32.22	7.07	1.81	1.06	4.14	0.49
	B9	观鸟岛	19.15	44.44	7.37	2.33	1.23	4.89	0.54
	B10	大湖开阔水面-1	5.11	30.00	6.09	2.35	1.09	4.18	0.46
	B11	大湖开阔水面-2	3.83	36.67	7.26	3.26	1.55	4.17	0.46
	B12	王口闸-1	7.34	200.00	17.07	6.74	2.52	8.23	0.77
	B13	王口闸-2	4.47	71.11	42.73	3.00	1.31	3.22	0.32
	B14	王口闸-3	7.02	166.67	17.69	8.13	2.52	8.50	0.81
	B15	王口闸-4	6.38	177.78	9.63	9.26	2.37	8.75	0.84
	B16	魏屯闸-1	5.43	222.22	9.63	7.87	2.73	8.47	0.83
	B17	魏屯闸-2	5.43	155.56	9.65	6.02	2.08	6.40	0.66
	B18	魏屯闸-3	6.70	144.44	60.32	10.45	2.05	7.79	5.12
	B19	南关闸-1	6.06	102.22	6.59	4.90	1.06	4.37	0.37
	B20	南关闸-2	3.51	76.67	6.70	4.89	1.62	5.00	0.52
	平均值		5.97	92.72	13.66	4.75	1.61	6.00	0.80
2020 年	A1	梅花岛	41.49	40.00	6.65	3.02	1.20	3.67	0.68
	A2	新岛	38.30	41.11	6.13	3.95	1.17	3.67	0.61
	A3	大湖东部	70.21	66.67	7.94	4.88	1.46	5.28	0.94
	A4	大湖开阔水面-1	82.98	56.67	5.50	3.72	1.32	4.59	0.79
	A5	大湖开阔水面-2	79.79	44.44	7.07	7.67	2.23	7.57	1.10
	A6	大湖开阔水面-3	73.40	184.44	8.90	4.88	1.38	4.36	0.82
	A7	大湖开阔水面-4	79.79	66.67	6.81	4.19	1.14	4.36	0.79
	A8	魏屯闸	35.11	22.22	6.76	4.19	1.58	4.82	0.79
	A9	冀州小湖开阔水面-1	89.36	116.67	8.90	6.51	2.02	5.73	1.29
	A10	冀州小湖开阔水面-2	47.87	45.56	4.62	3.95	1.46	3.67	0.65
	A11	冀州小湖开阔水面-3	73.40	47.78	7.79	3.95	1.90	5.28	0.85
	A12	冀州小湖东部	89.36	62.22	7.94	6.05	1.70	5.50	0.94
	A13	冀州小湖隔堤-1	54.26	43.33	4.34	5.58	1.43	4.13	0.94
	A14	冀州小湖隔堤-2	54.26	38.89	5.43	6.05	1.17	3.21	1.11
	A15	大湖西部-1	35.11	47.78	4.60	4.42	1.35	3.90	0.63
	A16	大湖西部-2	28.09	20.00	5.46	3.72	1.14	2.75	0.57
	A17	大湖西部-3	35.11	24.44	4.03	3.49	1.32	3.67	0.63
	A18	大湖北部	22.66	7.78	3.48	3.26	0.94	1.61	0.38
	平均值		57.25	54.26	6.24	4.64	1.44	4.32	0.81
2005～2020 年	变化率/%		859.0	-41.5	-54.3	-2.3	-10.6	-28.0	1.3

二、重金属综合潜在生态风险变化特征

2005 年衡水湖湿地沉积物重金属的综合潜在生态风险指数（PRI）平均值均为 125.50；2020 年综合潜在生态风险指数平均值为 128.96，两次研究时期的综合潜在生态风险指数平均值均在 150 以下，属于低度生态风险水平。然而，与 2005 年相比，2020 年综合潜在生态风险指数平均值却略微上升了 2.76%。尽管两次研究期间衡水湖湿地沉积物重金属的综合潜在生态风险指数平均值均处于低度生态风险水平，但某些区域的 PRI 却达到中度生态风险程度。2005 年这些区域主要分布在王口闸和魏屯闸附近，2020 年这些区域主要分布在冀州小湖和大湖开阔水面（表 4-10）。PRI 较高区域的空间分布与重金属含量（表 4-5）、内梅罗综合污染指数（表 4-6）和富集因子（表 4-7）较高的区域的空间分布情况基本一致。本书分析的重金属高含量空间区域和种类明确了衡水湖湿地最需要治理的区域与重金属类别。

表 4-10　衡水湖湿地沉积物重金属综合潜在生态风险指数空间分布特征

2005 年			2020 年		
样点	位置	综合潜在生态风险指数（PRI）	样点	位置	综合潜在生态风险指数（PRI）
B1	大赵闸-1	81.61	A1	梅花岛	96.71
B2	大赵闸-2	88.29	A2	新岛	94.95
B3	大赵闸-3	64.41	A3	大湖东部	157.39
B4	梅花岛-1	60.21	A4	大湖开阔水面-1	155.56
B5	梅花岛-2	78.86	A5	大湖开阔水面-2	149.86
B6	大湖东部-1	99.36	A6	大湖开阔水面-3	278.18
B7	大湖东部-2	101.42	A7	大湖开阔水面-4	163.74
B8	新岛	49.98	A8	魏屯闸	75.46
B9	观鸟岛	79.95	A9	冀州小湖开阔水面-1	230.48
B10	大湖开阔水面-1	49.28	A10	冀州小湖开阔水面-2	107.78
B11	大湖开阔水面-2	57.19	A11	冀州小湖开阔水面-3	140.96
B12	王口闸-1	242.66	A12	冀州小湖东部	173.72
B13	王口闸-2	126.15	A13	冀州小湖隔堤-1	114.02
B14	王口闸-3	211.33	A14	冀州小湖隔堤-2	110.12
B15	王口闸-4	215.01	A15	大湖西部-1	97.78
B16	魏屯闸-1	257.17	A16	大湖西部-2	61.73
B17	魏屯闸-2	185.79	A17	大湖西部-3	72.68
B18	魏屯闸-3	236.87	A18	大湖北部	40.10
B19	南关闸-1	125.57			
B20	南关闸-2	98.91			
平均值		125.50	平均值		128.96

第六节　管理启示及不确定性分析

一、重金属评价对未来衡水湖湿地管理的启示

随着衡水湖国家级自然保护区管理委员会实施的一系列湿地保护与恢复措施（Liu et al.，2020a），衡水湖湿地沉积物大部分重金属含量均有所下降（表4-5），导致重金属的单因子污染指数（图4-1）、内梅罗综合污染指数（表4-6）、富集因子（图4-3）和潜在生态风险指数（图4-6和表4-10）也均随之下降。尽管湿地保护与恢复措施对缓解衡水湖湿地沉积物重金属污染产生了积极影响，但两次研究期间镉含量仍然呈上升趋势，特别是在企业密集区域和污水溢流区域（魏屯闸和王口闸）及其附近。这主要是由于工业废水的渗漏和镉污染的生态补水流入造成的。因此，有必要继续加强湿地保护与恢复项目的实施，尤其是冀州小湖附近，应该严格限制医疗设备、橡胶工业设施的废水排放，切实控制水体污染，以及控制镉污染的生态补水的流入。本书的方法与结果可对我国其他湖泊湿地的沉积物重金属防控与管理提供借鉴意义。

二、局限性和不确定性分析

由于关于衡水湖湿地底泥疏浚的面积和时间的相关报道数据较少，本书没有估算底泥疏浚对研究区沉积物重金属污染时空变化的影响。未来应进一步追踪研究区底泥疏浚的规模和效果，并将其纳入到沉积物重金属变化的驱动因素分析中来。由于缺乏2005～2020年中间连续15年的衡水湖湿地固定样点的沉积物样品采样，本书只重点关注了2005年和2020年两个时期的重金属时间变化和空间差异特征，但这并不妨碍衡水湖湿地沉积物重金属污染程度随时间延长而整体呈降低的趋势。为了更精准地跟踪重金属的变化趋势，建议每五年进行一次湿地沉积物固定样点的样品采集与重金属测试分析。此外，沉积速率，特别是重金属含量随沉积物岩芯样品沉积的长时间演变特征，也没有被考虑在内。虽然本书利用ArcGIS 10.2软件的反距离权重（IDW）插值方法将采样点的重金属实测结果插值到了整个研究区，已经尽可能地反映了整个研究区的重金属空间分布特征，但由于2005年和2020年采样点不完全一致，这也是造成重金属空间分布不确定性增加的重要因素之一。

第七节　结　　语

综合分析湿地沉积物重金属的时间变化与空间分布特征，可以判定可能的污染源变化，为进一步加强湿地保护性管理提供科学策略。本书利用单因子污染指数、内梅罗综合污染指数、富集因子和潜在生态风险指数，评价了2005年和2020年衡水湖湿地沉积物重金属（镉、汞、砷、铅、六价铬、铜和锌）的时空变化。研究结果表明，两次研究时期，

衡水湖湿地沉积物重金属砷、汞、铜、六价铬和铅的含量均下降，而镉和锌的含量则分别上升了800.0%和1.4%。大部分重金属相关评价指标在研究期内呈下降趋势，这主要与衡水湖湿地实施的一系列生态保护与恢复措施有关。尽管大部分重金属的单因子污染指数和内梅罗综合污染指数均显示为无污染，但汞和镉的富集因子和潜在生态风险指数表现为中度富集与中度潜在生态风险。特别是镉污染程度逐渐增加，这主要是受人为活动的影响。从空间分布上来看，内梅罗综合污染指数、富集因子和潜在生态风险评价结果均表明，重金属高污染区域主要分布在企业密集区域和污水溢流区域（王口闸、冀州小湖及其隔堤）及其附近，工业废水和镉污染生态补水的流入是主要原因。该研究的结果表明，有必要继续加强湿地保护与恢复措施的实施，确定了可能的污染物来源和污染控制与治理的重要区域，为衡水湖湿地重金属防控与治理的针对性管理措施的制定提供了科学依据。

第五章　区域湿地重要性分级与生态系统健康评价

第一节　研 究 背 景

湿地是地球上水陆相互作用形成的一种重要的生态系统，是自然界最富生物多样性的生态景观，也是人类最重要的生存环境之一。湿地对于一个地区环境具有不可替代的作用。北京在历史上是湿地资源非常丰富的地区，曾经河流纵横、泉淀遍布。北京湿地在漫长的历史过程中为北京的城市发展提供了重要的支撑作用，北京湿地不仅具有涵养水源、调蓄洪水、调节气候、净化水质、提供生物栖息地等生态功能，也为人们提供了丰富的产品资源、历史迹地和休闲观光场所等社会服务功能。

北京市湿地面积较小，类型比较单一，人工湿地所占比例较高（周昕薇，2006；周昕薇等，2006）。随着社会经济的快速发展和人口的增长，北京湿地由于自身水资源缺乏、持续干旱等自然原因及城市建设、地类调整、建库截流、农田土地整治、资源过度利用、旅游开放强度过大等人为原因，使各类湿地均面临严重威胁，致使北京湿地承载力过大，功能和质量面临下降的风险（谢志茹，2004），对其部分功能造成了不可逆转的影响。

北京湿地保护和恢复所面临的任务非常艰巨，合理利用有限的湿地资源，实现北京湿地的可持续性管理和合理利用，恢复该区域内退化的湿地生态系统，使其有效地发挥生态效益和使用功能，是一个亟待解决的问题。掌握北京湿地的现状情况，建立和运用科学、实用的生态评价方法和指标体系，并对北京湿地进行重要性分级与生态系统健康进行定量评价，找出其重要保护的湿地与健康退化的主要原因。该研究结果将对于制订和采取有效措施保护、恢复及合理利用北京湿地，维持北京湿地的可持续发展有着极为重要的指导意义。同时，也为北京市湿地管理部门提高湿地生态资源管理水平提供科学依据。

第二节　研 究 方 法

一、重要湿地类型分类

对湿地进行分类主要是为了便利对湿地的管理和研究，《湿地公约》的湿地分类系统是国际湿地管理中公认的分类体系，因此，北京湿地分类应遵循《湿地公约》的湿地分类标准。根据北京市的实际情况以及北京市湿地可划分为自然湿地和人工湿地两大类，其分类的基本层次如下：河流湿地，下分永久性河流和时令河两类；湖泊湿地，下分永久性淡水湖一类；沼泽湿地，下分永久性的淡水草本沼泽、泡沼，泥炭地，亚高山湿地，淡水泉湿地，地热湿地，岩溶洞穴水系等六类；人工湿地，下分蓄水区、水塘等七类（表5-1）。

表5-1　北京湿地类型划分技术标准表

湿地类型			划分技术标准	典型代表
自然湿地	河流湿地	永久性河流	河流及其支流、溪流、小河，包括河床和低河漫滩	潮河湿地
		时令河	季节性、间歇性、定期性河流、溪流、小河	大庄科河
	湖泊湿地	永久性淡水湖	自然形成，而非拦河筑坝形成的常年积水的淡水湖泊	陶然亭湖
	沼泽湿地	永久性的淡水草本沼泽、泡沼	以草本植物为主的沼泽及泡沼，无泥炭积累，大部分生长季节伴生浮水植物	汉石桥湿地
		泥炭地	有泥炭积累的沼泽地	野鸭湖湿地
		亚高山湿地	亚高山草甸（海拔1800m以上）	东灵山草甸
		淡水泉湿地	由淡水泉水补给的湿地	怀柔莲花池
		地热湿地	由温泉水补给的湿地	房山长沟（淡水泉）
		岩溶洞穴水系	地下溶洞水系	石花洞
人工湿地	蓄水区		面积大于$8hm^2$的水库、拦河坝、堤坝形成的储水区	密云水库
	水塘		面积小于$8hm^2$的农用池塘、储水池塘	岱上营村水塘
	水产池塘		以淡水养殖为主要目的修建的人工湿地	大松堡鱼池
	采掘区		积水取土坑（窑坑、采沙坑）、采矿地	白草洼砖厂大坑
	灌溉地		包括灌溉渠系和稻田	仓头村莲藕地
	废水处理场所		为城市污水处理而建设的污水厂、处理池、氧化池等	调节池、小红门污水处理厂
	运河、排水渠		为输水或水运而建造的输水渠系	岔河、京密引水渠

二、湿地重要性分级

（一）湿地重要性分级标准

为了更好地在全世界范围内保护湿地生态系统，《湿地公约》要求每个缔约方必须把本国至少一块湿地纳入《国际重要湿地名录》，并制定了“国际重要湿地标准”。“国际重要湿地标准”包括两大组九小项，主要从湿地在生物地理区域上的代表性、典型性、稀有性和特殊性以及对维持生物多样性的重要性方面给出国际重要湿地的标准。符合九小项中的任意一条，都可以申请纳入《国际重要湿地名录》。

为了更好地保护我国的湿地生态系统，我国制定了“国家重要湿地的标准”。“国家重要湿地的标准”包括七条标准，主要根据湿地功能和效益的重要性，从湿地在生物地理区域上的典型性和特殊性、湿地面积、对维持生物多样性的重要性以及具有的历史或文化意义方面给出国家重要湿地的标准，并对每一条标准给出使用说明。凡符合任一标准均被视为具有国家重要意义的湿地。

北京市在第二次湿地普查中，根据湿地功能和效益的重要性，将北京市湿地分为重要湿地和一般湿地两类。“北京市重要湿地的标准”包括列入国家重要湿地名录的湿地；区县级以上湿地自然保护区；国家城市湿地公园；国家湿地公园；面积在 $1hm^2$ 以上（含 $1hm^2$）的沼泽湿地；“市委、市政府关于区县功能定位及评价指标指导意见”中划定的生态涵养发展区内的天然湿地；具有显著的历史或文化意义、科学教育价值的湿地以及大型水库。

（二）北京市湿地重要性分级指标筛选

北京湿地退化严重，面积不断减小，斑块化现象明显，其功能也在不断下降或丧失，如果任其发展，北京市湿地将日益减少，最终必然影响北京市的生态安全及宜居城市的建设，阻碍北京市经济建设与生态环境的协调发展。因此，北京市所有的湿地都很重要。但根据北京市湿地保护的“全面保护、生态优先、突出重点、合理利用、持续发展”的方针，有必要依据北京市湿地的实际情况以及客观性的原则，对北京市湿地的重要性进行分级，以便更好地保护北京市湿地。

北京市在第二次湿地普查中给出的“北京市重要湿地的标准”的湿地重要性分级标准主要是直接引用其他分级标准和政府性文件，分级标准指标过于宽泛，分级层次过于简单，且彼此之间存在含义的交叉重叠，针对性不强。

从“国际重要湿地标准”和“国家重要湿地的标准”可以看出，湿地重要性分级标准均根据湿地功能和效益的重要性给出相应的标准。标准指标需要科学、客观、简单，具有针对性和可操作性；层次结构简明易懂，能够科学准确地反映湿地的主要功能和效益，且彼此之间不存在含义的交叉重叠；在一定时期内能够保持相对稳定，有利于长期应用。

北京市湿地具有涵养水源、净化水质、调节气候、美化环境和维护生物多样性等多项重要生态功能。北京市湿地的存在产生了工农业生产及生活的水源供给；维持生物多样性；调蓄洪水，防止自然灾害；降解污染物；调节区域小气候；提供动植物产品以及观光旅游、教育科研等生态效益、经济效益和社会效益（表 5-2）。

表 5-2　北京湿地主要功能与效益对照表

序号	功能	效益	
1	涵养水源	蓄水	生态效益
2	调节大气	减少碳排放	
3	维护生物多样性	养育珍稀濒危物种及提供生物栖息地	
4	净化污染	污染物处理	
5	控制侵蚀和保持沉积物	控制水土、养分流失	

续表

<table>
<tr><th>序号</th><th>功能</th><th colspan="2">效益</th></tr>
<tr><td>6</td><td>太阳能的固定与食品生产</td><td>提供动植物产品</td><td rowspan="3">社会效益、经济效益</td></tr>
<tr><td>7</td><td>休闲娱乐</td><td>旅游</td></tr>
<tr><td>8</td><td>科研文化</td><td>科研</td></tr>
</table>

根据北京市湿地的实际情况，以及科学性、客观性、简单性、针对性和可操作性；层次结构简明易懂，能够科学准确地反映湿地的主要功能和效益，且彼此之间不存在含义的交叉重叠；在一定时期内能够保持相对稳定，有利于长期应用的原则，依据北京市湿地功能效益的计算方法，选取北京市湿地重要性分级的具体指标。各种功能产生的效益的主要计算方法如下：

1）蓄水

采用湿地最大蓄水量（M_w，m^3）表示蓄水能力。

河流湿地蓄水量按如下公式计算：

$$M_w = \text{河流面积} \times \text{河流的历史最高水深} \tag{5-1}$$

湖泊及库塘蓄水量按如下公式计算：

$$M_w = \text{蓄水最大面积} \times \text{平均深度} \tag{5-2}$$

沼泽湿地蓄水量按如下公式计算：

$$M_w = \text{沼泽面积} \times \text{地表土厚度} \times \text{土壤容重} \tag{5-3}$$

北京市湿地的面积相对于水深在湿地蓄水能力中起决定性作用，因此，依据北京市湿地蓄水效益可以选取湿地面积作为北京市湿地重要性分级的具体指标。

2）减少碳排放

湿地的 CO_2 吸收固定量（M_{CO_2}，t/a）按如下公式计算：

$$M_{CO_2} = \text{NPP} \times S \times 1.63 \times \text{HS} \tag{5-4}$$

式中，NPP 为湿地净初级生产力［g/(m^2·a)］；S 为湿地面积（hm^2）；1.63 为每生产 1g 干物质可吸收固定 CO_2 量（g）；HS 为换算系数（量纲一）。

净初级生产力是指绿色植物在单位面积、单位时间内所累积的有机物数量，表现为在光合作用固定的有机碳中扣除植物本身呼吸消耗的部分，这一部分用于植被的生长和繁殖，也称净第一性生产力，主要与气候（月均温、月降水、月辐射和云量等）、蒸散、生物量等有关。

对于北京市来说，各湿地处于相同气候带，差异不大。因此，气候因素不适合作为分级指标。由于确定北京市每一块湿地的蒸散量和生物量不具可操作性，因此，蒸散量和生物量也不适合作为分级指标。

根据以上原因，北京市湿地 CO_2 吸收固定量功能可以选取湿地面积作为北京市湿地重要性分级的具体指标。

3）养育珍稀濒危物种及提供生物栖息地

湿地养育珍稀濒危物种及提供生物栖息地的效益主要取决于是否拥有各级保护物种或

特有物种和正常状况下维持的物种数及种群数量。

是否拥有保护物种或特有物种以及正常状况下维持的物种数及种群数量可以通过野外调查或者文献资料查阅（贺士元等，1993；雷霆等，2006；陈卫等，2007；陈燕和雷霆，2008；张雨曲等，2008）获得，这些信息容易获取，可以作为北京市湿地重要性分级的具体指标。

4）污染物处理

湿地污染物处理率（M_p,%）按如下公式计算：

$$M_p = \sum P_i \tag{5-5}$$

式中，P_i 为湿地氮、磷等污染物去除率（%）。

湿地对氮、磷等污染物去除率主要与流量、流速、植被类型、植被盖度等有关，这些因素在去除污染物的过程中所起的作用涉及比较复杂的理化过程，需要大量的野外调查、室内分析以及计算。目前，关于湿地净化污染的研究主要针对某一因素在湿地净化过程中所起的作用进行研究，而将湿地生态系统作为一个整体的净化能力的研究还没有比较成熟的方法和案例。因此，确定北京市每一块湿地的污染物处理能力不具可操作性，不适合作为分级指标。

5）控制水土、养分流失

湿地水土保持量［M_{ssl}，t/(hm^2·a)］按如下公式计算：

$$M_{ssl} = X \times S / H \times HS \tag{5-6}$$

式中，X 为湿地区与湿地破坏区的土壤侵蚀差异值［t/(hm^2·a)］；S 为湿地面积（hm^2）；H 为土壤表层厚度（m）；HS 为换算系数（量纲一）。

湿地控制养分流失量［M_{fi},t/(hm^2·a)］按如下公式计算：

$$M_{fi} = X \times S \times R \times C \times T \times HS \tag{5-7}$$

式中，X 为湿地区与湿地破坏区的土壤侵蚀差异值［t/(hm^2·a)］；S 为湿地面积（hm^2）；R 为土壤容重（g/cm^3）；C 为土壤中营养物质的含量（mg/kg）；T 为调整系数（量纲一），是指土壤中碱解氮、速效磷和速效钾折算为硫酸铵、过磷酸钙和氯化钾的系数；HS 为换算系数（量纲一）。

在计算时，同一区域同一类型湿地的土壤侵蚀差异值、土壤表层厚度、土壤容重均值和土壤中营养物质的含量一般是常数，因此，不能作为北京市湿地重要性分级的具体指标。

根据以上原因，北京市湿地水土保持、养分流失功能可以选取湿地面积作为北京市湿地重要性分级的具体指标。

6）提供动植物产品

湿地的提供动植物产品的效益主要取决于是否拥有各级保护物种或特有物种以及正常状况下维持的物种数及种群数量。

7）旅游

湿地的旅游效益主要取决于湿地的自然景观和人文景观。

8）科研

湿地的科研效益主要取决于湿地的保护物种或特有物种和独特性。

根据对北京市湿地效益的分析，筛选出面积、保护物种或特有物种、正常状况下维持的物种数及种群数量、自然景观和人文景观及独特性为北京市湿地重要性分级的指标（表5-3）。

表 5-3　北京湿地重要性分级指标筛选表

一级指标	二级指标	筛选指标
生态效益	蓄水	面积
	减少碳排放	面积
	养育珍稀濒危物种及提供生物栖息地	保护物种或特有物种
		正常状况下维持的物种数
		正常状况下维持的种群数量
	污染物处理	—
	控制水土、养分流失	面积
社会、经济效益	提供动植物产品	保护物种或特有物种
		正常状况下维持的物种数
		正常状况下维持的种群数量
	旅游	自然景观和人文景观
	科研	独特性
		保护物种或特有物种

（三）湿地重要性分级标准及分级

1）面积分级标准

此分级标准根据湿地面积大小程度进行划分。

湿地面积大小程度的取值方法：根据北京市第二次湿地普查的湿地面积数据，应用聚类分析将面积分成四类。根据分析结果，湿地面积大小程度可以按照$\geqslant 1000hm^2$、$500 \sim 1000hm^2$、$140 \sim 500hm^2$、$\leqslant 140hm^2$ 进行划分。

因此，面积的湿地面积相对很大为$\geqslant 1000hm^2$，湿地面积相对较大为 $500 \sim 1000hm^2$，湿地面积相对较小为 $140 \sim 500hm^2$，湿地面积相对很小为$<140hm^2$。

2）保护物种或特有物种分级标准

此分级标准根据野生保护物种或特有物种的保护级别进行划分。

保护物种或特有物种的分级标准为拥有国家级保护野生物种、拥有北京市一级保护野生物种、拥有北京市二级保护野生物种和没有保护野生物种。

3）正常状况下维持的物种数分级标准

此分级标准根据物种相对丰度进行划分。

根据《国家级自然保护区评审标准》，物种相对丰度按照区内物种种数占其所在生物地理区或行政省内物种总数的比例>40%、25%~40%、10%~25%、<10%进行划分。

因此，正常状况下维持的物种数分级标准为物种相对丰度极高的湿地区内物种种数占北京市湿地物种总数的比例≥40%；物种相对丰度较高的湿地区内物种种数占北京市湿地物种总数的比例达25%~40%，物种相对丰度较低的湿地区内物种种数占北京市湿地物种总数的比例达10%~25%，物种相对丰度很低的湿地区内物种种数占北京市湿地物种总数的比例<10%。

4）正常状况下维持的种群数量分级标准

此分级标准根据湿地水禽数量进行划分。

根据近几年的北京市湿地鸟类调查，北京湿地水禽总数量在10 000只左右，因此，在某一湿地区内，水禽数量在1000只或以上定义为相对很多，在500~1000只定义为相对较多，在100~500只定义为相对较少，小于100只定义为相对很少。

5）自然景观和人文景观分级标准

此分级标准根据自然景观和人文景观的级别进行划分。

根据北京市自然景观和人文景观的保护级别，自然景观和人文景观的分级标准为拥有国家级自然景观或人文景观；拥有北京市级自然景观或人文景观；拥有区县级自然景观或人文景观；没有北京市级以上的自然景观或人文景观。

6）独特性分级标准

此分级标准根据湿地是否独特进行划分。

根据湿地的自然特征和生态特征等因素，独特性的分级标准为在全国范围内具有独特性、在北京市范围内具有独特性、在区县范围内具有独特性、没有独特性。

根据以上北京市湿地重要性分级标准，可以将北京市湿地划分为极其重要（一级）、非常重要（二级）、重要（三级）、一般（四级）四级（表5-4）。

表5-4 北京湿地重要性分级

重要性级别	分级指标	分级标准
极其重要（一级）	面积	≥1000hm^2
	保护物种或特有物种	拥有国家级保护野生物种
	正常状况下维持的物种数	湿地区内物种种数占北京市湿地物种总数的比例≥40%
	正常状况下维持的种群数量	湿地区内正常状况下维持了1000只或以上水禽
	自然景观和人文景观	拥有国家级自然景观或人文景观
	独特性	在全国范围内具有独特性
非常重要（二级）	面积	500~1000hm^2
	保护物种或特有物种	拥有北京市一级保护野生物种
	正常状况下维持的物种数	湿地区内物种种数占北京市湿地物种总数的比例达25%~40%
	正常状况下维持的种群数量	湿地区内正常状况下维持了500~1000只水禽
	自然景观和人文景观	拥有北京市级自然景观或人文景观
	独特性	在北京市范围内具有独特性

续表

重要性级别	分级指标	分级标准
重要（三级）	面积	140～500hm^2
	保护物种或特有物种	拥有北京市二级保护野生物种
	正常状况下维持的物种数	湿地区内物种种数占北京市湿地物种总数的比例达10%～25%
	正常状况下维持的种群数量	湿地区内正常状况下维持了100～500只水禽
	自然景观和人文景观	拥有区县级自然景观或人文景观
	独特性	在区县范围内具有独特性
一般（四级）	除以上三级以外的湿地	

注：重要性级别符合分级标准的任意一项即可。

三、湿地生态健康评估指标体系

（一）重要湿地生态健康评估指标及其权重分值

在考虑数据获取完整性、可操作性以及重要程度等因素（孙才志和刘玉玉，2009）的基础上，本书结合野外调查和室内分析等手段，利用层次分析法确定了北京市重要湿地生态健康评估指标，包括环境指标、生态指标两大类一级指标和八个二级指标，总分为100分，其权重分值见表5-5。

表5-5 重要湿地生态健康评估指标体系及其权重分值

一级指标（权重分值）	二级指标（权重分值）
A 湿地环境指标（70分）	A1 湿地景观格局（10分）
	A2 湿地水资源（15分）
	A3 湿地水环境质量（15分）
	A4 湿地植被覆盖率（10分）
	A5 湿地气候调节作用（10分）
	A6 湿地空气环境质量（10分）
B 湿地生态指标（30分）	B1 湿地面积适宜性（15分）
	B2 湿地生态系统自然性（15分）

（二）评估因子赋值

对生态健康评估指标的湿地景观格局、湿地水资源、湿地水环境质量、湿地植被覆盖率、湿地气候调节作用、湿地空气环境质量、湿地面积适宜性和湿地生态系统自然性八个二级指标的评估因子进行赋值与分级，具体分级与赋值结果见表5-6。

表 5-6 评估因子赋值及其说明

评估因子	分级	赋值	说明
湿地景观格局	高	1≥X≥0.8	湿地生境斑块类型多于三种，湿地破碎度低，完全能够满足湿地生物栖息、繁衍等多种生态习性
	中	0.8>X≥0.6	湿地生境斑块类型多于两种，湿地破碎度适中，基本能够满足湿地生物栖息、繁衍等多种生态习性
	低	0.6>X≥0	湿地生境斑块类型仅有一种，湿地破碎度高，不能满足湿地生物栖息、繁衍等需求
湿地水资源	高	1≥X≥0.8	湿地水源以自然降水或者自然径流补给，水量能够保证湿地生态需水，全年都具有补给地下水功能
	中	0.8>X≥0.6	湿地水源以自然降水、自然径流或中水补给，水量基本能够保证湿地生态需水，汛期具有补给地下水功能
	低	0.6>X≥0	湿地水源以自然降水、自然径流或中水补给，水量不能保证湿地生态需水，无法补给地下水功能
湿地水环境质量	高	1≥X≥0.8	达到 GB 3838—2002 中Ⅲ类水标准及以上
	中	0.8>X≥0.6	达到 GB 3838—2002 中Ⅳ类水标准
	低	0.6>X≥0	达到 GB 3838—2002 中Ⅴ类水标准及以下
湿地植被覆盖率	高	1≥X≥0.8	对于沼泽湿地类型，植被覆盖率达到 60% 及以上；对于河流湿地类型，植被覆盖率达到 15% 及以上；对于库塘湿地类型，植被覆盖率达到 15% 及以上（含沉水植被）
	中	0.8>X≥0.6	对于沼泽湿地类型，植被覆盖率达到 30% 及以上；对于河流湿地类型，植被覆盖率达到 10% 及以上；对于库塘湿地类型，植被覆盖率达到 10% 及以上（含沉水植被）
	低	0.6>X≥0	对于沼泽湿地类型，植被覆盖率低于 15%；对于河流湿地类型，植被覆盖率低于 5%；对于库塘湿地类型，植被覆盖率低于 5%（含沉水植被）
湿地气候调节作用	高	1≥X≥0.8	湿地中心区的气温低于外围 4km 2～3℃，湿地中心区的湿度高于外围 4km 5%～10%
	中	0.8>X≥0.6	湿地中心区的气温低于外围 4km 1～2℃，湿地中心区的湿度高于外围 4km 2%～5%
	低	0.6>X≥0	湿地中心区的气温与外围 4km 气温无差异，湿地中心区的湿度与外围 4km 无差异
湿地空气环境质量	高	1≥X≥0.8	空气中颗粒物浓度小于 75μg/m^3
	中	0.8>X≥0.6	空气中颗粒物浓度大于 75μg/m^3 而小于 150μg/m^3
	低	0.6>X≥0	空气中颗粒物浓度大于 150μg/m^3
湿地面积适宜性	高	1≥X≥0.8	湿地面积占总面积 50% 及以上，且湿地面积大于等于 8hm^2
	中	0.8>X≥0.6	湿地面积占总面积 30%～50%，且湿地面积大于等于 8hm^2
	低	0.6>X≥0	湿地面积占总面积 30% 以下或湿地面积小于 8hm^2

续表

评估因子	分级	赋值	说明
湿地生态系统自然性	高	$1 \geqslant X \geqslant 0.8$	湿地自然植被面积占湿地面积50%及以上，没有外来入侵物种和人工种植或养殖生物
	中	$0.8 > X \geqslant 0.6$	湿地自然植被面积占湿地面积30%~50%，没有外来入侵物种，有少量人工种植或养殖生物
	低	$0.6 > X \geqslant 0$	湿地自然植被面积占湿地面积30%以下，有外来入侵物种，有大量人工种植或养殖生物

四、湿地生态健康评估技术方法

（一）评价方法

湿地地理环境是多要素的复杂系统，在进行湿地生态健康系统分析时，多变量问题是经常会遇到的。变量太多，无疑会增加分析问题的难度与复杂性，而且在许多实际问题中，多个变量之间是具有一定的相关关系的。因此，能否在各个变量之间相关关系研究的基础上，用较少的新变量代替原来较多的变量，而且使这些较少的新变量尽可能多地保留原来较多的变量所反映的信息是至关重要的，为此本书采用权重打分核算和主成分分析方法来分析北京市湿地生态健康评价，通过主成分分析方法对调查的湿地进行重要性排序，明确哪些关键因子影响湿地生态健康评估分值，利用权重打分法进行评分赋值。

1）主成分分析方法

假定有 n 个地理样本，每个样本共有 p 个变量描述，这样就构成了一个 $n \times p$ 阶的地理数据矩阵：

$$\boldsymbol{X}=\begin{pmatrix} x_{11} & x_{12} & \cdots & x_{1p} \\ x_{21} & x_{22} & \cdots & x_{2p} \\ \vdots & \vdots & & \vdots \\ x_{n1} & x_{n2} & \cdots & x_{np} \end{pmatrix} \tag{5-8}$$

原来的变量指标为 x_1，x_2，…，x_p，它们的综合指标——新变量指标为 z_1，z_2，…，z_m（$m \leqslant p$）。则

$$\begin{cases} z_1 = l_{11}x_1 + l_{12}x_2 + \cdots + l_{1p}x_p \\ z_2 = l_{21}x_1 + l_{22}x_2 + \cdots + l_{2p}x_p \\ \cdots\cdots\cdots\cdots \\ z_m = l_{m1}x_1 + l_{m2}x_2 + \cdots + l_{mp}x_p \end{cases} \tag{5-9}$$

式中，系数 l_{ij} 由下列原则来决定：

（1）z_i 与 z_j（$i \neq j$；i，$j=1$，2，…，m）相互无关；

（2）z_1 是 x_1，x_2，…，x_p 的一切线性组合中方差最大者；z_2 是与 z_1 不相关的 x_1，

x_2，…，x_p的所有线性组合中方差最大者；……；z_m是与z_1，z_2，…，z_{m-1}都不相关的x_1，x_2，…，x_p的所有线性组合中方差最大者。

这样决定的新变量指标z_1，z_2，…，z_m分别称为原变量指标x_1，x_2，…，x_p的第一，第二，…，第m主成分。其中，z_1在总方差中占的比例最大，z_2，z_3，…，z_m的方差依次递减。通过上述主成分分析的基本原理的介绍，我们可以把主成分分析计算步骤归纳如下：

（1）计算相关系数矩阵：

$$\boldsymbol{R}=\begin{pmatrix} r_{11} & r_{12} & \cdots & r_{1p} \\ r_{21} & r_{22} & \cdots & r_{2p} \\ \vdots & \vdots & & \vdots \\ r_{n1} & r_{n2} & \cdots & r_{np} \end{pmatrix} \tag{5-10}$$

式中，r_{ij}（i，j=1，2，…，p）为原来变量x_i与x_j的相关系数，其计算公式为

$$r_{ij}=\frac{\sum_{k=1}^{n}(x_{ki}-\bar{x}_i)(x_{kj}-\bar{x}_j)}{\sqrt{\sum_{k=1}^{n}(x_{ki}-\bar{x}_i)^2\sum_{k=1}^{n}(x_{kj}-\bar{x}_j)^2}} \tag{5-11}$$

因为$\boldsymbol{R}$是实对称矩阵（即$r_{ij}=r_{ji}$），所以只需计算其上三角元素或下三角元素即可。

（2）计算特征值与特征向量

首先，解特征方程$|\lambda I-R|=0$，求出特征值λ_i（i=1，2，…，p），并使其按大小顺序排列，即$\lambda_1\geqslant\lambda_2\geqslant$，…，$\geqslant\lambda_p\geqslant 0$；然后，分别求出对应于特征值$\lambda_i$的特征向量$e_i$（$i$=1，2，…，$p$）。

（3）计算主成分贡献率及累计贡献率

主成分z_i贡献率：

$$\lambda_i/\sum_{k=1}^{p}\lambda_k(i=1,2,\cdots,p) \tag{5-12}$$

累计贡献率：

$$\sum_{k=1}^{m}\lambda_k/\sum_{k=1}^{p}\lambda_k \tag{5-13}$$

一般取累计贡献率达85%~95%的特征值λ_1，λ_2，…，λ_m所对应的第一，第二，…，第m（$m\leqslant p$）个主成分。

（4）计算主成分载荷

$$P(z_k,x_i)=\sqrt{\gamma_k}\,e_{ki}(i,k=1,2,\cdots,p) \tag{5-14}$$

由此可以进一步计算主成分得分：

$$\boldsymbol{Z}_X=\begin{pmatrix} z_{11} & z_{12} & \cdots & z_{1m} \\ z_{21} & z_{22} & \cdots & z_{2m} \\ \vdots & \vdots & & \vdots \\ z_{n1} & z_{n2} & \cdots & z_{nm} \end{pmatrix} \tag{5-15}$$

2）北京市湿地生态健康评估计算公式

$$W = \sum a_i X_i (i = 1,2,3,\cdots,p) \tag{5-16}$$

式中，a_i 为评估项目中各评估因子的权重分值（量纲一）；X_i为评估项目中各评估因子的评估赋值（量纲一）；W 为湿地生态健康的评估分值（量纲一）。

（二）评估等级

评估总得分大于等于 80 分，且单类评估项目得分均不小于该类评估项目满分的 60%，评为“优秀”；

评估总得分大于等于 70 分，小于 80 分，且单类评估项目得分均不小于该类评估项目满分的 60%，评为“良好”；

评估总得分大于等于 60 分，小于 70 分，且单类评估项目得分均不小于该类评估项目满分的 60%，评为“一般”；

评估总得分小于 60 分，或单类评估项目得分为该类评估项目满分的 60% 以下，评为“较差”。

五、数据来源

湿地面积和植被面积数据来自湿地资源调查；水资源数据来源统计年鉴；重要湿地的气温、湿度、负氧离子等 300 条数据来自实地调查与观测；湿地生物数据来自文献记载和实地调查，并选择典型重要湿地进行了湿地生物多样性调查；采集了 90 个生物样、土样和水样，进行水质和土壤理化性质分析，获得了 30 个湿地植物生物量和种类等数据；大气细颗粒物 $PM_{2.5}$ 含量数据通过利用监测车获取每天 24h 实地监测数据，结合北京市 35 个监测点与遥感反演数据获得；同时，针对代表性湿地进行了污染源分布、污染物类型和排放量的调查。

第三节　重要湿地名录

根据北京市的湿地重要性分级标准以及现有资料，北京市有 59 块湿地可以划分为重要湿地，其中，极其重要湿地为 19 块，非常重要湿地为 17 块，重要湿地为 23 块（表 5-7）。极其重要湿地以河流湿地（8 块）、蓄水区（7 块）、湖泊湿地（2 块）和沼泽湿地（2 块）为主，非常重要湿地以河流湿地（8 块）、蓄水区（5 块）和湖泊湿地（4 块）为主，重要湿地以河流湿地（14 块）、蓄水区（8 块）和灌溉地（1 块）为主。

表 5-7　北京市重要湿地名录

序号	湿地斑块名称	面积/hm^2	湿地类型	所属区域	重要性级别	依据标准
1	永定河（大兴区）	3069.77	时令河	大兴区	一级	面积
2	永定河（房山区）	1492.03	时令河	房山区	一级	面积
3	永定河（门头沟区）	1373.96	永久性河流	门头沟区	一级	面积

续表

序号	湿地斑块名称	面积/hm^2	湿地类型	所属区域	重要性级别	依据标准
4	潮白河	1058.02	时令河	顺义区	一级	面积
5	密云水库	8273.67	蓄水区	密云区	一级	面积、拥有国家级保护野生物种
6	南海子麋鹿苑	41.73	蓄水区	大兴区	一级	拥有国家级保护野生物种
7	翠湖湿地	72.04	蓄水区	海淀区	一级	拥有国家级保护野生物种
8	怀沙河	114.41	永久性河流	怀柔区	一级	拥有国家级保护野生物种
9	怀沙、怀九河市级水生野生动物自然保护区	111.18	永久性河流	怀柔区	一级	拥有国家级保护野生物种
10	怀柔水库	727.69	蓄水区	怀柔区	一级	拥有国家级保护野生物种
11	汉石桥市级湿地自然保护区	237.51	草本泥炭地	顺义区	一级	拥有国家级保护野生物种
12	白河堡水库	341.65	蓄水区	延庆区	一级	拥有国家级保护野生物种
13	金牛湖区级自然保护区	73.15	蓄水区	延庆区	一级	拥有国家级保护野生物种
14	野鸭湖市级湿地自然保护区	1085.57	永久性的淡水草本沼泽	延庆区	一级	拥有国家级保护野生物种
15	圆明园	86.02	蓄水区	海淀区	一级	国家重点文物保护单位
16	通惠河	26.31	时令河	通州区	一级	国家重点文物保护单位
17	北运河	811.16	时令河	通州区	一级	国家重点文物保护单位
18	内三海	89.77	永久性淡水湖	西城区	一级	国家重点文物保护单位
19	颐和园昆明湖	199.65	永久性淡水湖	海淀区	一级	国家重点文物保护单位、国家级景点
20	大石河	716.34	时令河	房山区	二级	面积
21	稻田水库	644.77	蓄水区	房山区	二级	面积
22	拒马河	699.08	永久性河流	房山区	二级	面积
23	永定河	945.85	时令河	丰台区	二级	面积
24	潮白河	596.95	时令河	怀柔区	二级	面积
25	泃河	573.95	时令河	平谷区	二级	面积
26	潮白河	746.22	时令河	通州区	二级	面积

续表

序号	湿地斑块名称	面积/hm²	湿地类型	所属区域	重要性级别	依据标准
27	北台上水库（雁栖湖）	231.58	蓄水区	怀柔区	二级	面积、北京市市级景点
28	玉渊潭公园	44.83	永久性淡水湖	海淀区	二级	北京市市级景点
29	东龙门涧	11.52	时令河	门头沟区	二级	北京市市级景点
30	小龙门	10.72	时令河	门头沟区	二级	北京市市级景点
31	北京天竺乡村高尔夫俱乐部	13.71	蓄水区	顺义区	二级	北京市市级景点
32	莲花池公园	51.64	蓄水区	延庆区	二级	北京市市级景点
33	龙庆峡自然保护区	42.68	蓄水区	延庆区	二级	北京市市级景点
34	莲花池	11.44	永久性淡水湖	丰台区	二级	北京市市级文物保护单位
35	什刹海	35.64	永久性淡水湖	西城区	二级	北京市市级文物保护单位
36	陶然亭湖	16.48	永久性淡水湖	东城区	二级	北京市市级文物保护单位
37	沙河水库	262.24	蓄水区	昌平区	三级	面积
38	十三陵水库	226.47	蓄水区	昌平区	三级	面积
39	温榆河	451.58	永久性河流	昌平区	三级	面积
40	温榆河	275.13	永久性河流	朝阳区	三级	面积
41	小清河	189.43	时令河	房山区	三级	面积
42	马场水库	267.87	蓄水区	房山区	三级	面积
43	崇青水库	215.76	蓄水区	房山区	三级	面积
44	怀河	157.15	时令河	怀柔区	三级	面积
45	白河	201.43	永久性河流	怀柔区	三级	面积
46	清水河	314.90	时令河	门头沟区	三级	面积
47	珠窝水库	187.40	蓄水区	门头沟区	三级	面积
48	潮河下游	322.98	时令河	密云区	三级	面积
49	潮白河	255.80	时令河	密云区	三级	面积
50	潮河	153.97	永久性河流	密云区	三级	面积
51	泇河	198.08	时令河	平谷区	三级	面积
52	镇罗营石河	150.04	时令河	平谷区	三级	面积
53	海子水库	317.72	蓄水区	平谷区	三级	面积
54	永定河	439.15	时令河	石景山区	三级	面积
55	李桥镇莲藕地	189.27	灌溉地	顺义区	三级	面积

续表

序号	湿地斑块名称	面积/hm^2	湿地类型	所属区域	重要性级别	依据标准
56	凤港减河	228.52	时令河	通州区	三级	面积
57	凉水河	330.34	永久性河流	通州区	三级	面积
58	官厅水库	654.06	蓄水区	延庆区	三级	面积
59	妫水公园	346.51	蓄水区	延庆区	三级	面积

重要湿地划分依据的具体指标标准为：极其重要湿地依据面积指标的有 4 块，依据面积、拥有国家级保护野生物种指标的有 1 块，依据拥有国家级保护野生物种指标的有 9 块，依据国家重点文物保护野生单位指标的有 4 块，依据国家重点文物保护单位、国家级景点指标的有 1 块；非常重要湿地依据面积指标的有 7 块，依据面积、北京市市级景点指标的有 1 块，依据北京市等级景点指标的有 6 块，依据北京市市级文物保护单位指标的有 3 块；重要湿地依据面积指标的有 23 块。

北京湿地面积的 65% 划分为重要湿地以上级别，其中，天然湿地占重要湿地以上级别湿地面积的 57%，人工湿地占重要湿地以上级别湿地面积的 43%。北京天然湿地面积的 73% 划分为重要湿地以上级别，其中，54% 的天然湿地划分为极其重要湿地，25% 的天然湿地划分为非常重要湿地，21% 的天然湿地划分为重要湿地。

各区重要湿地以上级别的湿地面积占北京市重要湿地以上级别湿地总面积的比例为：密云区占 29.04%，房山区占 13.62%，大兴区占 10.03%，延庆区占 8.37%，通州区占 6.91%，怀柔区占 6.90%，门头沟区占 6.12%，顺义区占 4.83%，平谷区占 4.00%，丰台区占 3.09%，昌平区占 3.03%，石景山区占 1.42%，海淀区占 1.30%，朝阳区占 0.89%，西城区占 0.40%，东城区占 0.05%。其中，密云区重要湿地以上级别的湿地占北京市重要湿地以上级别湿地的比例最高，其次是房山区，而东城区最低。

由于北京市湿地的正常状况下维持的物种数、正常状况下维持的种群数量等数据不完全，因此划分为重要湿地以上级别的湿地应该是被低估的。依据此标准划分北京市湿地的重要性级别，可以更为有效地保护与管理北京市湿地资源。

第四节　湿地景观格局

通过对 1996 年、1998 年、2002 年、2004 年、2006 年、2009 年和 2011 年遥感图像解译和景观多样性指数分析，2004 年之前北京市湿地斑块数量减少反映了北京市湿地数量的减少，聚集度下降则表明了 2004 年之前湿地景观连通性降低，破碎化程度加剧，斑块数量和聚集度总的趋势呈降低的趋势，湿地总体面积在减少。但 2004 年以后湿地斑块数量和聚集度变化不明显，这与北京市加强湿地保护，开展一系列湿地恢复工程有一定的关系。根据湿地景观优势度指数的变化趋势也证实了北京市湿地面积减少趋势在 2004 年之后有所减缓（图 5-1）。

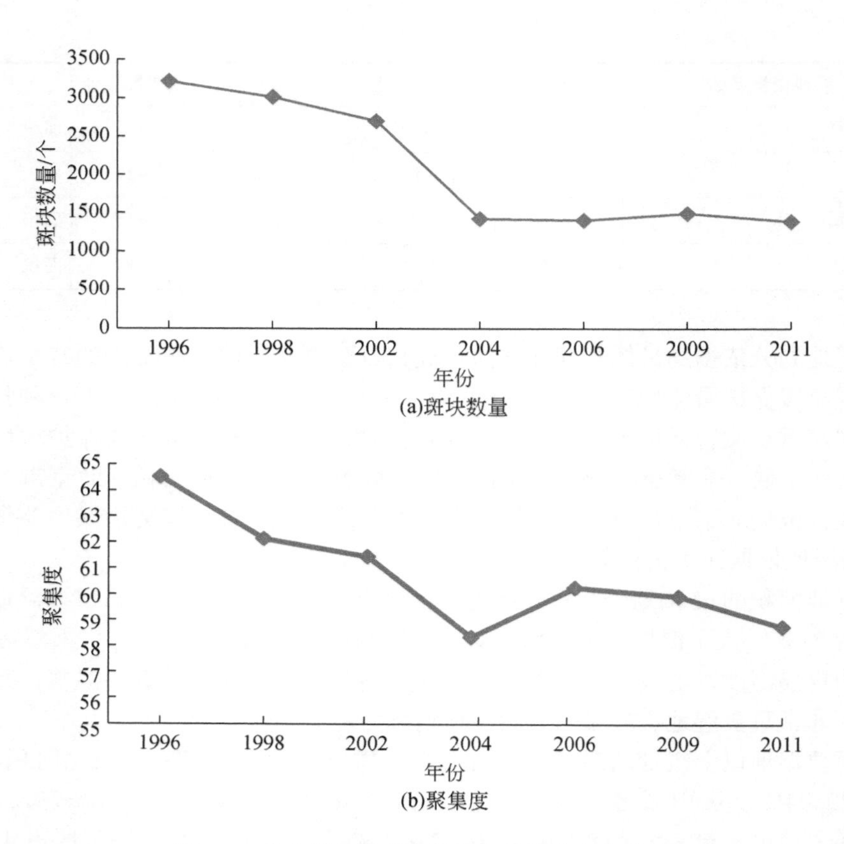

(a)斑块数量

(b)聚集度

图 5-1　北京湿地景观斑块数和聚集度变化趋势

通过对北京市湿地景观平均分维数分析表明，北京市湿地近五年来人工改造影响较小，也说明了北京湿地在恢复过程中更注重按照自然模式进行，如硬质化改造和生态岸带恢复等。而湿地景观多样性指数反映了北京市各种类型湿地退化趋势减缓，其变化规律与平均分维数基本一致，表明湿地保护与恢复工作不仅注重维持一定量湿地面积，也关注多样的湿地类型保护和恢复（图 5-2）。

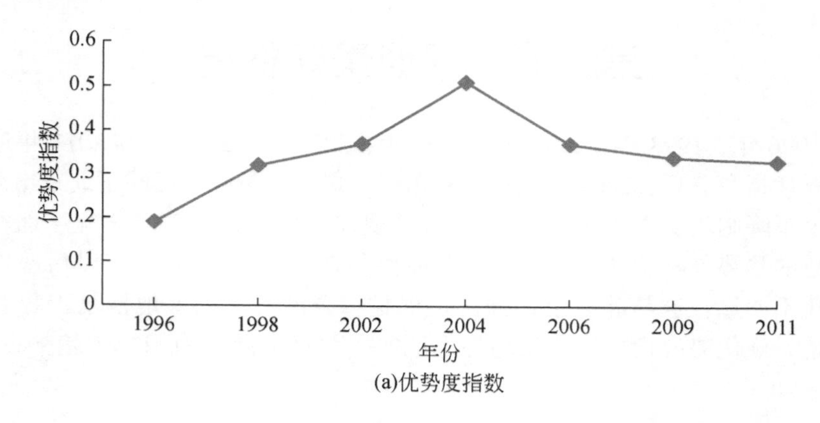

(a)优势度指数

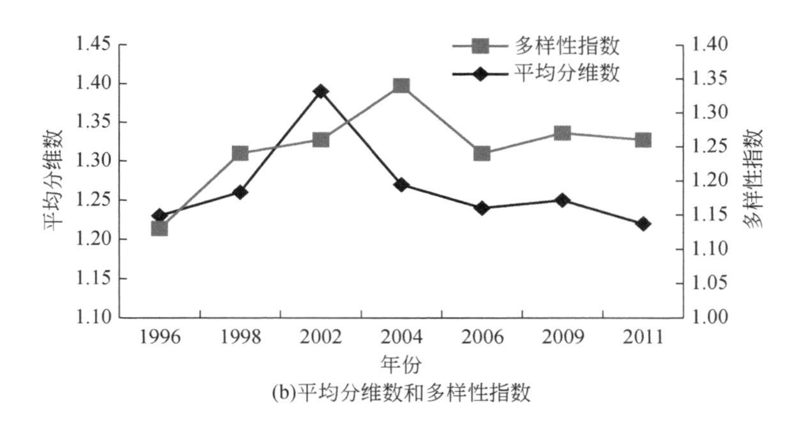

(b)平均分维数和多样性指数

图 5-2　北京湿地景观优势度指数、平均分维数和多样性指数变化趋势

湿地景观格局演变是自然与社会经济等因素综合作用的结果。在自然系统中降水量、温度的改变是影响水资源变化的最主要因素。1996 年丰沛的降水为湿地资源提供了充足的补给，此期间水域面积为增加趋势；1998～2004 年水域大面积萎缩，受到自然、人为等较复杂驱动机制的影响。一方面，干旱气候条件下水域得不到足够的降水补充且蒸发量增大，地表水供水不足只能依靠超采地下水来维持供需平衡，地下水位下降又需要地表水的补给，湿地资源进一步退化；另一方面，城市化进程加速导致城市人口剧增、城区面积不断扩大，湖泊河流等湿地面积逐渐变小，而城市用水却不断增加，加剧了水资源的消耗。

近年来，北京市湿地斑块数量与斑块密度显著增加；斑块形状指数呈现上升趋势；从整体来看，斑块聚集度指数呈下降趋势，但斑块聚集度指数值仍比较高；同时，湿地平均分维数变化有增大趋势，斑块趋向于不规则。从以上变化分析来看，北京市湿地景观形状比较规则，受人为影响强烈，导致湿地破碎程度急剧增加。湿地破碎程度的加剧，导致湿地内部生境面积减小，且湿地容易消退，湿地功能难以发挥。近些年来，北京市湿地类型多样性指数值在 1.2 以上，相对较高。同时，随着人类干扰强度的加重，北京市湿地景观的生物多样性与均匀度有增加趋势。理论上，湿地类型多样性增加，生物多样性也同样增加，但北京市湿地多样性的增加是基于湿地消退，从而引起的湿地类型间面积差异小。因此北京市湿地类型多样化难以营造物种多样性的效果。

第五节　湿地植物区系和类型分布

（一）北京湿地植物物种多样性现状

据调查和文献记载，北京市现有湿地高等植物 69 科 183 属 312 种。其中，苔藓植物（Bryohyta）为 8 科 13 属 16 种，蕨类植物（Pteridophyta）为 5 科 5 属 8 种，被子植物（Angiospermae）为 56 科 165 属 288 种，各占总种数的 5.1%、2.6%、92.3%。

（二）北京代表性湿地植被类型和分布情况

1. 挺水植被群落

1）芦苇群落

芦苇（*Phragmites australis*）群落在北京分布较广，是北京湿地植物群落的主要类型。该群落对水分的适应幅度很广，从地表过湿到常年积水，甚至水深为1m以上，均能生活。最适宜的积水深度为30cm左右，而且多分布在水流速度较慢地段或河滩、池塘岸边。总盖度一般在90%以上，单优势种。植株的生长发育受水文状况的影响而不同。在常年积水地段生长较好，季节性积水地段植株较矮，株高在1～3m，而且群落的伴生植物也有差异。伴生植物有香蒲，水面漂浮植物槐叶苹、紫萍，浮叶植物荇菜，水中沉水植物两栖蓼、水蓼、苦草、竹叶眼子菜、茨藻等。在野鸭湖、八一湖、汉石桥湿地、翠湖湿地、昆明湖、玉渊潭、奥林匹克公园、密云水库、朝阳公园、什刹海、北运河、永定河平原段、京密引水渠、小清河、莲花池、清水河以及东沙河等调查的代表性湿地中均有分布。

2）香蒲群落

香蒲（*Typha orientails*）群落地表有常年积水或持续时间较长的季节性积水，水深为30～100cm，土壤为腐殖质沼泽土，pH值在6.5～8.0。群落的植物种类少，主要是香蒲科、禾本科和莎草科。有少量蓼科、泽泻科和眼子菜科植物。群落外貌整齐，总盖度为70%～80%。群落结构为单一草本层，草层高度为1.0～1.5m。香蒲为单优势种，常伴生有水烛或芦苇及少数扁秆荆三棱、水蓼、菵草（水稗子）等。在积水浅的地段，常伴生金鱼藻、黑藻、雨久花、野慈姑、泽泻、菹草、眼子菜，水面上有浮水植物浮萍、荇菜。在静水湖边常有香蒲-芦苇群聚。主要分布在野鸭湖湿地、门头沟三家店永定河段、顺义汉石桥湿地等。

3）菖蒲群落

天南星科菖蒲（*Acorus calanus*）为优势种所组成的群落，多分布于湖滩、河滩洼地、河岸边，面积小而零星。群落外貌一片油绿色，无鲜艳花朵。总盖度为90%，以菖蒲为优势种，高为50～80cm，盖度在80%以上。其他植物多度少、盖度小。伴生植物有水芹、牛毛毡、水蓼等。沉水植物有菹草，黑藻、豆瓣菜等，见于房山大石河河滩。

4）水葱群落

水葱（*Scirpus tabernaemontani*）生长于水深几厘米到三四十厘米不等，土壤为腐泥沼泽土或淤泥土，面积较小，分布零星。常伴生芦苇、香蒲、水蓼、扁秆藨草、花蔺、野慈姑、浮叶植物荇菜、细果野菱、紫萍、浮萍、金鱼藻等。见于顺义河南村（潮白河大桥下）崇青水库岸边、怀沙河滩地等。

5）其他挺水植被群落

主要有莎草群落，常见于水库滩地及河滩，分布零星，面积较小，主要分布于密云水库北岸滩地。

2. 漂浮植物群落

漂浮植物群落的特点是植物漂浮于水面，根是浮于水中，随着水流和风浪漂移在水面上，因此，群落组成和结构常不稳定。

1） 槐叶苹群落

槐叶苹（*Salvinia natans*）是蕨类植物，广泛分布于北京市主要湿地类型，如顺义汉石桥湿地，是世界广布种。常伴生浮萍、紫萍。该群落对水质要求不严，在 pH5.5～8.5 均能生活。有时也可见苹（*Marsilea quadrifolia*）、浮萍形成纯群落。

2） 紫萍群落

紫萍（*Spirodela polyrrhiza*）广泛分布于北京市池塘中。常伴生浮萍组成群落，浮于水面，也常伴生沉水植物金鱼藻、黑藻、苦草等。有时紫萍形成单优势种，常见于污水排放的静水面。北京地区较常见，污染较重水体。

3） 水鳖群落

水鳖（*Hydrocharis dubia*）主要分布于湖泊浅水区及静水河湾。常为单优势种，叶背面有气囊，利于浮水。在总盖度达90%以上时，一般无伴生种。盖度小时，伴生浮叶植物荇菜，沉水植物金鱼藻、眼子菜、黑藻等。典型分布区为野鸭湖。

3. 浮叶植物群落

浮叶植物是指根固着于水底泥土中，叶片浮于水面的植物。由于根扎于水底泥土中，也可将其列为挺水植物，但叶片浮在水面，茎于水中，与茎和叶挺水植物有所区别，故称浮叶植物。浮叶植物群落是由浮叶植物占优势的群落。

1） 荇菜群落

荇菜（*Nymphoides peltata*）群落广布于北京市的池塘和缓流河湾中，水深常在0.5～2.0m，典型分布区是昆明湖、野鸭湖和怀柔水库，基质为富含腐殖质的厚层淤泥土。伴生种常与分布地段的差异变化较大，昆明湖伴生有黑藻，眼子菜，菹草等；野鸭湖则为水鳖、紫萍，水葱，香蒲等。

2） 细果野菱群落

细果野菱（*Trapa maximowiczii*）群落分布于温带和亚热带的湖泊，如昆明湖，面积很小。伴生种有眼子菜、菹草，狐尾藻及黑藻等。群落外貌为暗绿色。

3） 北京水毛茛群落

北京水毛茛（*Batrachium pekinense*）群落分布于溪水沟中，面积很小，水浅而静。北京水毛茛茎细长，沉水叶裂片丝状，上部浮水叶3～5回中裂至深裂，裂片宽为0.2～0.6mm，无毛，具匍匐根，茎的节间生长不定根起固着作用，花白色，花期在5～8月。此外，浮叶眼子菜（*Potamogeton natans*）、眼子菜（*Potamogeton distindus*）、小叶眼子菜（*Potamogeton cristatus*）在北京也有小面积分布。

4. 沉水植物群落

该类型是以沉水植物为优势种所组成的群落。沉水植物是指根固着于水底泥土中，茎和叶沉于水面以下的植物。其叶薄而柔软或细裂，既能减少水流的阻力随波摆动，又能扩大吸收氧气。

1） 菹草群落

菹草群落在北京地区分布广而零星，常呈带状或块状分布，生长于湖泊、河湾、池塘和水渠中，一般分布于水深在0.5～2.5m的浅水水域。菹草（*Potamogeton crispus*）是眼子菜科的植物，根状茎细长，多分枝，叶呈线形，边缘有细齿，常呈皱折或波状，叶片薄而柔软，在水中漂荡。常为单种群落，有时伴生金鱼藻，黑藻，苦草，生物量高（186.4g/m²），是食草性鱼类的饵料，也是鱼虾的栖息场所。可为猪、鸭、鹅的饵料，并可作绿肥。

2）苦草群落

苦草（*Vallisneria natans*）群落在北京分布较普遍，主要生长于池塘、河沟等水深0.5～2.0m的水中。苦草是水鳖科植物，叶长线形，茎部呈短壳形状，生于根茎的节上，簇生。苦草群落常形成单优势群落，伴生植物有黑藻、金鱼藻和竹叶眼子菜等。苦草全株质嫩，可为鱼类及家畜、家禽的饲料。

3）篦齿眼子菜群落

篦齿眼子菜（*Potamogeton pectinatus*）群落分布于河道、沟渠、溪流，以篦齿眼子菜为优势种，呈带状分布，伴生种较少，如狐尾藻，金鱼藻、苦草、黑藻等。植物盖度达90%以上，从水底密集可达水面，植株呈褐绿色或褐黄色。面积较小，仅局部地区分布。

4）狐尾藻群落

狐尾藻（*Myriophyllum verticillatum*）群落广泛分布于一些池塘和河沟中。狐尾藻属小二仙草科，世界广布种，适应性强，耐碱、耐污，基底土壤不限。因此，在其他水生植物难以生存的条件下，它独占优势，呈单优势种。伴生种有眼子菜、黑藻、苦草，偶有金鱼藻。静水有时也见茨藻、菹草。在浅水处有挺水植物香蒲，泽泻，浮水植物紫萍，水鳖等。

5）水毛茛群落

水毛茛（*Batrachium bungei*）群落呈小面积零星分布于湖泊，池塘，山谷溪流中。水较浅，一般在水深0.3～1.0m的水中。

水毛茛为毛茛科植物，又称毛柄水毛茛。叶3～4回细裂成丝状，花黄白色，花期伸出水面。单优势种群落，偶见眼子菜伴生。如野鸭湖湿地、密云水库等。

6）其他

由于水资源环境变化，城市扩大，在北京地区，20世纪70年代常见的有狸藻群落（*Urticularia vulgaris*），见于海淀。轮藻属（*Chara*）群落生长于石灰岩地区的浅水池塘，目前为偶见，见于门头沟。另外，金鱼藻群落和黑藻群落呈小面积零星分布，它们适宜生长的生境条件为：水清、静水，流速缓慢的水塘或溪流中；污染较重的水体，其数量少，不易生存。

第六节　湿地气候调节功能

一、湿地调节小气候功能

湿地对调节区域气候有较大的影响，《湿地公约》和《联合国气候变化框架公约》均特别强调了湿地对调节区域气候的重要作用。湿地的水分蒸发和植被叶面的水分蒸腾，使得湿地和大气之间不断地进行着能量和物质交换，从而保持当地的湿度和降水量。附近有湖泊、河流以及沼泽等湿地的区域产生的晨雾可减少土壤水分的丧失。

湿地在增加局部地区空气湿度、负氧离子、削弱风速、缩小昼夜温差、降低大气含尘量等气候调节方面都具有明显的作用。根据北京市湿地生态质量的野外调查分析，总体发现，处于城区的湿地周围比远离湿地的地域气温低，而湿度和负氧离子均高于周边区域（图 5-3 ~ 图 5-7）。

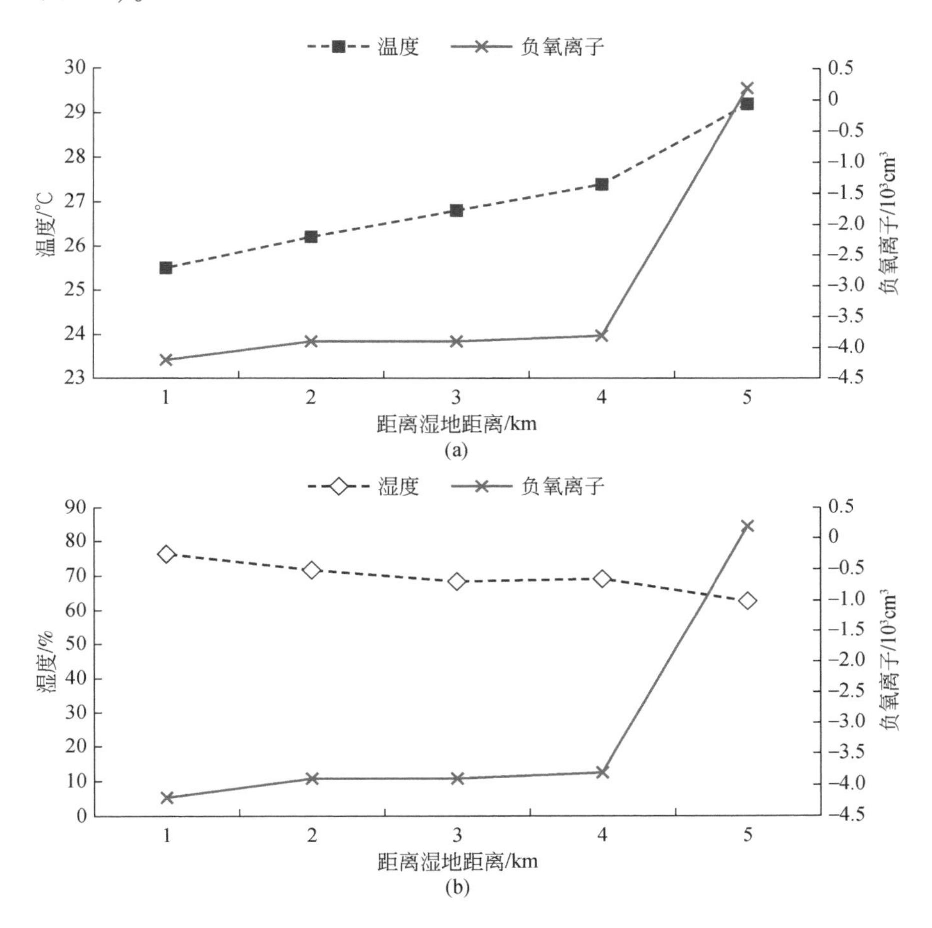

图 5-3　玉渊潭湿地温度、湿度和负氧离子空间变化

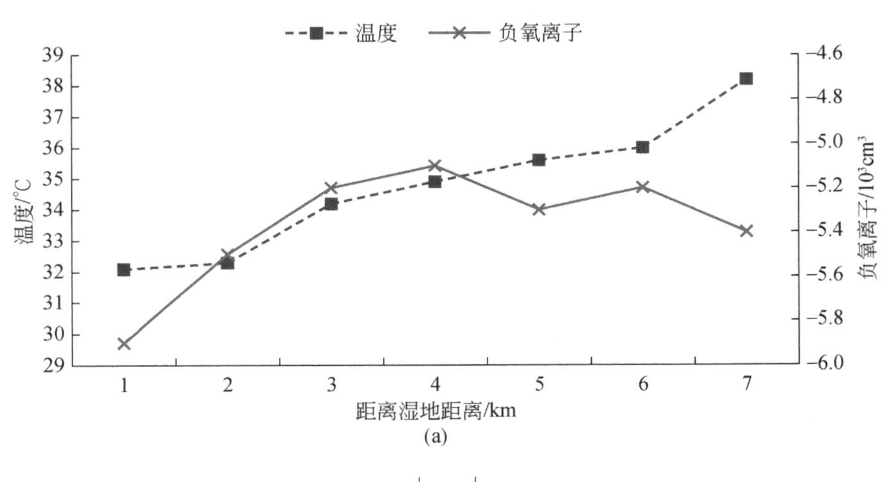

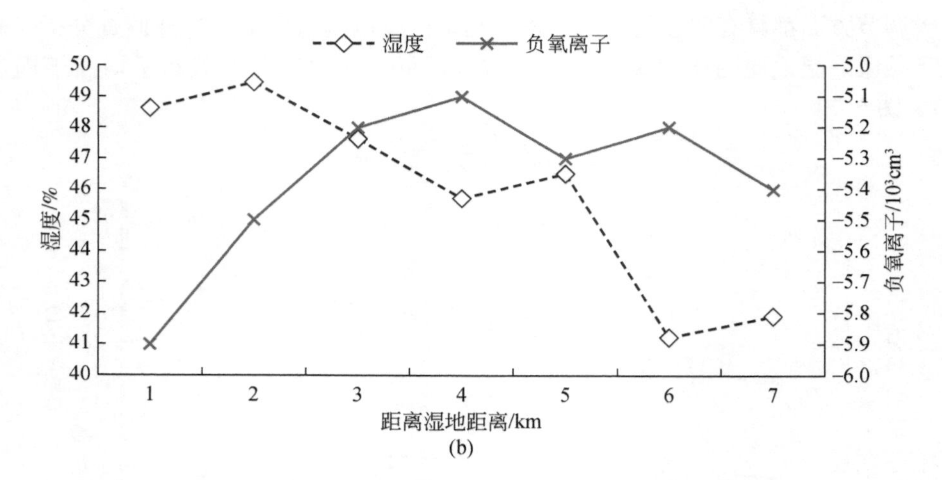

(b)

图 5-4　朝阳公园湿地温度、湿度和负氧离子空间变化

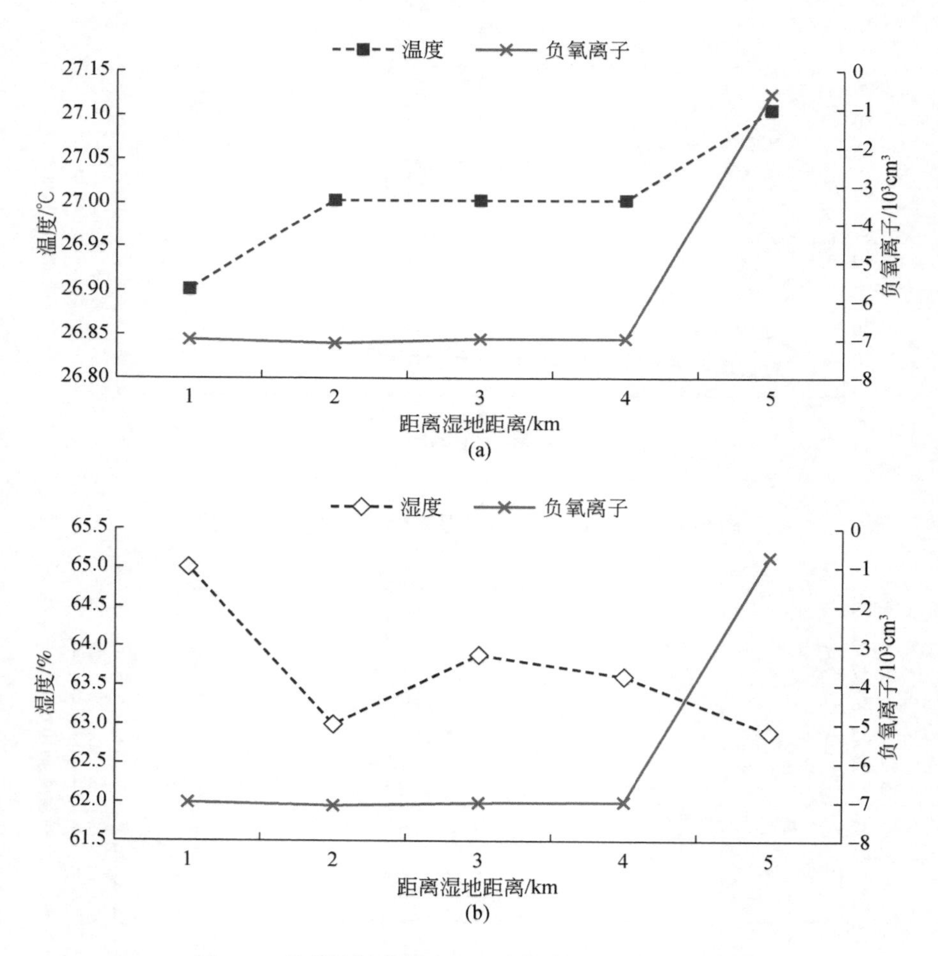

(b)

图 5-5　莲花池湿地温度、湿度和负氧离子空间变化

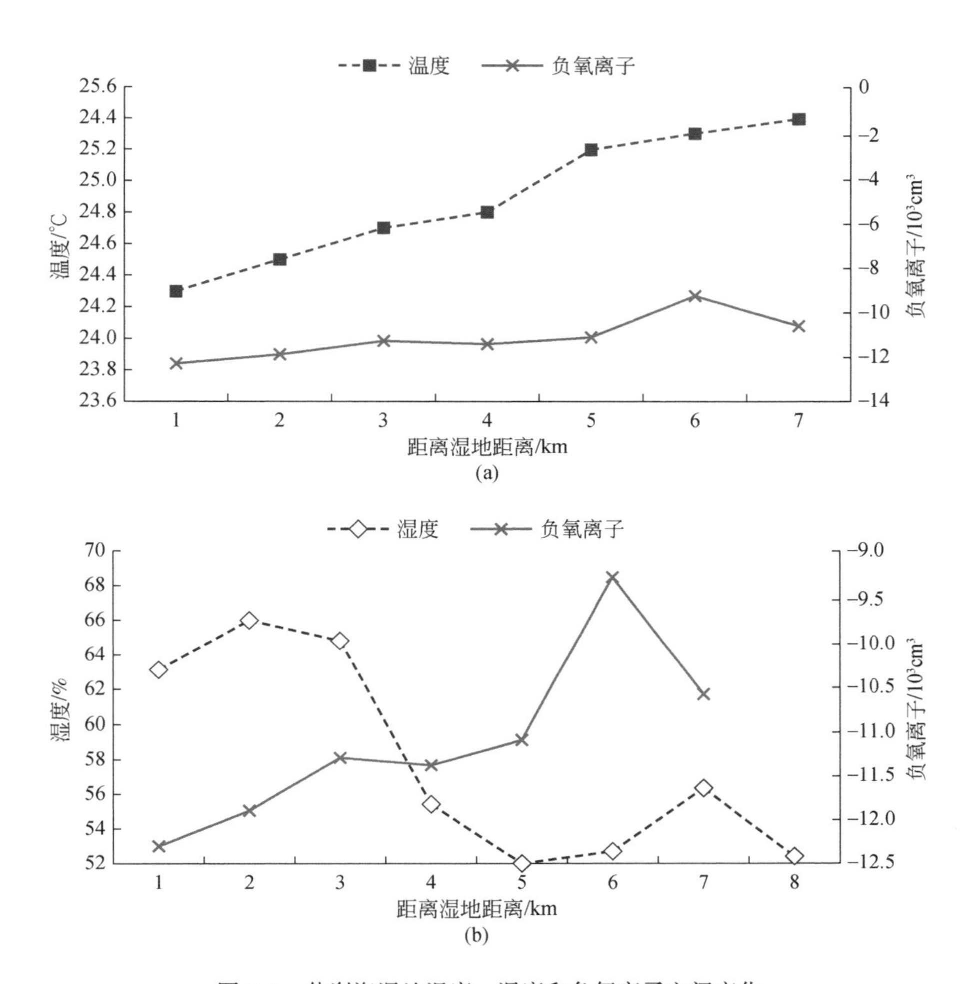

图 5-6　什刹海湿地温度、湿度和负氧离子空间变化

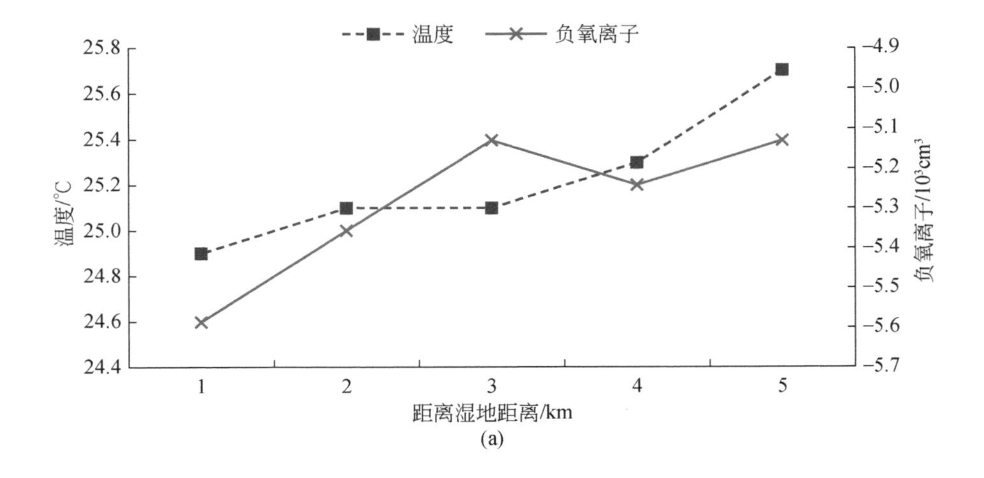

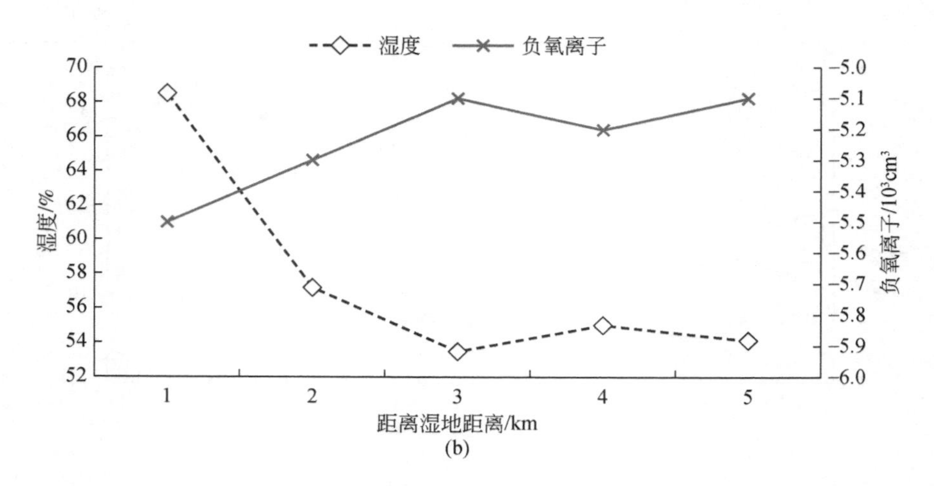

图 5-7　北海湿地温度、湿度和负氧离子空间变化

（1）距离湿地达到 1km 时，湿地质心温度低 0.2 ~ 1.1℃，湿度高 1.5%~2.5%，负氧离子高 200 ~ 1000cm³。

（2）距离湿地达到 2km 时，湿地质心温度低 1.5 ~ 2.2℃，湿度高 2.2%~3.1%，负氧离子高 500 ~ 2000cm³。

（3）距离湿地达到 3km 时，湿地质心温度低 2.3 ~ 3.0℃，湿度高 3.9%~6.5%，负氧离子高 2800 ~ 4000cm³。

（4）距离湿地达到 4km 时，湿地质心温度低 2.5 ~ 3.7℃，湿度高 4.1%~6.8%，负氧离子高 3100 ~ 5200cm³。

（5）距离湿地达到 5km 以上时，湿地质心温度低 3.5 ~ 6.1℃，湿度高 3.7%~13.4%，负氧离子高 3000 ~ 7100cm³。

以上分析显示，对于北京城区而言，由于湿地调节小气候作用明显，对于北京城区缓解热岛效应具有重要的生态价值。

湿地的小气候效应与水陆的物理性质有关，由于湿地的热容量较大，在环境增热期间，可以较多地吸收热量存储于水体中，缓和湿地周边的空气增温；同时，由于湿地蒸发量大、耗热多，并通过低层气流与周围环境发生水热交换，因而对湿地周边小气候产生影响。湿地中植物较多，光合作用强，空气中污染物少，因此负氧离子较高。

整体来说，北京市湿地，尤其是城区湿地对周边环境有显著的降温、增湿和增加负氧离子的作用，该作用受到多种因素的影响：

（1）城市湿地具有显著的增湿、降温和增加负氧离子的作用。观测结果表明，城市湿地对周围小气候具有明显的调节作用，其距湿地越近，影响越大，降温和增湿、增负氧离子浓度的作用越强。相距湿地 5km 及以上时，降温幅度最高可达 3.5 ~ 6.1℃，增湿幅度可高达 3.7%~13.4%，负氧离子含量下降最高达 3000 ~ 7100cm³。

（2）湖泊（水库）的小气候效应比河流的小气候效应大。城区湖泊降温最大可达 3.0℃（5km），而河道降温最大为 2.1℃；湖泊增湿 4%~12%，河道增湿 3%~10%，湖泊的降温和增湿效应更加明显。

总之，城市湿地的小气候效应与水陆的物理性质有关，由于湿地的热容量较大，在环境增热期间，可以较多地吸收热量存储于水体中，缓和湿地周边的空气增温；同时，由于湿地蒸发量大、耗热多，并通过低层气流与周围环境发生水热交换，因而影响湿地周边小气候。湿地中植物较多，光合作用强，空气中污染物少，因此负氧离子较高。整体来说，北京市湿地，尤其是城区湿地对周边环境的降温、增湿和增加负氧离子的作用非常明显，直接或间接地影响周围环境与气候，有利于改善城市局部地区小气候。

二、湿地缓解热岛效应功能

根据野外调研结果和热红外遥感热岛效应（采用1996年、2004年和2012年数据）分析，对比城区裸地（植被覆盖度<10%）、植被（植被覆盖度>60%）、湿地（开敞水面）的平均温度得出（图5-8）：

（1）温度：裸地>植被（以草地和林地为主的绿地）>湿地。

（2）标准差：2012年>2004年>1996年，温度范围随时间推移逐渐增大，同种地表覆盖类型内部差异性增大。

（3）不同年份不同类型地表温度差的对比表明，不同地表覆盖类型的温差随城市发展呈逐渐增大趋势。

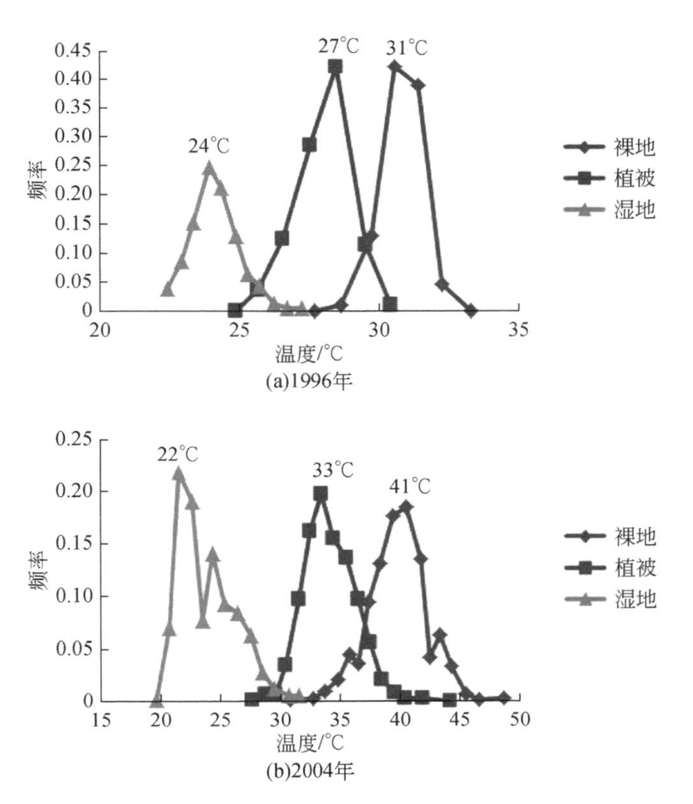

(a)1996年

(b)2004年

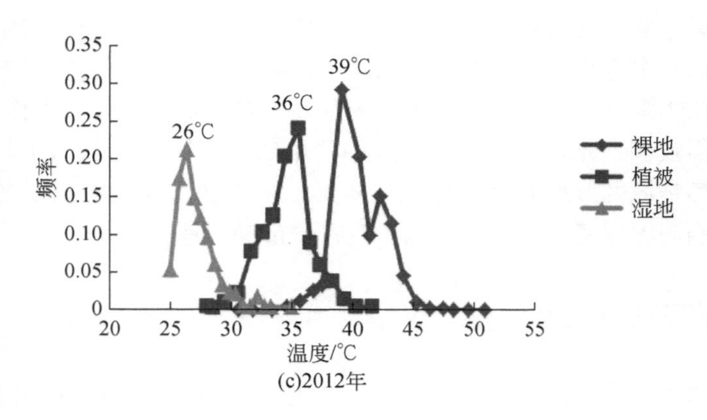

(c)2012年

图 5-8　不同地表类型温度频率对比

对 1996 年、2004 年和 2012 年土地利用类型图与地温图进行叠制分析，结果表明城镇等地表温度最高，热岛效应明显增强。湿地（特别是河流湿地和库塘湿地）地表温度最低，具有显著降温作用；林地等植被覆盖区的温度也较低，有着明显的降温效果；裸地则降温作用不明显，且裸露土地面积较大时，可成为热岛中心。这与 2012 年野外调研获得的温度数据相符合。说明分布有湿地的城区，其周边温度相对较低，不易形成热岛，而远离湿地的城区热岛效应明显（图 5-8）。

城市热岛效应改变了城市热环境，影响了区域气候、城市水文、空气质量、城市土壤理化性质、城市生物的分布与行为以及诸多城市生态过程如物质代谢、能量循环等，引发了一系列生态环境问题。因此，对城市热岛及其环境效应的研究有利于城市合理规划和可持续发展。在全球高速城市化的背景下，城市热岛效应已经成为影响城市环境的要素之一，对城市公共健康、空气质量等方面构成了严重威胁。已有研究结果表明，城市化进程的加快直接导致了城市热岛效应加剧。徐涵秋和陈本清（2004）探讨了厦门市城市发展与城市热岛之间的密切关系。一般来说，城市化及区域气候变化是影响气候变暖的两个最主要因子。城市温度尤其是地表温度是城市表层能量平衡的中心，是影响城市气候最为重要的因素之一，调节和控制着许多生态学过程。而日益强烈的城市化导致了地表温度的提高，必将强烈地影响着城市生态系统的物质能量流动，改变城市生态系统的结构和功能，并对城市居民的健康产生影响。

近些年来，北京市城市化呈现急剧发展的趋势，城市规模不断扩大。随着城市的蔓延和扩展，周边的农田、湿地及其他自然植被被建筑物、道路等所取代，使下垫面性质发生了明显的改变。以水泥为基质的建筑物和街区道路是产生城市相对高温地块和过热斑块的主要辐射介质，以植被为基质的绿地是产生城市相对中等温度地块的主要辐射介质，以水体为基质的河流、湖泊和池塘等湿地是产生城市相对低温地块的主要辐射介质。水体热容量大，水分蒸发多，增温降温缓和，湿地的存在可在一定程度上缓解城市热岛效应。城市化导致大量的水塘、湖泊、河流、沼泽等湿地减少或消失，不透水混凝土建筑、道路和广场，使大量的降水直接通过排水网流失。湿地的减少或消失以及天然降水的流失致使城市失去了通过蒸发带走城市热量、降低热岛效应的机会同时也丧失了水通过促进林木生长、间接降低热岛效应的可能性。今后，应在大力保护原有湿地的基础上，进行人工湿地的构建，这是降低热岛效应的有效方法。此外，应积极利用透水性材料（透水砖等），以改善不透水下垫面层。

此外，增加水面也是应对热岛效应的良策，这是因为水的热容量相当大，在吸收同样热量的情况下，水体的升温要比土壤等地面缓慢得多，而且水的蒸发也要吸收大量的热量。可以根据北京市河道众多的现状，合理规划和利用水资源，合理增加湿地水面，并恢复原有湿地的生态功能。

第七节　湿地净化空气功能

一、湿地 $PM_{2.5}$浓度时间变化

利用野外 $PM_{2.5}$观测车测得的数据显示翠湖湿地公路边 $PM_{2.5}$含量从早上 8：00 的 52μg/m^3 逐渐升高到 158μg/m^3 后，逐渐降低，到了 1：00 降低为 51μg/m^3，整体变化趋势表现为每天 15：00～23：00 为 $PM_{2.5}$含量高峰期，而每天的 1：00～14：00 为低谷期（图 5-9）。

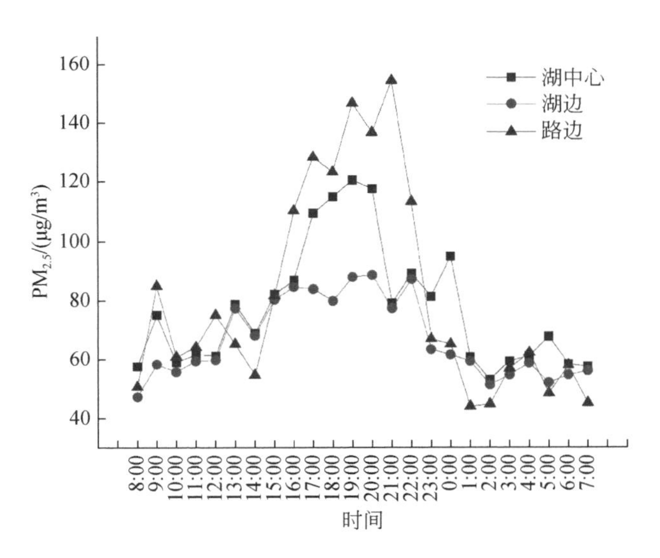

图 5-9　湿地不同区域 $PM_{2.5}$比较分析

利用野外 $PM_{2.5}$观测车测得的数据显示北京翠湖湿地湖边 $PM_{2.5}$含量从早上 8：00 的 47μg/m^3 逐渐升高到 88μg/m^3 后，逐渐降低，到了 5：00 降低为 51μg/m^3，整体变化趋势表现为每天 15：00～22：00 为 $PM_{2.5}$含量高峰期，而每天的 2：00～8：00 为低谷期。

利用野外 $PM_{2.5}$观测车测得的数据显示北京翠湖湿地湖中心 $PM_{2.5}$含量从早上 8：00 的 59μg/m^3 逐渐升高到 120μg/m^3 后，逐渐降低，到了 2：00 降低为 51μg/m^3，整体变化趋势表现为每天 16：00～0：00 为 $PM_{2.5}$含量高峰期，而每天的 1：00～12：00 为低谷期。

通过三种地类 $PM_{2.5}$观测显示，翠湖湖边 $PM_{2.5}$含量在高峰值 15：00～22：00 与其他地类相比明显降低，公路边最高，差异显著。而在 0：00～14：00 差异不显著。

二、湿地 $PM_{2.5}$浓度空间变化

采用环境小卫星数据对小尺度进行反演，选择距离道路、居民区等人类活动较近的湿地（翠湖湿地、颐和园湿地、沙河水库、温榆河下游、野鸭湖湿地和北海湿地等湿地）进行不同地类 300m 等距离 $PM_{2.5}$取值分析。从图 5-10～图 5-12 可以看出，翠湖湿地、颐和园湿地、沙河水库、温榆河下游距离湿地为 0m 时，其 $PM_{2.5}$含量与 300m 时的含量具有较为明显的差异（$P<0.05$），而野鸭湖湿地和北海湿地则相反，特别是野鸭湖湿地 $PM_{2.5}$含量随着距离越远，其含量越高，北海湿地也相同。野鸭湖湿地距离建成区较远，且其地理位置处于山区地带，植被覆盖率较高，湿地上空 $PM_{2.5}$含量与建成区相比较低，加之该区域湿地面积较大，使得湿地有效地发挥了气候调节作用。而北海湿地由于面积较小，且周

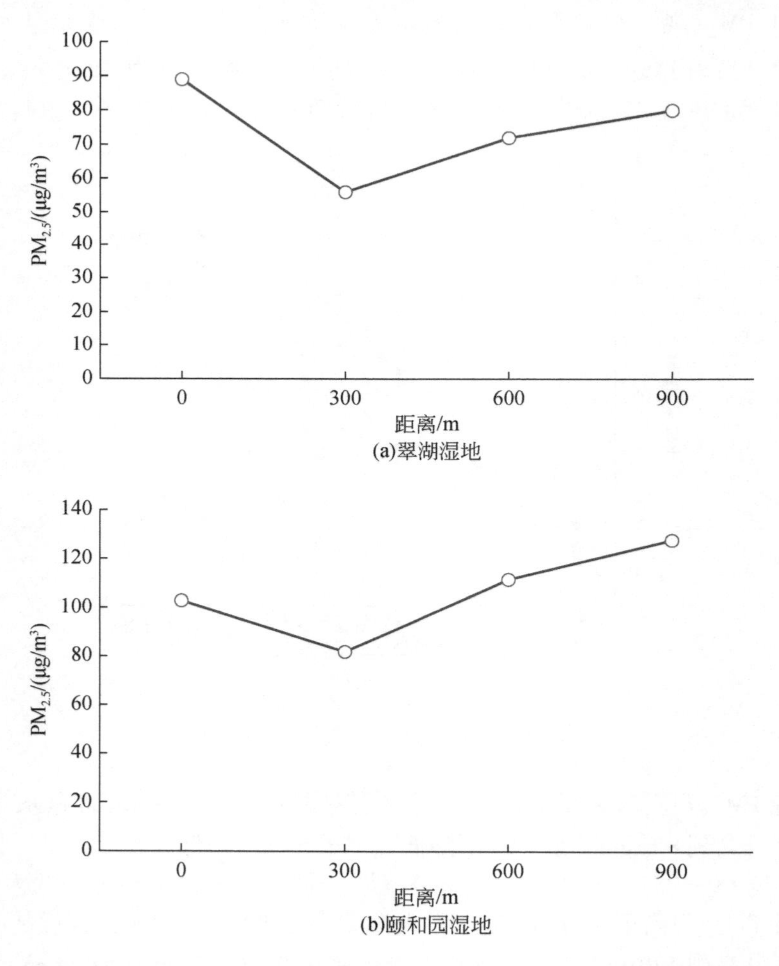

图 5-10　基于环境小卫星数据的翠湖湿地和颐和园湿地 $PM_{2.5}$含量空间距离分析图

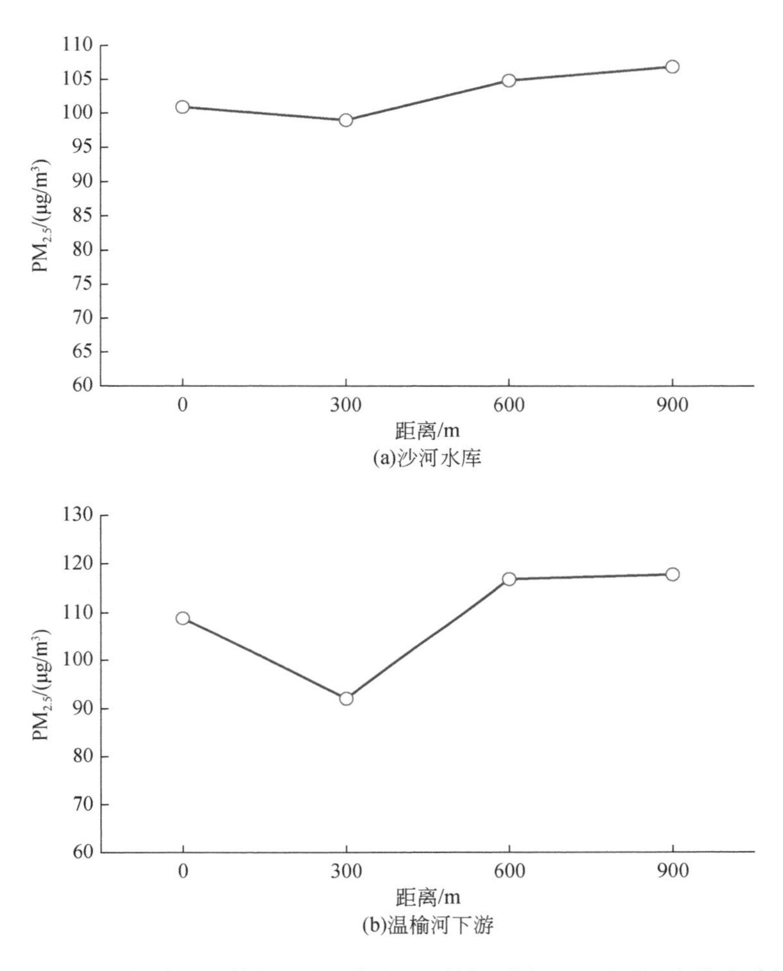

图 5-11 基于环境小卫星数据的沙河水库和温榆河下游 $PM_{2.5}$ 含量空间距离分析图

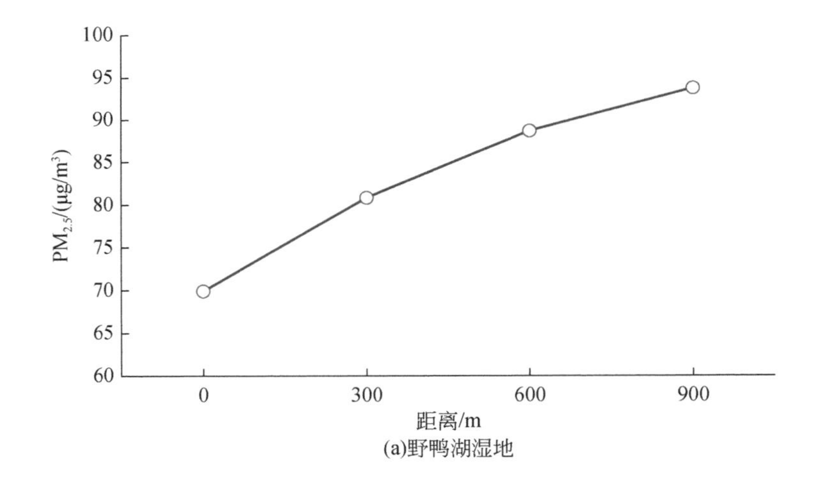

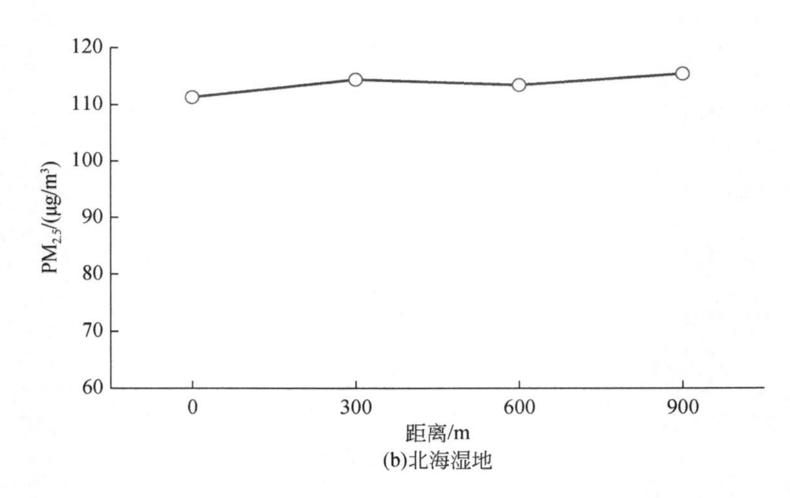

图 5-12　基于环境小卫星数据的野鸭湖湿地和北海湿地 $PM_{2.5}$ 含量空间距离分析图

围地带人为活动强度远大于其他类型湿地，通过遥感反演获得的数据显示湿地所在区 $PM_{2.5}$ 含量略高于周围地区。翠湖湿地、颐和园湿地、沙河水库、温榆河下游具有相同的规律，在湿地周边 300m 范围内的林地其 $PM_{2.5}$ 的含量不仅低于外围 600m 范围，同时也低于湿地分布的核心区域，这也验证了观测结果。

靠近水面的湖边削减 $PM_{2.5}$ 效果最好，其次是湖心，即表现为湖边>湖心。距离湿地较近的湖边其 $PM_{2.5}$ 含量较低，这可能与湿地水分蒸发促进了周边湿地植物吸附 $PM_{2.5}$ 有关。有研究证实，$PM_{2.5}$ 具有一定的聚沉效应，此种效应能力的大小与空气相对湿度成正比关系（周一敏和赵昕奕，2017）。这说明，其可以通过改变地表覆被，增加地面的相对湿度，进而促进 $PM_{2.5}$ 的自身聚沉作用进行去除，而比较有效的方法就是在 $PM_{2.5}$ 含量较高的区域提高湿地面积，增强区域相对湿度。有研究认为，降水对大气气溶胶的清除是维持大气中悬浮粒子源汇平衡、大气自清洁的重要过程，中雨时相对湿度增大，对颗粒物的湿清除作用非常显著，间接证明了相对湿度大有助于 $PM_{2.5}$ 的削减（栾天等，2019）。

第八节　重要湿地生态健康综合评价

一、重要湿地生态系统健康综合评价

（一）生态健康评估指标标准化

依据湿地生态健康评价体系、湿地重要性等级以及数据的可获取性等实际情况，借助 ArcGIS 空间叠加法，结合主成分分析和权重打分法对北京市部分代表性重要湿地的生态系统健康状况进行评估，其中代表性湿地评估指标标准化见表 5-8，方差分析统计见表 5-9。

表 5-8　北京市代表性湿地评价指标标准化

序号	湿地名称	面积/hm²	A1 湿地景观格局	A2 湿地水资源	A3 湿地水环境质量	A4 湿地植被覆盖率	A5 湿地气候调节作用	A6 湿地空气环境质量	B1 湿地面积适宜性	B2 湿地生态系统自然性
1	密云水库	8273.67	0.9	0.9	0.9	0.8	0.9	0.9	0.9	0.9
2	怀沙河	114.41	0.9	0.9	0.9	0.7	0.7	0.9	0.7	0.8
3	怀沙、怀九河市级水生野生动物自然保护区	111.18	0.9	0.9	0.8	0.7	0.7	0.9	0.7	0.8
4	野鸭湖市级湿地自然保护区	1085.57	0.9	0.8	0.8	0.9	0.8	0.9	0.9	0.9
5	京密引水渠	338.10	0.6	0.9	0.9	0.6	0.8	0.7	0.5	0.5
6	永定河（门头沟区）	1373.96	0.5	0.6	0.6	0.5	0.6	0.7	0.5	0.5
7	怀柔水库	727.69	0.6	0.8	0.8	0.6	0.8	0.8	0.7	0.5
8	白河堡水库	341.65	0.7	0.8	0.9	0.6	0.8	0.8	0.7	0.5
9	金牛湖区级自然保护区	73.15	0.9	0.8	0.8	0.6	0.8	0.8	0.7	0.8
10	永定河（大兴区）	3069.77	0.6	0.6	0.6	0.6	0.7	0.7	0.6	0.6
11	上庄水库	42.00	0.6	0.6	0.6	0.8	0.8	0.7	0.6	0.5
12	玉渊潭	61.00	0.7	0.6	0.6	0.5	0.7	0.7	0.6	0.5
13	朝阳公园	68.00	0.7	0.6	0.6	0.5	0.7	0.6	0.5	0.5
14	莲花池	15.00	0.7	0.6	0.6	0.6	0.7	0.6	0.5	0.5
15	什刹海	33.60	0.7	0.7	0.6	0.6	0.8	0.6	0.6	0.5
16	红领巾公园	16.00	0.6	0.7	0.6	0.6	0.7	0.6	0.6	0.5
17	永定河（房山区）	1492.03	0.5	0.6	0.7	0.5	0.6	0.7	0.6	0.7
18	潮白河	1058.02	0.6	0.6	0.7	0.6	0.7	0.7	0.7	0.6
19	南海子麋鹿苑	41.73	0.9	0.5	0.6	0.7	0.7	0.7	0.7	0.5
20	翠湖湿地	72.04	0.9	0.6	0.6	0.8	0.8	0.8	0.7	0.6
21	汉石桥市级湿地自然保护区	237.51	0.9	0.5	0.5	0.9	0.8	0.8	0.8	0.8
22	通惠河	26.31	0.6	0.6	0.6	0.6	0.7	0.6	0.7	0.6
23	北运河	811.16	0.6	0.6	0.6	0.5	0.7	0.6	0.6	0.6
24	内三海	89.77	0.7	0.7	0.7	0.5	0.8	0.6	0.6	0.6
25	颐和园昆明湖	199.65	0.8	0.7	0.7	0.5	0.8	0.7	0.7	0.5

表 5-9　方差分析统计

项目	A1 湿地景观格局	A2 湿地水资源	A3 湿地水环境质量	A4 湿地植被覆盖率	A5 湿地气候调节作用	A6 湿地空气环境质量	B1 湿地面积适宜性	B2 湿地生态系统自然性
平均值	0.72	0.69	0.69	0.64	0.74	0.72	0.66	0.61
方差	0.02	0.02	0.01	0.02	0.01	0.01	0.01	0.02
标准偏差	0.14	0.13	0.12	0.12	0.07	0.11	0.11	0.14

（二）相关性判定

指标间的相关性判定，即求相关系数的矩阵。A2 湿地水资源和 A3 湿地水环境质量、A4 湿地植被覆盖率和 B1 湿地面积适宜性、A6 湿地空气环境质量和 B1 湿地面积适宜性、A6 湿地空气环境质量和 B2 湿地生态系统自然性、B1 湿地面积适宜性和 B2 湿地生态系统自然性存在着显著的线性关系（表 5-10），可见这些变量之间直接的相关性比较强，存在信息上的重叠。

表 5-10　指标间相关性分析

指标	A1 湿地景观格局	A2 湿地水资源	A3 湿地水环境质量	A4 湿地植被覆盖率	A5 湿地气候调节作用	A6 湿地空气环境质量	B1 湿地面积适宜性	B2 湿地生态系统自然性
A1 湿地景观格局	1.00	0.29	0.25	0.62	0.49	0.64	0.66	0.60
A2 湿地水资源	0.29	1.00	0.91***	0.13	0.43	0.58	0.29	0.41
A3 湿地水环境质量	0.25	0.91***	1.00	0.10	0.38	0.63	0.35	0.40
A4 湿地植被覆盖率	0.62	0.13	0.10	1.00	0.49	0.64	0.69	0.58
A5 湿地气候调节作用	0.49	0.43	0.38	0.49	1.00	0.35	0.53	0.24
A6 湿地空气环境质量	0.64	0.58	0.63	0.64	0.35	1.00	0.72**	0.72**
B1 湿地面积适宜性	0.66	0.29	0.35	0.69**	0.53	0.72**	1.00	0.73**
B2 湿地生态系统自然性	0.60	0.41	0.40	0.58	0.24	0.72**	0.73**	1.00

注：*** 表示在 0.01 水平上显著相关，** 表示在 0.05 水平上显著相关。

（三）确定主成分个数

特征值 λ（4.52）大于 1，即解释度高于原数据，选取较少主成分。一般累计贡献率 >85%，选取较多主成分，本书的累积贡献率为 86.21%（表 5-11）。因此，对于北京市湿地生态健康评价采用三个主成分即可满足需求（表 5-12）。

表 5-11　主成分负荷量参数

项目	第一主成分	第二主成分	第三主成分	第四主成分	第五主成分	第六主成分	第七主成分	第八主成分	初始贡献率
A1 湿地景观格局	−0.77	0.32	−0.06	0.54	−0.04	−0.03	−0.05	0.02	1.00
A2 湿地水资源	−0.65	−0.72	−0.04	0.04	−0.05	0.15	−0.10	−0.16	1.00
A3 湿地水环境质量	−0.65	−0.73	0.03	−0.04	−0.02	−0.09	−0.04	0.18	1.00
A4 湿地植被覆盖率	−0.73	0.52	−0.08	−0.23	−0.32	0.15	−0.10	0.04	1.00
A5 湿地气候调节作用	−0.63	0.00	−0.75	−0.06	0.12	0.06	0.12	0.01	1.00
A6 湿地空气环境质量	−0.89	−0.06	0.26	−0.05	−0.24	−0.18	0.18	−0.06	1.00
B1 湿地面积适宜性	−0.85	0.30	0.02	−0.17	0.28	−0.26	−0.12	−0.05	1.00
B2 湿地生态系统自然性	−0.80	0.14	0.43	−0.03	0.27	0.28	0.07	0.03	1.00
特征值	4.52	1.54	0.83	0.38	0.33	0.23	0.09	0.07	
贡献率/%	56.48	19.31	10.42	4.81	4.08	2.91	1.15	0.84	
累计贡献率/%	56.48	75.79	86.21	91.01	95.09	98.01	99.16	100.00	

表 5-12　主成分矩阵

湿地名称	第一主成分	第二主成分	第三主成分	综合值
密云水库	5.08	0.40	0.56	3.00
怀沙河	2.92	1.27	−1.50	1.74
怀沙、怀九河市级水生野生动物自然保护区	2.67	0.77	−1.47	1.50
野鸭湖市级湿地自然保护区	4.44	−0.91	−0.56	2.27
京密引水渠	−0.11	2.79	1.08	0.59
永定河（门头沟区）	−3.00	0.43	−1.44	−1.76
怀柔水库	0.55	1.42	0.76	0.66
白河堡水库	1.07	1.73	0.78	1.02
金牛湖区级自然保护区	2.16	0.61	−0.13	1.33
永定河（大兴区）	−1.38	−0.41	−0.49	−0.91
上庄水库	−0.67	−1.00	1.19	−0.45
玉渊潭	−1.67	−0.17	−0.17	−1.00
朝阳公园	−2.46	0.02	0.12	−1.37
莲花池	−2.18	−0.33	0.20	−1.27

续表

湿地名称	第一主成分	第二主成分	第三主成分	综合值
什刹海	-1.13	-0.08	1.40	-0.51
红领巾公园	-1.82	0.10	0.16	-0.99
永定河（房山区）	-1.82	0.52	-2.17	-1.15
潮白河	-0.75	-0.14	-0.54	-0.51
南海子麋鹿苑	-0.46	-1.91	0.02	-0.63
翠湖湿地	1.17	-1.82	0.70	0.38
汉石桥市级湿地自然保护区	1.88	-3.52	0.05	0.39
通惠河	-1.41	-0.68	-0.24	-0.95
北运河	-2.07	-0.11	-0.29	-1.22
内三海	-0.88	0.67	0.95	-0.27
颐和园昆明湖	-0.11	0.39	1.05	0.12

（四）生态健康综合评价

根据综合评价 $\lambda>1$ 原则，选取前三个主成分，它们的特征值反映了该指标在评价中的地位大小，对被选取的主成分进行线性加权。获得代表性湿地生态系统健康评价得分。评价结果如表5-13所示。最高分为89，最低分为56。

根据本次调查的代表性湿地评价结果来看，北京市重要湿地中生态健康为优秀的湿地较少，仅密云水库，怀沙河，怀沙、怀九河市级水生野生动物自然保护区和野鸭湖市级湿地自然保护区4个湿地为优秀，占比16%；而生态健康状况良好的湿地有5个，占比20%；湿地生态健康评价结果显示最多的为一般湿地，有13个，占比52%；另外，还存在3个较差的重要湿地，占比12%（表5-13和图5-13）。

表5-13　北京市代表性湿地健康评价

序号	湿地名称	面积/hm²	湿地类型	所属区域	评价级别	影响评分的关键因子	主成分综合计算数值	核算后生态健康评价分值
1	密云水库	8273.67	蓄水区	密云区	优秀	均达标	3.00	89.00
2	怀沙河	114.41	永久性河流	怀柔区	优秀	均达标	1.74	81.50
3	怀沙、怀九河市级水生野生动物自然保护区	111.18	永久性河流	怀柔区	优秀	均达标	1.50	80.00
4	野鸭湖市级湿地自然保护区	1085.57	永久性的淡水草本沼泽、泡沼	延庆区	优秀	均达标	2.27	86.00
5	京密引水渠	338.10	引水渠	海淀区	良好	植被覆盖率较低	0.59	70.50
6	永定河（门头沟区）	1373.96	永久性河流	门头沟区	较差	水量不足，水质较差	-1.76	56.00

续表

序号	湿地名称	面积/hm^2	湿地类型	所属区域	评价级别	影响评分的关键因子	主成分综合计算数值	核算后生态健康评价分值
7	怀柔水库	727.69	蓄水区	怀柔区	良好	植被覆盖率较低	0.66	72.50
8	白河堡水库	341.65	蓄水区	延庆区	良好	植被覆盖率较低	1.02	73.00
9	金牛湖区级自然保护区	73.15	蓄水区	延庆区	良好	植被覆盖率较低	1.33	77.50
10	永定河（大兴区）	3069.77	时令河	大兴区	一般	水量不足	-0.91	62.50
11	上庄水库	42.00	蓄水区	海淀区	一般	水质不达标	-0.45	65.00
12	玉渊潭	61.00	蓄水区	海淀区	一般	空气质量不达标	-1.00	61.00
13	朝阳公园	68.00	蓄水区	朝阳区	较差	空气质量不达标，水量不足	-1.37	58.00
14	莲花池	15.00	蓄水区	丰台区	较差	空气质量不达标，水资源不足	-1.27	59.00
15	什刹海	33.60	蓄水区	西城区	一般	空气质量不达标	-0.51	63.50
16	红领巾公园	16.00	蓄水区	朝阳区	一般	水质不达标	-0.99	62.00
17	永定河（房山区）	1492.03	时令河	房山区	一般	水量不足	-1.15	60.50
18	潮白河	1058.02	时令河	顺义区	一般	水量不足	-0.51	64.50
19	南海子麋鹿苑	41.73	蓄水区	大兴区	一般	水质不达标	-0.63	63.00
20	翠湖湿地	72.04	蓄水区	海淀区	一般	水量不足	0.38	69.00
21	汉石桥市级湿地自然保护区	237.51	草本泥炭地	顺义区	良好	水量不足	0.39	70.00
22	通惠河	26.31	时令河	通州区	一般	水质较差	-0.95	62.00
23	北运河	811.16	时令河	通州区	一般	水质不达标	-1.22	60.00
24	内三海	89.77	蓄水区	西城区	一般	水质不达标	-0.27	65.00
25	颐和园昆明湖	199.65	蓄水区	海淀区	一般	水量不足	0.12	67.00

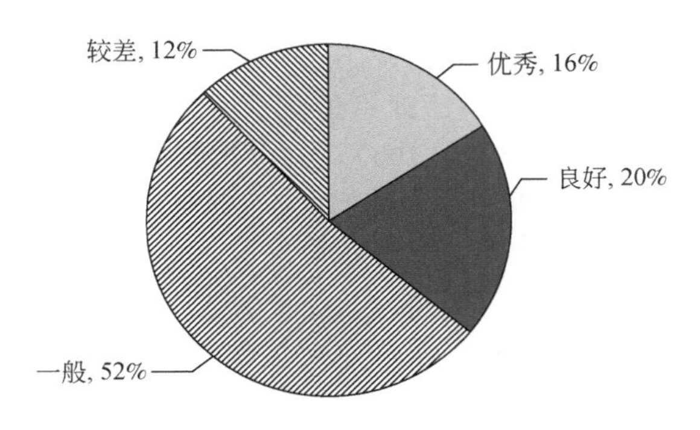

图 5-13　北京市湿地生态健康评价分级对比图

二、湿地生态健康问题分析

北京在历史上是湿地资源非常丰富的地区，曾经河流纵横、泉淀遍布。随着社会经济的发展，特别是由于城市建设、地类调整、建库截流、农田土地整治、持续干旱等原因，北京市湿地逐步萎缩、退化，有的甚至成为沙尘源地。

水资源紧缺是威胁北京湿地生态健康的首要因素（张光辉等，2009）。水资源量是湿地最重要的表现因子，是湿地存在和持续发展的关键。多年来，北京湿地水量持续减少，造成了河流湿地、水库湿地面积与功能的明显退化。代表区域有延庆的官厅水库、野鸭湖湿地，密云的密云水库，门头沟和房山的永定河流域。从流域分区看，大清河水系降水量最大，永定河水系最小。入境水量是北京水资源的重要组成部分。随着水系上游地区工农业的快速发展，湿地污染严重危及湿地野生生物的生存，水质污染导致的湿地退化典型区域主要分布在官厅水库（延庆）、沙河（昌平）、温榆河（昌平、海淀、朝阳、顺义、通州）等。具体而言，水量减少导致水体自净能力减弱；水库上游厂矿企业和城镇人口集中，工业废水和生活污水的排放量大；湿地植被覆盖率低，水土流失导致携带营养盐的泥土进入湿地；农药和化肥的使用会导致过量的氮磷随着农田径流进入湿地等等，这些都加剧了湿地的退化。

（一）自然驱动

北京境内地势西北高，东南低，山地与平原之间界限分明、过渡急剧。气候四季分明，降水量集中。春季干旱、风沙大，夏季炎热、雨水多，秋季凉爽、温差大，冬季寒冷干燥、风大。北京是一个严重缺水的城市，水资源的短缺更是成为制约城市发展的主要因素。

1. 降水分析

北京 1949～2009 年的平均降水量为 528.90mm。其中，1991～2007 年降水量连续低于多年平均值，1999 年降水量仅为 266.90mm，是平均年降水量的 50.5%。北京年降水量呈明显下降趋势，对五年滑动平均降水量而言，1990～1994 年的平均降水量最大（661.32mm），1999～2003 年的平均降水量最小（358.44mm），二者相差 302.88mm，接近一半。可见，北京的降水量年际变化较大，且年际分配不均匀。1997 年至今，每五年的平均降水量均低于 500mm。1999 年后，北京地区总体偏旱，偏旱年份的比例为 27.5%。1980～2007 年，出现了 1982～1984 年、1999～2007 年两个枯水期，其中第二个枯水期长达九年。北京正在经历多年来最严重的缺水阶段（吴佩林和张伟，2005）。

北京地区的降水量在时间和空间上的分布都很不均匀。汛期（6～9 月）的降水量占年降水量的 80% 左右；平原区多年平均降水量大于山区，降水分布呈西北低、东南高的特征，与地形特点相关，怀柔、密云和平谷降水明显偏大，而西部山区多年平均降水量较小，延庆是北京历史上最为干旱的地区。综上分析，北京地区降水量呈下降趋势，处于严重干旱时段，而蒸发量又远大于降水量，直接关系到湿地的补水，是湿地退化的一个很重要的因素。

2. 温度分析

在全球变暖的背景下，随着北京城市化进程的加快，高温天气不断增加，热岛效应不断增强（宋艳玲和张尚印，2003）。2007 年北京地区的平均温度较 1951 年上升了约 3.0℃，年增温率达到 0.1℃/a。1988 年至今，平均温度连续保持在多年平均值之上。北京正经历着显著的增温过程，这不仅与全球变暖的大背景有关，也显然与改革开放以来北京城市的高速发展有关。温度的升高，增加了蒸发量，对湿地的退化起了推波助澜的作用（肖荣波等，2005）。近 60 年来，北京城区的平均温度为 12.1℃，郊区的平均温度为 11.2℃，城区和郊区的平均温度总体呈上升趋势，且城区上升幅度大于郊区。根据 1994～2010 年北京夏季高温统计情况，超过 35℃的高温日有增多趋势，并且市区的高温天数明显多于郊区（徐涵秋和陈本清，2004；王文杰等，2006）。

3. 湿度分析

近 30 年来，北京地区的整体相对湿度呈波动态势，总体上有两个低谷时段（1995～1997 年、2004～2008 年），尤其是近些年，北京相对湿度进入到一个严重干燥的低值区。夏季海淀、朝阳、丰台、昌平、石景山和通州的相对湿度较低，而相对湿度较高的是以怀柔为中心的东北大部和门头沟，郊区的相对湿度明显大于城区。可见，随着北京城市扩展的快速化，城区空气尤为干燥（郑艳等，2006）。

4. 入境水量分析

入境水是北京地表水资源的重要组成部分，直接关系市内湿地的补水。地表水主要包括河流与湖泊，河流又直接影响着水库的库容。河流改造、大范围修建水库堤坝等人工设施，使区域外来水量急剧减少，引发河流断流、地下水过量开采、地下水位下降的问题，筑堤、分流等措施切断或改变了湿地的水分循环过程，最终导致大片湿地因得不到水源补给而干涸。北京降水量年际变化大，且地区分布不均衡。河流入境水量日趋减少，河段枯水现象日渐加剧。随着水资源的不断开发利用，也产生了一系列湿地生态环境问题，如水体污染严重、生态环境用水被挤占等。

（二）人为驱动

北京湿地减少的原因，除自然因素外，还包括人口的增长和经济的快速发展，这些因素导致城市的土地利用更加紧张。城市拓展、工农业生产及交通占用湿地以及开发区建设及开采活动占用湿地等更是成为现代湿地减少的主要外部原因。

1）人口增长

北京人口的膨胀速度快，增大了资源与环境承载的压力，同时也给湿地的管理与保护带来了挑战，加大了水资源的消耗，进一步削减了湿地的补水。1978 年，北京常住人口为 871.5 万，到 2006 年增长了一倍。2000 年以来，人口每年保持高速增长。随着人口的增长以及收入和消费水平的提高，呈现出了多样化的水资源需求。同时，这也引起了污水量的增加，污水被排入城市河流等湿地中，加剧了水体污染和富营养化，对湿地环境和功能造成了影响，最终导致湿地生物多样性的下降。

2）城市建设扩张

城市化对北京区域湿地生态系统具有重要影响。城市建设用地扩张，大量的坑塘、农田被迫转变为城市用地，这是北京城市湿地面积减少的一个主要因素。20 世纪 60 ~ 70 年代中期，北京有八个湖泊共 33.4hm^2 的湿地面积被填；具有 500 年历史的护城河现在的总长度不到原来的一半。

北京在向国际化大都市前进的过程中，经济发展和城市建设齐头并进，城市开发力度不断加大。道路拓宽、河道人工化，填埋和掩盖了部分城市湿地，降低甚至丧失了湿地生态服务价值和社会经济价值。城市化直接影响湿地水文过程，主要表现在不透水面积的增加和城市排水系统的改变，导致径流的改变，进而影响湿地水循环与水平衡、破坏湿地生物的栖息环境，引起湿地功能的退化。北京郊区大雨径流系数在 0.2 以下，而城区大雨径流系数一般为 0.4 ~ 0.5。城市市区降雨后被截留填洼、下渗量很小，地表径流加大，城市湿地集水区的天然调蓄能力减弱。同时，城市发展也增加了湿地的水体污染，导致泥沙淤积、水温增加和水体富营养化，对湿地动植物的生存环境造成威胁，破坏了湿地生态环境的物种多样性。

3）城市用水

近年来，北京用水总量虽然呈减少趋势，但是由于地表水资源总量小，该市主要靠地下水资源补给。工业用水和农业用水的比重明显下降，尤其是农业用水，这与农田湿地的减少有关系。城市生活用水和环境用水比例增长明显，突出了城市发展带来的水资源用途改变趋势。

三、湿地保护与恢复对策

针对北京湿地面临的严峻形势，需制定出能充分体现可持续发展战略的湿地保护与开发利用的政策、法规，切实平衡生态，保护人类赖以生存发展的生态环境。这需要既有宏观的战略决策，又有切实可行的技术措施和方法。

1）完善湿地保护与恢复规划

结合北京湿地生态和社会经济动态发展的实际情况，依据《北京市湿地保护发展规划(2021—2035 年)》，结合各区的湿地生态特点，尽快制定完善各区的湿地保护和恢复规划，并把湿地生态恢复规划纳入区域经济社会整体发展与绩效考核中，正确认识和处理湿地保护与恢复问题。根据湿地退化特点、类型和受干扰方式的不同，各区采取不同的保护和恢复途径与措施，恢复湿地生态功能。同时，明确湿地保护和恢复的范围、程度，确立合理的湿地生态恢复方式、途径，将湿地恢复与区域社会经济的全面、协调和可持续发展结合起来，实现区域生态、社会和经济效益的整体提高。

2）实施生态节水工程，保障生态用水

共同推进节水型机关、节水型学校、节水型宾馆活动建设。同时，坚持以制度建设推动节水型机关创建，制定能耗消耗统计制度，将用水情况列入年度管理目标进行考核；设立公共机构节能节水扶持资金，组织加大节水技术改造，促进机关单位水电智能化管理。把节水教育和节水宣传当作一项常规性工作来部署，突出宣传重点、创新宣传形式、实行常态化宣传，全方位构建城市节水文化。在南水北调工程通水后，通过水源替代，开展生态节水，逐步恢复地下水水位。考虑到目前北京许多重要湿地面临的最大威胁是缺水，没有水也就不能称其为湿地，因此对这部分湿地实施生态补水是最有效的保护措施。

3）推进湿地恢复工程的实施

制定退化湿地恢复行动计划，划定重点恢复区域，有目的、有次序地对其进行生态恢复。通过自然恢复（如恢复自然水文模式）、人工辅助恢复（如食源植物移植等）及工程恢复（如生态补水、生态岸带改造、生物栖息地营造等）来保障湿地内水量水质的恢复、退化土壤及植被的恢复、湿地水鸟生境的恢复及湿地景观连通性的恢复，合理配置湿地植物，构建水生动物群落，恢复滨岸湿地植被带。对于已受到工程建设负面影响的重要天然湿地，需建立天然湿地补水以及生物保护的保障机制和补救措施以减少其对湿地及其生物多样性的负面影响；改变易造成水土流失的土地利用方式，大力营造生态保护林和水源涵养林，防止水土流失；对部分河流、湖泊、水库进行清淤工作，减少河湖淤积。

4）重视湿地保护，加大执法力度

2013 年 5 月 1 日《北京市湿地保护条例》的正式施行和 2022 年 6 月 1 日起《中华人民共和国湿地保护法》的施行，为北京市湿地保护奠定了坚实的法制基础，真正使北京市湿地保护工作做到了有法可依。在加强湿地保护体系建设，完善湿地保护管理机构职能的基础上，需全力做好《中华人民共和国湿地保护法》和《北京市湿地保护条例》的贯彻实施，实现科学规划湿地系统。对执法中遇到的实际问题需进行学习研究探讨，做到执法必严、违法必究，落实《中华人民共和国湿地保护法》和《北京市湿地保护条例》中的各项条款，坚决遏制随意侵占和破坏湿地的行为。

第六章 我国湿地生态系统健康评价

第一节 研究背景

湿地生态系统能够为人类提供大量的食物、原料和水资源，以及调蓄洪水和保持生物多样性等多种生态服务（USEPA，2016），这对于维持人类生存和可持续发展具有重要意义（Sala et al.，2000；RCW，2018）。然而，全球湿地生态系统也面临极大的压力，特别是在人口稠密的地区（Sala et al.，2000；Hu et al.，2017）。社会经济的发展，特别是耕地的开垦和城市的扩张侵占了大面积的湿地，加速了湿地的萎缩和生态健康状况的恶化（Gedan et al.，2009；Tian et al.，2016）。随着人口的持续增长和社会经济的继续发展，湿地面积萎缩和生态健康状况恶化的趋势进一步加剧（Lotze et al.，2006；Kirwan and Megonigal，2013）。根据《湿地公约》报告（RCW，2018），自 1970 年以来，全球四分之一的湿地物种面临灭绝的风险，35% 的自然湿地因排水和开垦而消失。Hu 等（2017）指出，自 2009 年以来，由于农业围垦和城市化建设，全球 33%（约 7 亿 hm^2，其中大部分为天然湿地）的湿地已丧失。剩余的湿地也仍面临着排干、污染和不可持续利用的威胁（RCW，2018）。

为遏制湿地面积的持续萎缩和生态系统健康的进一步恶化，全球范围内已经实施了一系列湿地保护与恢复政策（Kirwan and Megonigal，2013；RCW，2018）。例如，“爱知目标”旨在保护湿地生态系统和生物多样性的可持续利用（RCW，2018）。《北美湿地保护法》旨在保护、恢复和改善湿地栖息地（USFWS，2019）。此外，《美国滨海湿地规划、保护和恢复法案》每年投资 3000 万 ~ 8000 万美元用于滨海湿地恢复（Kirwan and Megonigal，2013）。欧洲宣布发起大北方沼泽泥炭地恢复项目，致力于修复英格兰北部 7000 多平方千米退化的沼泽，以减少每年超 370 万 t 的碳排放（UNFCCC，2021）。这些政策和措施均已在湿地生态系统保护方面取得了实质性进展（Jiang and Xu，2019）。在社会经济快速发展和多种湿地保护政策的双重作用下，未来全球湿地的命运从根本上取决于这两种因素的相互作用和平衡（Kirwan and Megonigal，2013）。综合评价湿地生态系统健康变化及其驱动因素，对于有效地制定湿地的管理措施和可持续利用的策略，以及决定湿地的命运至关重要。然而，由于多种影响因素下湿地生态系统健康变化的复杂性，全面评价湿地生态系统健康时空变化及其驱动因素的研究仍然较少。

湿地生态系统健康是衡量湿地生态系统功能是否正常运行的重要标志（国家林业局，2015）。根据生态系统健康的概念，多种指标都被用来评价湿地生态系统健康状况。美国环境保护局（USEPA，2016）制定了包含物理指标、化学指标和生物指标的湿地生态系统健康评价指标体系，并对全国湿地健康状况进行了评估，标志着国家尺度上湿地生态系统健康评估的开始，并成功识别出影响湿地生态系统健康的关键胁迫因子。Lu 等（2015）提出了用于生态系统健康评估的生物指标、物理化学指标和社会经济指标。Borja 等（2016）认为生态系统健康评价体系通常包括物理指标、化学指标和生物指标。理想情况下，生态系统健康指标体系应该反映生态系统结构和功能的关键信息，并体现评估的目标（Lu et al.，2015）。然而，因对生态系统健康的不同理解和研究目标的差异，许多不同的指标都被用来反映和评价湿地生态系统健康（Sun et al.，2016）。

在我国，前期进行了很多关于湿地生态系统健康的评价研究。例如，Cheng 等（2018）建立了物理化学、营养和大型无脊椎动物指标体系，以评价海河流域河流生态系统的健康状况。Chen 等（2019）选取了水、土壤、生物、景观和社会等指标，对京津冀地区湿地生态健康状况进行评价。然而，大多数的研究集中在某些地方性（Sun et al.，2016；He et al.，2019）或区域性（Cui et al.，2012；Cheng et al.，2018）的研究，或者是聚焦于单一湿地生态系统类型（Chi et al.，2018；RCWMOPRC，2018）和生态特征（Xu et al.，2011；Cui et al.，2012；Fu et al.，2017）。缺乏在国家尺度上整个湿地生态系统健康状况时空变化的评价。

此外，由于社会经济发展，从 20 世纪 80 年代到 2010 年，由于城市化建设和农业围垦，我国有 1080 万 hm^2 的内陆湿地和 70 万 hm^2 的滨海湿地丧失（宫宁等，2016；Tian et al.，2016）。与此同时，我国政府实施了多项湿地保护与恢复政策，包括全国湿地保护规划、退耕还林还湿和湿地生态效益补偿试点项目、生态保护红线等（Jiang et al.，2015；Jiang and Xu，2019），这些政策和措施贡献了 2000 年以来我国湿地面积净增长（15.5 万 hm^2）的 24.5%，湿地面积净增长的区域主要集中在三峡库区和青藏高原地区（Xu et al.，2019a）。上述由社会经济发展和多种湿地保护政策驱动的湿地面积时空变化可能导致湿地生态系统的健康状况发生变化。尽管这对于揭示湿地生态系统特征的时空变化和明确关键驱动因素，以及制定可持续性的湿地保护管理政策至关重要，但目前关于社会经济发展和多种湿地保护政策对我国湿地生态系统健康变化的综合影响和相对贡献的研究仍然相对较少。

本书首先利用综合指数方法，分析了我国第一次全国湿地资源清查（1995～2003 年）到第二次全国湿地资源清查（2009～2013 年）期间的湿地生态系统健康的时空动态变化；其次利用结构方程模型（SEM），系统评价了社会经济发展和湿地生态保护与恢复政策对湿地生态系统健康的影响。旨在阐述我国湿地生态系统健康的时空变化，明确关键驱动因子，为有效保护湿地资源、提高湿地生态系统健康提供有效的管理策略。

第二节 研究方法

一、我国湿地生态系统健康评价模型

根据湿地生态系统健康的概念和文献推荐的指标（Lu et al.，2015），本书选择了能够综合表征湿地生态系统结构、功能和恢复力的物理指标、生物指标和化学指标，以构建我国湿地生态系统健康评估指标体系（表6-1）。首先，所选择的指标必须具有代表性，能够表征湿地生态系统结构、功能和恢复力的关键信息，同时也要能够反映评价目标。基于分析我国湿地生态系统健康时空变化的驱动力目标，本书将社会经济因素作为湿地生态系统健康变化的影响因素。其次，由于获得全国范围内第一次湿地资源清查（1995～2003年）到第二次全国湿地资源清查（2009～2013年）十余年数据的难度较大，所选择的指标必须具有可获取性，即所选择的指标能够获得全国范围内第一次湿地资源清查（1995～2003年）到第二次全国湿地资源清查（2009～2013年）的数据。因此，本书构建的我国湿地生态系统健康指标体系包括：湿地率、自然湿地率、斑块密度、物种丰度、植被生物量、生物多样性、国家重点保护物种种数、湿地外来入侵物种、土壤污染物、湖泊（水库）富营养化率和地表水Ⅲ类及以上水质比率，这些指标能够反映湿地生态系统的结构、功能和恢复力（国家林业局，2015；Canning and Death，2019），且被广泛应用于湿地生态系统健康评价中（国家林业局，2015；Lu et al.，2015；Chen et al.，2019；Liu et al.，2019）。然而，由于缺乏某些动物，特别是无脊椎动物及其受干扰后恢复的数据，因此这些指标未纳入评价指标体系中。另外，由于人类健康与湿地生态系统状况没有直接明显的关系，所以人类健康也没有被纳入评价指标体系。本书构建了包含以下三类指标的狭义湿地生态系统健康指标体系：物理指标（包括湿地率、自然湿地率和斑块密度三种指标）、生物指标（包括物种丰度、植被生物量、生物多样性、国家重点保护物种种数和湿地外来入侵物种五种指标）和化学指标［包括土壤污染物、湖泊（水库）富营养化率和地表水Ⅲ类及以上水质比率三种指标］。

表6-1　我国湿地生态系统健康评价指标体系

一级指标	二级指标	评价方法
物理指标	湿地率	湿地面积/评估区面积
	自然湿地率	自然湿地面积/湿地面积
	斑块密度	湿地斑块数量/湿地面积
生物指标	物种丰度	物种数量/湿地面积
	植被生物量	—
	生物多样性	权重累计求和
	国家重点保护物种种数	种类累加
	湿地外来入侵物种	种类累加
化学指标	土壤污染物	种类累加
	湖泊（水库）富营养化率	富营养化湖泊（水库）数量/湖泊（水库）调查总数量
	地表水Ⅲ类及以上水质比率	地表水Ⅲ类及以上水质断面数量/地表水水质监测断面数量

采用综合指数法（CI）估算我国湿地生态系统健康状况（国家林业局，2015）：

$$\mathrm{CI} = \sum_{i=1}^{n} \mathrm{NI}_i \times W_i \tag{6-1}$$

$$NI_i = \frac{NI_{iold} - NI_{imin}}{NI_{imax} - NI_{imin}} \tag{6-2}$$

式中，CI为生态系统健康综合指数（量纲一）；n为评价指标的数量；NI_i为指标i的归一化值（量纲一），计算方法见公式（6-2），其中$0 \leqslant NI_i \leqslant 1$；$NI_{iold}$、$NI_{imax}$和$NI_{imin}$分别为指标$i$的原始值、最大值和最小值，原始值$NI_{iold}$根据数据大小分类或国家标准（表6-2）通过赋值获得；W_i为指标i的权重（量纲一，表6-3），利用层次分析法（AHP）并参考《中国湿地资源·总卷》（国家林业局，2015）计算获得。

表6-2　我国湿地生态系统健康评价指标分级

类型	指标	单位	分级					标准
			优	良	中	低	差	
			9	7	5	3	1	
物理指标	湿地率	%	≥9	5～9	3～5	1～3	≤1	数据大小
	自然湿地率	%	≥3.5	2.0～3.5	1.4～2.0	0.8～1.4	≤0.8	数据大小
	斑块密度	个/10^3 hm^2	≥126	101～126	75～101	52～75	≤52	数据大小
生物指标	物种丰度	种/万 hm^2	≥92	45～92	19～45	9～19	≤9	数据大小
	植被生物量	g/m^2	≥108	60～108	28～60	9～28	≤9	数据大小
	生物多样性	—	≥60	30～60	20～30	≤20	—	国家标准
	国家重点保护物种种数	种	≥66	51～66	36～51	25～36	≤25	数据大小
	湿地外来入侵物种	—	—	否	—	是	—	是/否
化学指标	土壤污染物	—	—	否	—	是	—	是/否
	湖泊（水库）富营养化率	%	≤11	11～33	33～58	58～81	≥81	数据大小
	地表水Ⅲ类及以上水质比率	%	≥83	66～83	45～66	25～45	≤25	数据大小

表6-3　湿地生态系统健康评价指标权重

指标	权重	指标	权重
物理指标	0.220	湿地率	0.100
		自然湿地率	0.100
		斑块密度	0.020
生物指标	0.473	物种丰度	0.180
		植被生物量	0.075
		生物多样性	0.096
		国家重点保护物种种数	0.061
		湿地外来入侵物种	0.061

续表

指标	权重	指标	权重
化学指标	0.307	土壤污染物	0.061
		湖泊（水库）富营养化率	0.096
		地表水Ⅲ类及以上水质比率	0.150

根据湿地生态系统健康综合指数值的大小，对第一次全国湿地资源清查（1995～2003年）和第二次全国湿地资源清查（2009～2013年）的我国湿地生态系统综合健康状况进行分级，将其分为优、良、中、低和差五个生态系统健康状况等级水平（表6-4）。

表6-4　全国湿地生态系统健康状况等级

分级	生态系统健康综合指数	生态系统健康状况等级
Ⅰ	0.8～1.0	优
Ⅱ	0.6～0.8	良
Ⅲ	0.4～0.6	中
Ⅳ	0.2～0.4	低
Ⅴ	0～0.2	差

二、湿地生态系统健康变化的影响因素

社会经济发展和湿地保护与恢复措施的实施导致湿地生态系统健康的变化。本书选取的社会经济发展因素包括人口密度、城镇化、农业发展（作物产量和围垦面积）；湿地保护与恢复措施包括湿地保护和退耕还湿面积。然后，分析了五种影响因素对我国湿地生态系统健康综合指数的影响：①人口密度（人口密度的变化）；②城镇化（城镇化率的变化）；③农业发展（作物产量的变化和围垦面积的变化）；④湿地保护（湿地保护率的变化）和⑤退耕还湿（退耕还湿面积的变化）。

结构方程模型（SEM）被广泛用于分析社会系统与生态系统之间的交互作用产生的效应（Grace et al.，2010；Kong et al.，2018）。本书中，我们使用结构方程模型来分析社会经济发展、湿地保护与恢复措施对我国湿地生态系统健康变化的直接影响和间接影响。结构方程模型的适宜性取决于它的拟合优度（Hooper et al.，2008；Kong et al.，2018）。数据在省级尺度上进行处理和分析，所有的变量都表示在两次湿地资源清查期间变化的绝对值。使用离差标准化方法对所有的观测变量进行预处理。结构方程模型分析使用Amos V. 24.0（IBM North America，New York，USA）来实现。

三、数据来源

湿地物种种数（包括脊椎动物、维管束植物、国家重点保护物种和湿地外来入侵物

种）、湿地保护面积和湿地范围的人口数量来自国家林业局编写的《全国湿地资源调查总报告》（国家林业局，2002）和《中国湿地资源·总卷》（国家林业局，2015）。第一次全国湿地资源调查和第二次全国湿地资源调查期间，省级尺度上面积大于100hm^2 和 8hm^2 的不同类型湿地均被统计在内，能够充分反映省级水平上不同类型湿地的规模。调查一般是按季节或一定时期尺度进行的，用于反映不同湿地在清查期（即年水平）的调查单元的生态状况。因此，全国湿地清查数据体现了不同指标在清查期间的年度情况。另外，湿地清查数据的外业质量合格率均达到85%、内业质量合格率均达到95%，被成果评估委员会评定为科学准确、真实可靠（刘平等，2011）。

我国湿地面积和分布（本书中湿地包括沼泽湿地、湖泊（水库）湿地和河流湿地三类）、自然湿地面积和湿地斑块数均利用中国生态系统评估与生态安全数据库的生态系统类型数据（30m×30m），结合其生态系统分类，提取两次全国湿地资源清查期间的湿地生态系统类型获得（欧阳志云等，2015；Ouyang et al.，2016）；该数据通过利用多源、多时段卫星影像消除季节差异，计算得到年平均值，生态系统分类平均精度>86%（Ouyang et al.，2016）。两期的湿地开垦为农田面积，以及农田退耕为湿地面积，利用ArcGIS 10.2提取两期的农田生态系统和湿地生态系统类型，进行分类和计算转移矩阵获得。生物量的数据也来自中国生态系统评估与生态安全数据库。

两次全国湿地清查期间的土壤污染物、湖泊（水库）富营养化率和地表水Ⅲ类及以上水质比率的数据来自《中国环境状况公报》（国家环境保护总局，2001；中华人民共和国环境保护部，2011）。对于按月份出现的水质数据，通过计算12个月的平均值获得年平均值，应用于本书中。这些水质数据发布时已按照国家控制断面地表水水质监测管理规定进行了质量控制（生态环境部，2022），保证了数据的准确性。城镇化数据来源于研究时期的《中国统计年鉴》（中华人民共和国国家统计局，2001—2011）。作物产量数据来自研究时期的《中国农业年鉴》（中国农业年鉴编辑委员会，2001—2011）。

第三节　我国湿地生态系统健康时空动态变化特征

一、湿地生态系统健康指标的时空变化

第一次全国湿地资源清查期间（1995～2003年）到第二次全国湿地资源清查期间（2009～2013年），我国湿地生态系统健康指标呈现明显的时间变化（表6-5）。除湿地斑块密度和湖泊（水库）富营养化率外，其他湿地生态系统健康指标均呈现降低趋势。同时这些指标也呈现明显的空间变化。西部地区的自然湿地率、斑块密度、生物多样性和地表水Ⅲ类及以上水质比率较高。具体来说，宁夏回族自治区和甘肃省的自然湿地率较高；四川省的斑块密度较高；广西壮族自治区、浙江省、云南省和福建省的生物多样性较高；西藏自治区、青海省和重庆市的地表水Ⅲ类及以上水质比率较高。北部地区和中东部地区的湿地率、物种丰度、植被生物量、国家重点保护物种种数和湖泊（水库）富营养化率较高。具体来说，江苏省和天津市的湿地率较高；山西省和北京市的物种丰度较高；福建省、

表 6-5　第一次全国湿地资源清查和第二次全国湿地资源清查期间我国湿地生态系统健康指标

省区市	湿地率/%		自然湿地率/%		斑块密度/(个/$10^3 hm^2$)		物种丰度/(种/万 hm^2)		植被生物量/(g/m^2)		生物多样性		国家重点保护物种种数/种		湿地外来入侵物种		土壤污染物		湖泊(水库)富营养化率/%		地表水Ⅲ类及以上水质比率/%	
	FIP	SIP	FIP	SIP	FIP	SIP	FIP	SIP	FIP	SIP	FIP	SIP	FIP	SIP	FIP	SIP	FIP	SIP	FIP	SIP	FIP	SIP
北京	3	2	0	0	87	113	125	190	12	15	23	23	19	19	是	是	是	是	73	46	34	56
天津	19	17	1	1	43	55	35	30	32	23	30	27	22	31	是	是	是	是	100	58	32	83
河北	2	2	2	2	82	87	29	34	5	5	39	36	71	75	是	是	是	是	100	23	34	47
山西	0	0	8	7	76	69	155	181	1	1	27	26	19	22	是	是	是	是	71	0	3	35
内蒙古	4	4	1	1	25	25	2	2	31	84	27	27	33	33	是	是	是	是	44	86	21	66
辽宁	3	3	2	2	82	86	19	17	20	32	33	31	22	35	是	是	是	是	100	0	13	23
吉林	3	3	2	1	44	44	14	15	20	49	28	28	25	25	是	是	是	是	44	30	56	56
黑龙江	9	9	1	1	21	20	2	3	79	211	38	30	57	83	是	是	是	是	73	50	56	40
上海	8	9	5	3	126	150	63	80	33	39	24	23	28	36	是	是	是	是	97	80	20	23
江苏	16	15	1	1	70	68	7	9	43	34	43	51	88	93	是	是	是	是	100	73	22	36
浙江	7	6	1	1	123	126	31	39	38	108	60	66	83	89	是	是	是	是	100	32	78	74
安徽	7	7	1	1	126	110	9	12	28	44	33	64	46	54	是	是	是	是	30	28	36	56
福建	2	2	2	3	93	82	114	113	13	48	55	55	88	88	是	是	是	是	67	18	73	96
江西	5	5	1	1	65	65	15	19	24	82	43	47	81	30	是	是	是	是	25	33	50	81
山东	6	6	2	1	63	61	7	16	14	16	32	49	44	82	是	是	是	是	81	75	25	33
河南	2	2	2	1	163	150	33	46	8	12	27	38	36	54	是	是	是	是	27	8	30	60

续表

省区市	湿地率/%		自然湿地率/%		斑块密度/(个/10^3 hm^2)		物种丰度/(种/万 hm^2)		植被生物量/(g/m^2)		生物多样性		国家重点保护物种种数/种		湿地外来入侵物种		土壤污染物		湖泊(水库)富营养化率/%		地表水Ⅲ类及以上水质比率/%	
	FIP	SIP	FIP	SIP	FIP	SIP	FIP	SIP	FIP	SIP	FIP	SIP	FIP	SIP	FIP	SIP	FIP	SIP	FIP	SIP	FIP	SIP
湖北	7	7	1	0	51	49	9	13	27	50	34	46	46	73	是	是	是	是	20	33	59	87
湖南	4	4	1	1	68	68	7	14	24	65	30	41	56	66	是	是	是	是	100	10	44	92
广东	5	5	2	2	110	110	14	15	50	87	46	44	35	46	是	是	是	是	23	33	59	71
广西	2	2	1	1	90	85	81	41	20	51	67	53	57	57	是	是	是	是	44	3	75	72
海南	2	2	2	2	94	90	55	38	60	105	23	21	15	8	是	是	是	是	8	6	83	83
重庆	1	2	0	0	149	118	92	64	6	41	29	39	12	30	是	是	是	是	11	28	78	100
四川	2	2	1	2	182	182	8	17	16	27	33	42	51	58	是	是	是	是	67	20	43	83
贵州	1	1	2	2	172	143	85	123	9	20	32	45	40	63	是	是	是	是	19	21	80	72
云南	1	1	1	1	176	168	75	121	13	22	52	66	79	78	是	是	是	是	52	56	30	67
西藏	4	4	1	1	78	74	1	2	6	7	18	31	23	76	是	是	是	是	31	0	100	100
陕西	1	1	2	2	181	174	42	58	3	8	25	27	29	20	是	是	是	是	44	25	28	46
甘肃	1	1	4	4	102	98	12	56	1	2	19	31	33	31	否	是	是	是	61	75	14	71
青海	7	7	1	1	69	68	1	1	5	3	19	23	24	25	否	否	是	是	100	0	79	93
宁夏	1	1	5	5	115	90	72	65	2	2	19	19	32	17	否	否	是	是	44	27	45	61
新疆	1	1	1	2	52	48	4	7	2	2	27	30	16	28	否	是	是	是	65	19	70	91

注：FIP，第一次全国湿地资源清查期间（1995～2003 年）；SIP，第二次全国湿地资源清查期间（2009～2013 年）。

江苏省和浙江省的国家重点保护物种种数较多；上海市、江苏省和天津市的湖泊（水库）富营养化率较高。

二、湿地生态系统健康综合指数时空动态

第一次全国湿地资源清查（1995～2003 年）到第二次全国湿地资源清查（2009～2013 年）期间，我国湿地生态系统健康综合指数平均值增长了 7.3%（表 6-6）。除南部部分省区（即海南省降低-15.9%；广西壮族自治区降低-7.5%；江西省降低-5.8%）和黑龙江省（降低-5.6%）外，全国其他区市的湿地生态系统健康综合指数均有所上升。湿地生态系统健康综合指数增长较大的区域主要集中在长江中游地区（即湖南省增长 109.1%；湖北省增长 40.6%），以及青藏高原东部和北部地区（即甘肃省增长 76.6%；四川省增长 70.3%；青海省增长 64.9%；以及新疆维吾尔自治区增长 47.5%）。而上海市、广东省、吉林省和宁夏回族自治区的增长相对较小，仅仅分别增长了 0.5%、2.2%、3.5% 和 6.2%，四个省区的湿地生态系统健康综合指数增长比例低于全国湿地生态系统健康综合指数平均增长水平（表 6-6）。

表 6-6　我国湿地生态系统健康综合指数

省区市	湿地生态系统健康综合指数				变化率/%
	第一次全国湿地资源清查期间（1995～2003 年）	等级	第二次全国湿地资源清查期间（2009～2013 年）	等级	
北京	0.334	Ⅳ	0.394	Ⅳ	18.0
天津	0.342	Ⅳ	0.435	Ⅲ	27.2
河北	0.363	Ⅳ	0.472	Ⅲ	30.0
山西	0.346	Ⅳ	0.451	Ⅲ	30.4
内蒙古	0.220	Ⅳ	0.254	Ⅳ	15.5
辽宁	0.314	Ⅳ	0.393	Ⅳ	25.2
吉林	0.340	Ⅳ	0.352	Ⅳ	3.5
黑龙江	0.409	Ⅲ	0.386	Ⅳ	-5.6
上海	0.427	Ⅲ	0.429	Ⅲ	0.5
江苏	0.305	Ⅳ	0.399	Ⅳ	30.8
浙江	0.525	Ⅲ	0.627	Ⅱ	19.4
安徽	0.364	Ⅳ	0.461	Ⅲ	26.7
福建	0.577	Ⅲ	0.675	Ⅱ	17.0
江西	0.447	Ⅲ	0.421	Ⅲ	-5.8
山东	0.311	Ⅳ	0.355	Ⅳ	14.2
河南	0.357	Ⅳ	0.505	Ⅲ	41.5

续表

省区市	湿地生态系统健康综合指数				变化率/%
	第一次全国湿地资源清查期间（1995～2003年）	等级	第二次全国湿地资源清查期间（2009～2013年）	等级	
湖北	0.342	Ⅳ	0.481	Ⅲ	40.6
湖南	0.252	Ⅳ	0.527	Ⅲ	109.1
广东	0.461	Ⅲ	0.471	Ⅲ	2.2
广西	0.547	Ⅲ	0.506	Ⅲ	-7.5
海南	0.561	Ⅲ	0.472	Ⅲ	-15.9
重庆	0.441	Ⅲ	0.514	Ⅲ	16.6
四川	0.266	Ⅳ	0.453	Ⅲ	70.3
贵州	0.509	Ⅲ	0.563	Ⅲ	10.6
云南	0.391	Ⅳ	0.536	Ⅲ	37.1
西藏	0.429	Ⅲ	0.512	Ⅲ	19.4
陕西	0.318	Ⅳ	0.384	Ⅳ	20.8
甘肃	0.261	Ⅳ	0.461	Ⅲ	76.6
青海	0.279	Ⅳ	0.460	Ⅲ	64.9
宁夏	0.450	Ⅲ	0.478	Ⅲ	6.2
新疆	0.255	Ⅳ	0.376	Ⅳ	47.5
全国	0.505	Ⅲ	0.542	Ⅲ	7.3

我国湿地生态系统健康综合指数也呈现出明显的空间变化（表6-6）。第一次全国湿地资源清查期间（1995～2003年），南方部分省区（即福建省、海南省、广西壮族自治区和广东省）、中东部省市（即浙江省、江西省和上海市）、西南部分省区市（即贵州省、重庆市和西藏自治区）、黑龙江省和宁夏回族自治区的湿地生态系统健康综合指数较大，均达到了中等水平。其余省区市的湿地生态系统健康综合指数处于低等水平，其中内蒙古自治区的最低（表6-6）。第二次全国湿地资源清查期间（2009～2013年），福建省的湿地生态系统健康综合指数最高，其次是浙江省，均达到良好水平。全国超过一半省区市的湿地生态系统健康综合指数均处于中等水平，其余省区市的则处于低等水平，内蒙古自治区的湿地生态系统健康综合指数仍然最低（表6-6）。

第一次全国湿地资源清查（1995～2003年）到第二次全国湿地资源清查（2009～2013年），我国湿地生态系统健康生物指数和化学指数的优、良和中的等级水平所占比例也呈现上升趋势，低和差的等级水平所占比例呈现降低趋势；而物理指数的良和低等级水平所占比例呈现上升趋势，优、中和差的等级水平所占比例则呈现下降趋势。化学指数良的等级水平的比例上升程度最大，上升了19.3%；三种指数差的等级水平所占比例均有所下降，其中化学指数差的等级水平的比例降低程度最大，降低了25.8%（表6-7）。

表 6-7　我国湿地生态系统健康指数等级比例　　单位:%

等级	第一次全国湿地资源清查期间（1995～2003 年）			第二次全国湿地资源清查期间（2009～2013 年）		
	物理指数	生物指数	化学指数	物理指数	生物指数	化学指数
优	3.2	0	3.2	0	0	9.7
良	6.5	12.9	9.7	9.7	12.9	29.0
中	54.8	32.3	25.8	41.9	48.4	41.9
低	22.6	45.2	32.3	38.7	35.5	16.1
差	12.9	9.7	29.0	9.7	3.2	3.2

第一次全国湿地资源清查（1995～2003 年）到第二次全国湿地资源清查（2009～2013 年）期间，我国湿地生态系统健康物理指数、生物指数和化学指数也表现出明显的空间变化。对湿地生态系统健康物理指数来说，上海市、广东省、辽宁省和宁夏回族自治区的物理指数较高，而北京市、新疆维吾尔自治区、重庆市和云南省的较低。第一次全国湿地资源清查（1995～2003 年）期间，全国 54.8% 的省区市湿地生态系统健康物理指数处于中等级水平，其次分别是低、差、良和优等级水平，其数量分别占全国的 22.6%、12.9%、6.5% 和 3.2%；第二次全国湿地资源清查（2009～2013 年）期间，各省区市所占等级比例的趋势保持不变，全国 41.9% 的省区市湿地生态系统健康物理指数处于中等级水平，其次分别是低、差、良和优等级水平，省区市数量分别占全国的 38.7%、9.7%、9.7% 和 0.0%（表 6-8）。

表 6-8　第一次全国湿地资源清查（1995～2003 年）到第二次全国湿地资源清查（2009～2013 年）期间我国湿地生态系统健康物理指数

省区市	湿地生态系统健康物理指数			
	第一次全国湿地资源清查期间（1995～2003 年）	等级	第二次全国湿地资源清查期间（2009～2013 年）	等级
北京	0.159	Ⅴ	0.182	Ⅴ
天津	0.455	Ⅲ	0.477	Ⅲ
河北	0.500	Ⅲ	0.500	Ⅲ
山西	0.500	Ⅲ	0.477	Ⅲ
内蒙古	0.341	Ⅳ	0.341	Ⅳ
辽宁	0.614	Ⅱ	0.614	Ⅱ
吉林	0.455	Ⅲ	0.341	Ⅳ
黑龙江	0.568	Ⅲ	0.455	Ⅲ
上海	0.886	Ⅰ	0.773	Ⅱ
江苏	0.591	Ⅲ	0.591	Ⅲ
浙江	0.523	Ⅲ	0.545	Ⅲ
安徽	0.409	Ⅲ	0.409	Ⅲ

续表

省区市	湿地生态系统健康物理指数			
	第一次全国湿地资源清查期间（1995～2003年）	等级	第二次全国湿地资源清查期间（2009～2013年）	等级
福建	0.500	Ⅲ	0.500	Ⅲ
江西	0.477	Ⅲ	0.364	Ⅳ
山东	0.591	Ⅲ	0.477	Ⅲ
河南	0.432	Ⅲ	0.318	Ⅳ
湖北	0.341	Ⅳ	0.341	Ⅳ
湖南	0.364	Ⅳ	0.250	Ⅳ
广东	0.636	Ⅱ	0.523	Ⅲ
广西	0.386	Ⅳ	0.273	Ⅳ
海南	0.500	Ⅲ	0.386	Ⅳ
重庆	0.091	Ⅴ	0.182	Ⅴ
四川	0.318	Ⅳ	0.432	Ⅲ
贵州	0.318	Ⅳ	0.318	Ⅳ
云南	0.091	Ⅴ	0.091	Ⅴ
西藏	0.386	Ⅳ	0.364	Ⅳ
陕西	0.432	Ⅲ	0.318	Ⅳ
甘肃	0.523	Ⅲ	0.500	Ⅲ
青海	0.477	Ⅲ	0.477	Ⅲ
宁夏	0.523	Ⅲ	0.614	Ⅱ
新疆	0.114	Ⅴ	0.341	Ⅳ

对湿地生态系统健康生物指数来说，云南省、福建省、浙江省、广西壮族自治区和贵州省的生物指数较高，而新疆维吾尔自治区、青海省和西藏自治区的较低。第一次全国湿地资源清查（1995～2003年）期间，全国45.2%的省区市湿地生态系统健康生物指数处于低等级水平，其次分别是中、良、差和优等级水平，省区市数量分别占全国的32.3%、12.9%、9.7%和0.0%；第二次全国湿地资源清查（2009～2013年）期间，全国48.4%的省区市湿地生态系统健康生物指数处于中等级水平，其次分别是低、良、差和优等级水平，省区市数量分别占全国的35.5%、12.9%、3.2%和0.0%（表6-9）。

对湿地生态系统健康化学指数来说，西藏自治区、青海省和湖南省的化学指数较高，而上海市、江苏省、内蒙古自治区和辽宁省的则较低。第一次全国湿地资源清查（1995～2003年）期间，全国32.3%的省区市湿地生态系统健康化学指数处于低等级32.3%水平，其次分别是差、中、良和优等级水平，省区市数量分别占全国的29.0%、25.8%、9.7%和3.2%；第二次全国湿地资源清查（2009～2013年）期间，全国41.9%的省区市湿地生态系统健康化学指数处于中等级水平，其次分别是良、低、优和差等级水平，省区市数量分别占全国的29.0%、16.1%、9.7%和3.2%（表6-10）。

表 6-9　第一次全国湿地资源清查（1995～2003 年）到第二次全国湿地资源清查（2009～2013 年）期间我国湿地生态系统健康生物指数

省区市	湿地生态系统健康生物指数			
	第一次全国湿地资源清查期间（1995～2003 年）	等级	第二次全国湿地资源清查期间（2009～2013 年）	等级
北京	0.501	Ⅲ	0.488	Ⅲ
天津	0.431	Ⅲ	0.330	Ⅳ
河北	0.455	Ⅲ	0.455	Ⅲ
山西	0.448	Ⅲ	0.448	Ⅲ
内蒙古	0.206	Ⅳ	0.219	Ⅳ
辽宁	0.378	Ⅳ	0.342	Ⅳ
吉林	0.248	Ⅳ	0.274	Ⅳ
黑龙江	0.391	Ⅳ	0.423	Ⅲ
上海	0.491	Ⅲ	0.497	Ⅲ
江苏	0.370	Ⅳ	0.439	Ⅲ
浙江	0.628	Ⅱ	0.681	Ⅱ
安徽	0.348	Ⅳ	0.474	Ⅲ
福建	0.698	Ⅱ	0.724	Ⅱ
江西	0.412	Ⅲ	0.382	Ⅳ
山东	0.253	Ⅳ	0.399	Ⅳ
河南	0.322	Ⅳ	0.557	Ⅲ
湖北	0.253	Ⅳ	0.439	Ⅲ
湖南	0.285	Ⅳ	0.478	Ⅲ
广东	0.368	Ⅳ	0.414	Ⅲ
广西	0.638	Ⅱ	0.502	Ⅲ
海南	0.512	Ⅲ	0.377	Ⅳ
重庆	0.448	Ⅲ	0.532	Ⅲ
四川	0.285	Ⅳ	0.367	Ⅳ
贵州	0.538	Ⅲ	0.652	Ⅱ
云南	0.603	Ⅱ	0.752	Ⅱ
西藏	0.129	Ⅴ	0.264	Ⅳ
陕西	0.290	Ⅳ	0.353	Ⅳ
甘肃	0.256	Ⅳ	0.453	Ⅲ
青海	0.129	Ⅴ	0.229	Ⅳ
宁夏	0.447	Ⅲ	0.414	Ⅲ
新疆	0.197	Ⅴ	0.168	Ⅴ

表 6-10 第一次全国湿地资源清查（1995～2003 年）到第二次全国湿地资源清查（2009～2013 年）期间我国湿地生态系统健康化学指数

省区市	湿地生态系统健康化学指数			
	第一次全国湿地资源清查期间（1995～2003 年）	等级	第二次全国湿地资源清查期间（2009～2013 年）	等级
北京	0.200	Ⅳ	0.401	Ⅲ
天津	0.122	Ⅴ	0.567	Ⅲ
河北	0.122	Ⅴ	0.479	Ⅲ
山西	0.078	Ⅴ	0.435	Ⅲ
内蒙古	0.156	Ⅴ	0.244	Ⅳ
辽宁	0.000	Ⅴ	0.313	Ⅳ
吉林	0.401	Ⅲ	0.479	Ⅲ
黑龙江	0.322	Ⅳ	0.279	Ⅳ
上海	0.000	Ⅴ	0.078	Ⅴ
江苏	0.000	Ⅴ	0.200	Ⅳ
浙江	0.366	Ⅳ	0.601	Ⅱ
安徽	0.357	Ⅳ	0.479	Ⅲ
福建	0.445	Ⅲ	0.723	Ⅱ
江西	0.479	Ⅲ	0.523	Ⅲ
山东	0.200	Ⅳ	0.200	Ⅳ
河南	0.357	Ⅳ	0.557	Ⅲ
湖北	0.479	Ⅲ	0.645	Ⅱ
湖南	0.122	Ⅴ	0.801	Ⅰ
广东	0.479	Ⅲ	0.523	Ⅲ
广西	0.523	Ⅲ	0.679	Ⅱ
海南	0.679	Ⅱ	0.679	Ⅱ
重庆	0.679	Ⅱ	0.723	Ⅱ
四川	0.200	Ⅳ	0.601	Ⅱ
贵州	0.601	Ⅱ	0.601	Ⅱ
云南	0.279	Ⅳ	0.523	Ⅲ
西藏	0.922	Ⅰ	1.000	Ⅰ
陕西	0.279	Ⅳ	0.479	Ⅲ
甘肃	0.078	Ⅴ	0.445	Ⅲ
青海	0.366	Ⅳ	0.801	Ⅰ
宁夏	0.401	Ⅲ	0.479	Ⅲ
新疆	0.445	Ⅲ	0.723	Ⅱ

三、社会经济发展和湿地保护与恢复的变化

第一次全国湿地资源清查（1995～2003年）到第二次全国湿地资源清查（2009～2013年）期间，我国的社会经济因素和湿地保护与恢复状况存在显著的时间变化（表6-11）。两次清查期间，全国城镇化率平均提高了28.4%，作物产量平均提高了24.1%。湿地保护率平均增长了45.3%，其中增幅最大的集中在长江中游地区（湖南省和湖北省）、青藏高原东部和北部区域（甘肃省和青海省），以及浙江省、黑龙江省和山西省（表6-12）。全国湿地围垦面积则平均减少了12.1%。此外，社会经济因素和湿地保护与恢复状况也存在明显的空间变化。第一次全国湿地资源清查（1995～2003年）期间，上海市、北京市、天津市、广东省、辽宁省和黑龙江省的城镇化率较高，均高于50%；而西藏自治区的城镇化率则最低，低于20%。新疆维吾尔自治区、西藏自治区、吉林省、云南省和天津市的湿地保护率则较高，均高于50%。第二次全国湿地资源清查（2009～2013年）期间，东部部分省区市（即上海市、广东省、浙江省、福建省和江苏省）、北部部分省区市（即北京市和天津市）、西部部分省区市（内蒙古自治区和重庆市）和东北地区（辽宁省、黑龙江省和吉林省）的城镇化率较高，均高于50%；而西藏自治区、贵州省、云南省、甘肃省城镇化率则较低，均低于36%。河南省、山东省和黑龙江省的作物产量均很大。东北地区（黑龙江省和内蒙古自治区）和东部部分省区市（江苏省和安徽省）的湿地围垦面积较大。东北地区（主要是黑龙江省）、西部部分省区市（青海省、西藏自治区、新疆维吾尔自治区、甘肃省和四川省）、湖南省和浙江省的湿地保护率较高，均高于50%（表6-12）。

表6-11　第一次全国湿地资源清查（1995～2003年）到第二次全国湿地资源清查（2009～2013年）期间我国社会经济发展与湿地保护与恢复状况及变化

类别	城镇化率/%	作物产量/10^6t	围垦面积/10^3hm^2	湿地保护率/%
第一次全国湿地资源清查期间（1995～2003年）	39.4	393.5	107.7	25.6
第二次全国湿地资源清查期间（2009～2013年）	50.6	488.2	94.7	37.2
变化率/%	28.4	24.1	-12.1	45.3

表6-12　第一次全国湿地资源清查（1995～2003年）到第二次全国湿地资源清查（2009～2013年）期间我国社会经济因素与湿地保护与恢复状况

省区市	人口密度/(人/hm^2)		城镇化率/%		作物产量/10^6t		围垦面积/(10^3hm^2/a)		退耕还湿面积/(10^3hm^2/a)		湿地保护率/%	
	FIP	SIP	FIP	SIP	FIP	SIP	FIP	SIP	FIP	SIP	FIP	SIP
北京	8.3	12.0	77.5	85.6	1.4	1.1	1.4	0.4	0.4	0.4	29.8	43.9

续表

省区市	人口密度 /(人/hm²)		城镇化率 /%		作物产量 /10⁶t		围垦面积 /(10³hm²/a)		退耕还湿面积 /(10³hm²/a)		湿地保护率 /%	
	FIP	SIP	FIP	SIP	FIP	SIP	FIP	SIP	FIP	SIP	FIP	SIP
天津	8.6	11.1	72.0	79.3	1.2	1.6	0.9	1.1	2.0	0.5	61.1	31.8
河北	3.6	3.8	26.1	44.3	22.7	27.9	2.5	1.3	3.9	1.5	2.7	28.8
山西	2.1	2.3	34.9	47.8	5.7	10.0	0.8	0.2	0.1	1.7	1.9	39.3
内蒙古	0.2	0.2	42.7	55.0	8.8	17.1	9.1	7.1	3.5	4.9	31.3	24.6
辽宁	2.9	3.0	54.2	62.2	9.6	16.1	0.8	1.2	1.3	2.0	49.1	43.0
吉林	1.4	1.4	49.7	53.4	13.8	25.7	6.3	2.7	4.1	2.9	60.8	43.0
黑龙江	0.8	0.8	51.5	56.0	19.3	42.6	33.6	25.6	10.4	14.5	33.7	81.6
上海	20.2	29.0	88.3	89.0	1.7	1.1	1.8	3.0	0.8	1.9	12.6	24.2
江苏	7.2	7.7	41.5	58.8	28.3	30.3	23.6	16.8	12.0	17.1	32.9	16.5
浙江	4.5	5.2	48.7	60.1	10.7	6.9	0.5	3.0	0.2	1.6	3.1	60.0
安徽	4.3	4.3	27.8	43.5	21.5	29.0	5.7	13.9	12.8	12.8	18.3	41.6
福建	2.8	3.0	41.6	54.8	6.5	5.2	0.6	0.6	1.6	1.0	29.8	16.8
江西	2.5	2.7	27.7	44.4	15.1	18.7	1.2	0.1	0.3	0.0	15.0	36.4
山东	5.8	6.1	38.0	49.6	34.4	41.0	3.4	2.3	6.3	3.7	14.2	39.0
河南	5.7	5.7	23.2	39.1	36.3	51.9	2.4	3.7	7.7	3.1	20.1	30.6
湖北	3.0	3.1	40.2	48.9	19.5	21.6	3.2	1.5	6.9	2.4	12.5	47.3
湖南	3.1	3.1	29.8	44.2	25.4	26.8	0.5	0.5	1.1	0.7	31.7	69.3
广东	4.9	5.9	55.0	65.0	15.0	11.3	3.2	4.5	8.2	3.7	13.6	5.9
广西	2.0	1.9	28.2	40.5	14.1	13.3	0.1	0.4	0.3	0.2	8.4	13.2
海南	1.6	1.7	40.1	49.8	1.6	1.5	0.5	0.2	0.4	0.7	9.5	9.3
重庆	3.5	3.5	33.1	53.3	8.3	8.2	0.0	0.0	2.9	2.8	1.7	9.0
四川	1.7	1.7	26.7	40.3	27.1	26.1	0.1	0.1	0.9	0.7	32.9	55.2
贵州	2.1	2.0	23.9	32.4	9.2	8.9	0.0	0.0	0.6	0.9	5.5	26.5
云南	1.1	1.2	23.4	35.4	11.9	12.8	0.3	0.3	0.6	0.4	64.9	36.7
西藏	0.0	0.0	18.9	23.3	0.3	0.3	0.2	0.0	0.0	0.1	66.8	50.7
陕西	1.8	1.8	32.3	45.4	9.3	10.2	1.2	0.6	1.0	0.9	13.4	27.3
甘肃	0.6	0.6	24.0	34.9	4.8	6.5	0.4	0.2	0.2	0.2	9.0	51.8
青海	0.1	0.1	34.8	44.1	0.5	0.5	0.0	0.0	0.4	0.1	31.0	64.3
宁夏	1.1	1.2	32.4	48.0	2.2	3.1	0.4	1.2	0.7	1.5	3.8	33.4
新疆	0.1	0.1	33.8	41.7	7.3	11.0	3.0	2.4	2.1	3.0	73.9	53.5
全国	1.3	1.4	39.4	50.6	393.5	488.2	107.7	94.7	93.8	88.0	25.6	37.2

注：FIP，第一次全国湿地资源清查期间（1995～2003年）；SIP，第二次全国湿地资源清查期间（2009～2013年）。

四、湿地生态系统健康变化的驱动因素分析

（一）湿地生态系统健康变化的驱动因素

第一次全国湿地资源清查（1995 ~ 2003 年）到第二次全国湿地资源清查（2009 ~ 2013 年）期间，我国社会经济发展和湿地保护与恢复措施的变化导致湿地生态系统健康综合指数发生变化。结构方程模型的分析结果如图 6-1 所示。模型的置信水平和其他拟合优度指数显示结构方程模型的模拟结果是可靠的、合适的（图 6-1 和表 6-13）。

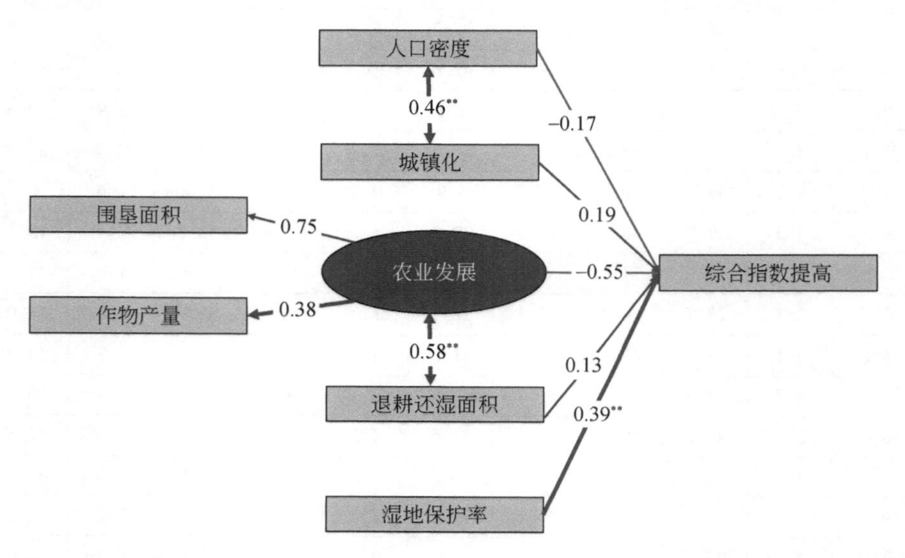

图 6-1　社会经济发展和湿地保护与恢复措施对湿地生态系统健康状况影响的结构方程模型结果

chi-square = 4.6，P = 0.969，df = 12，＊＊P<0.05

表 6-13　结构方程模型的拟合优度指数值

拟合优度指数	推荐水平	评估值
χ^2/df	<5.000	0.488
RMSEA	<0.050	0.000
GFI	>0.900	0.952
CFI	>0.900	1.000

图 6-1 中矩形框表示观测变量，包括城镇化（城镇化率的变化）、人口密度（人口密度的变化）、作物产量（作物产量的变化）、围垦面积（湿地转化为农田面积的变化）、退耕还湿面积（农田转化为湿地面积的变化）和湿地保护率（湿地保护率的变化）。所有的观测变量都代表两次全国湿地资源清查期间的绝对变化。椭圆形框中为潜在变量。加粗的路径表示显著相关关系。图中的数字表示观测变量或潜在变量对湿地生态系统健康综合指

数提升的解释程度。湿地生态系统健康状况的提高与湿地保护与恢复存在极显著正相关关系（路径系数为0.39）。退耕还湿和城镇化与湿地生态系统健康状况的提高存在正相关关系（路径系数分别为0.13和0.19）。同时，退耕还湿与农业发展也呈极显著正相关（路径系数为0.58）。而人口密度、农业发展与湿地生态系统健康综合指数的提高呈现负相关关系（路径系数分别为-0.17和-0.55）。因此，湿地自然保护区的建立及其他保护政策的实施和城镇化显著提高了湿地生态系统健康状况。同时，退耕还湿和农业发展能够协调提升，这可能是由于农业生产效率的提高，削弱了退耕还湿对农业生产的消极影响。

（二）湿地保护与恢复政策对湿地生态系统健康的影响

生态保护和恢复措施可以改善生态系统状况（Ouyang et al.，2016；Huang et al.，2018；Kong et al.，2018；Liu et al.，2019）。我国政府制定了一系列湿地保护与修复法规与规划，对湿地进行全面保护。先后出台和实施了《中国湿地保护行动计划》《全国湿地保护工程规划（2002—2030年）》《全国湿地保护“十三五”实施规划》《中华人民共和国湿地保护法》和《全国湿地保护规划（2022—2030年）》等（Mao et al.，2018a；国家林业和草原局科学技术司，2021）。实施了一系列湿地保护和恢复措施（Jiang et al.，2015），包括旨在通过建立湿地保护区和国际重要湿地来保护自然湿地的国家湿地保护计划、退耕还湿和湿地生态补偿试点项目，以及通过严格控制围垦来加强湿地保护的生态红线（Jiang and Xu，2019）。在国家湿地保护与恢复政策的背景下，各省级政府积极落实国家政策，制定了一系列省级湿地保护法规和规划。目前，已有28个省区市（安徽省、北京市、重庆市、福建省、甘肃省、广东省、广西壮族自治区、贵州省、海南省、河北省、黑龙江省、河南省、湖南省、江苏省、江西省、吉林省、辽宁省、宁夏回族自治区、青海省、内蒙古自治区、山东省、陕西省、四川省、天津市、西藏自治区、新疆维吾尔自治区、云南省和浙江省等）出台了省级湿地保护立法或保护条例，覆盖了国土面积的96.3%（国家林业和草原局和国家公园管理局，2022）。在湿地保护规划方面，安徽省、海南省、河北省、江苏省、江西省、吉林省、四川省和浙江省等地出台了《湿地保护规划》。贵州省制定了《贵州省湿地保护与发展规划》。山东省制定了《山东省湿地保护工程实施规划》。广东省制定了《广东省湿地保护工程规划》。此外，31个省区市都制定了湿地保护与恢复方案。同时，中央政府累计投入198亿元，实施了4100多个湿地保护项目（人民日报海外版，2023），带动了地方共同开展湿地生态保护修复。通过这些政策和措施的实施：①目前我国已建立了82个国际重要湿地（RCW，2018；RCWMOPRC，2018）、58个国家重要湿地、13个国际湿地城市（新华社，2024）、903个国家湿地公园（郭子良等，2019）、492个国家水生种质资源保护区和67个国家海洋特殊保护区，构成了我国湿地保护区网络（Guo et al.，2019）；②湿地保护率已从第一次全国湿地资源清查时期的25.6%上升到第二次全国湿地资源清查时期的37.2%，湿地保护率高的地方主要分布在东北地区（主要黑龙江省）、西部部分省区市（青海省、西藏自治区、新疆维吾尔自治区、甘肃省和四川省），以及湖南省和浙江省（表6-12）；③退耕还湿面积也在不断增加，退耕还湿区域主要分布在东部部分省（江苏省和安徽省）和黑龙江省（表6-12）。研究结果表明，湿地保护率与湿地生态系统健康状况的改善呈极显著正相关关系（图6-

1)，湿地保护与恢复政策的实施显著改善了湿地生态系统的健康状况。此外，退耕还湿与湿地生态系统健康改善和农业发展也呈正相关关系（图 6-1）。湿地保护与恢复政策的实施可以在不减少农业产量的前提下，促进湿地生态系统健康状况的改善。这彰显了我国湿地保护与恢复政策在不影响农业生产的情况下，在促进湿地面积扩张和保护野生生物方面取得的成就，以及人类通过生态环境保护措施改善和协调人类与生态系统关系的重要性。

具体来说，1998 年长江流域发生特大洪水后，我国启动实施了大规模的湿地恢复工程（陈家宽等，2010；Reynolds，2011；Xu et al.，2019a）。为了防范大规模的季节性洪水，以及起到发电和航运作用，经过长时间的调查与论证，我国建造了世界上规模最大的水利枢纽工程——三峡大坝（Reynolds，2011）。政府投资 955 亿元，用了 12 年的时间实现了长江的截流、水库的初步蓄水和所有发电机组的发电，建成了长 3335m、高 185m 的三峡大坝。其中，投资超过 100 亿元，将泄洪区的村庄和农业用地改造为湖泊湿地和沼泽湿地，为泄洪留出了足够的空间（Xu et al.，2019a）。随着三峡大坝的建设，原有的农田、森林、灌木等土地变成了开阔的水面。2003 年，三峡大坝的泄洪区形成了一个超过 10 万 hm^2 的巨大人工湿地（Xu et al.，2019a）。另外，长江宜昌下游段旱季的最小流量也从 $3000m^3/s$ 增加到 $5000m^3/s$（Reynolds，2011）。除国家湿地修复工程外，湖北省政府还投资 2000 万元，实施了三峡库区湿地保护与修复工程。在过去几年里，湖南省也投资了 100 亿元，用于河流湿地和湖泊（水库）湿地的保护与治理。因此，湖南省和湖北省的国际重要湿地、国家湿地公园的数量，以及湿地保护率大幅度提高（表 6-12），从而促进这两个省的湿地生态系统健康状况显著改善。此外，由于长江中游的湿地恢复政策，超过 200 万人从洞庭湖周围的泄洪区及其周边区域迁出（Xu et al.，2019a）。人口密度的降低也有助于该地区湿地生态系统健康状况的提高。

青藏高原最大的湿地自然保护区——三江源国家级自然保护区于 2003 年建立。迄今为止，我国政府已在三江源生态保护与建设项目中投资超过 180 亿元，用于保护长江、黄河和澜沧江的源头，以增加流入三江的水量（Huang et al.，2018）。除了国家湿地保护与恢复项目外，青海省还编制了《青海省湿地保护工程规划（2005—2030 年）》《青海湖国家级自然保护区湿地保护与恢复工程可行性研究报告》《青海湖流域生态环境保护与综合治理规划》（青海省林业局，2006）。2008 年，青海省政府投资 16 亿元，启动青海湖流域生态环境保护与综合治理工程，以保护和恢复湿地。这些政策和措施使青海省的湿地保护率从 31.0% 大幅度提高到 64.3%（表 6-12），并且由于我国的自然保护区主要集中在该区域（Xu et al.，2017），以上湿地保护与恢复措施显著改善了该地区的湿地生态系统健康状况。另外，三江源国家级自然保护区的建立，也为生物多样性保护提供了重要的栖息生境（Xu et al.，2017），从生物指标方面促进了该地区湿地生态系统健康状况的改善。

尽管湿地保护与恢复政策的实施显著改善了我国湿地生态系统健康状况（Jiang et al.，2015），但湿地保护与恢复政策并没有阻止自然湿地面积的减少（表 6-5；Xu et al.，2019a）。第一次全国湿地资源清查到第二次全国湿地资源清查期间，我国自然湿地面积减少了 340 万 hm^2（国家林业和草原局和国家公园管理局，2014）。另外，湿地保护率与湿地生态系统健康生物指数呈显著负相关（表 6-14），即湿地保护措施不能遏制我国所有湿地生态系统生物多样性的降低，这是由于接近一半的国家重点生态功能区、候鸟迁徙路线的关键湿地（Yang et al.，2017）、生态脆弱和敏感的重要湿地仍未纳入湿地保护网络中（国家林业和草原局和国家公园管理局，2014；Xu et al.，2017，2019b；Guo et al.，2019）。因此，未来将这些重要的生态功能区纳入我国湿地保护网络中，可进一步提高我国湿地生态系统的整体健康水平。

表 6-14　社会经济因素和湿地保护与恢复因素与我国湿地生态系统健康分指数之间的关系

指标	物理指数	生物指数	化学指数
人口密度	0.358**	0.265*	-0.311*
城镇化	0.338**	0.161	-0.190
湿地保护率	-0.144	-0.295*	0.159

注：$*P < 0.05$；$**P < 0.01$。

（三）社会经济发展对湿地生态系统健康的影响

与气候变化相比，强烈的人类活动使社会经济发展与湿地生态系统健康之间的关系更加复杂（Mao et al.，2018a，2018b）。前期的研究表明（Ouyang et al.，2016；Cheng et al.，2018），社会经济发展是影响生态系统状况的最重要因素之一。本书的结果表明，人口的增加与湿地生态系统健康综合指数的改善呈负相关关系（图 6-1）。这主要是由于人口的快速增长，导致居民区扩张、基础设施建设和农业发展，使得湿地面积显著减少，给湿地生态系统健康带来了巨大的压力（van Asselen et al.，2013；Xu et al.，2019a），特别是对自然湿地的影响更为显著，并增加了湿地破碎化的程度。第一次全国湿地资源清查到第二次全国湿地资源清查期间，我国南方部分地区的人口密度增加最多，导致这些地区的湿地生态系统健康状况下降（表 6-6）。然而，人口密度与湿地生态系统健康物理指数却呈现极显著的正相关关系（表 6-14），这是因为在人口稠密、湿润多雨的南部和东部地区，湿地面积所占比例大。例如，在东部地区，湿地面积约占全国湿地总面积的 20%，并且人口密度最高（Liu et al.，2017），导致较大的湿地面积与较高的人口密度共存。Guo 和 Zhang（2019）也指出，人口密度越高，不一定导致我国东部和南部地区的湿地面积大幅度减少。尽管在某些地区，高密度的人口数量和大面积的湿地分布共存，但稠密的人口密度显著降低了湿地生态系统健康的化学指标（表 6-14），阻碍了湿地生态系统健康的整体改善。

此外，研究结果还表明，城镇化与湿地生态系统健康物理指标呈极显著正相关关系（表 6-14）。这可能与城镇化和经济发达程度密切相关，经济发达区域可能通过城市湿地公园等的建设增加人工湿地面积（宫宁等，2016；Mao et al.，2018b）或者通过减少过度的农业扩张对湿地围垦，以减缓人口压力对湿地生态系统健康的负面影响（Li et al.，2017；Kong et al.，2018）。尽管城镇化扩张侵占了几个热点区域的湿地（Mao et al.，2018b），但随着城镇化使人们对湿地这一典型脆弱生态系统的依赖程度降低，其对湿地生态系统健康的净作用是积极的，在我国大部分区域，城镇化程度提高与湿地面积增加（2000 年我国湿地面积为 3550 万 hm^2，2010 年我国湿地面积增长为 3570 万 hm^2，Mao et al.，2018b）的现象共存。城镇化可能会改变生物群落结构（Torres et al.，2016；Gál et al., 2019)，增加水体污染和外来入侵物种（Ding et al., 2015；Kong et al., 2018），导致城镇化与湿地生态系统健康化学指标呈负相关关系（表6-14）。因此，控制人口稠密和城镇化程度高的地区的湿地生态系统污染，是改善其湿地生态系统健康化学指标的重要途径。

农业发展，特别是湿地开垦为农田，导致湿地面积萎缩，阻碍了湿地生态系统健康状况的改善。自2004年起，我国先后实施了农作物良种补贴、种粮农民直接补贴和农资综合补贴等三项补贴政策（统称农业“三项补贴”）。自2006年起我国废止《中华人民共和国农业税条例》，全面取消农业税收。这可能促使农民为了获得更多的收益，将湿地开垦为农田，特别是沼泽湿地，由于被视为“未利用土地”很容易被开垦为农田（Xu et al., 2019a）。黑龙江省由于存在大面积的沼泽湿地，且是我国重要的农业生产区，第一次全国湿地资源清查到第二次全国湿地资源清查期间，黑龙江省湿地转化为农田的面积最大，平均每年达到29.6hm^2（表6-12），大规模的湿地转化为农田导致该省湿地生态系统健康状况下降（表6-6）。因此，限制湿地围垦以及有序开展退耕还湿是该省湿地保护与恢复的首要任务。此外，农业发展和退耕还湿表现出极显著的正相关关系，即退耕还湿引起的耕地面积减少不会导致农作物产量下降。这可能是由于新型肥料的使用和良种的培育，大大提升了农业生产效率，从而抵消了退耕还湿引起的耕地面积减少对农业生产的负面影响，使研究期间我国农作物产量增产24.1%（表6-11）。

第四节　管理启示及不确定性分析

随着政府主导的湿地保护与恢复措施实施强度增加，第一次全国湿地资源清查（1995～2003年）到第二次全国湿地资源清查（2009～2013年）期间，我国湿地生态系统健康综合指数有所提高（表6-6）。然而，我国湿地生态系统仍面临巨大的压力（Mao et al., 2018a）。社会经济发展和湿地保护与修复政策对湿地生态系统健康的影响复杂，辨析这些影响可为我国湿地生态系统的保护性管理提供有价值的信息。首先，建立和完善湿地保护区网络是我国湿地管理工作的重中之重。一方面，通过建立湿地自然保护区，将重要生态功能区域纳入湿地保护区网络中，以保护更多的物种，缓解自然湿地面积的减少。另一方面，在人口密集和城镇化程度较高的地区，应通过建设湿地公园（如杭州西溪国家湿地公园）和自然保护区来控制污染（即改善湿地生态系统健康化学指标）。同时，应更加重视含有大量居民区的现有和拟建湿地自然保护区的管理，通过实施灵活多样的生态搬迁和生态移民的方式疏解人口数量，缓解人类居民区扩张对湿地自然保护区的影响（Jiang and Xu, 2019；Yang et al., 2019）。其次，与农业发展侵占湿地面积相比，退耕还湿的面积相对较小。因此，严格遵守生态红线，保护具有重要生物多样性的湿地，防止湿地面积萎缩，是我国湿地保护管理的重要方面之一，特别是在东北大面积沼泽湿地遭受围垦的地区。再次，湿地一旦遭受退化，应加强其生态恢复（Xu et al., 2019a）。尽管恢复到退化前的健康水平可能需要很长时间，但这对于具有较高生物多样性和重要生态功能的自然湿地的恢复尤其重要。最后，在经济发展和湿地生态系统健康改善并存的地区，应将湿地保护与提升当地居民收入同时纳入湿地管理规划中，让当地居民在湿地保护中获得实实在在的收益（如旅游收入的增加），有利于进一步增强其对湿地保护的主动意识和责任心。

无脊椎动物是湿地生物的主要组成部分（Liu et al.，2019），但由于缺乏全国范围内的无脊椎动物物种种类数据，本书中没有将这一指标纳入湿地生态系统健康评价指标体系中。未来应通过进行更全面的调查获得无脊椎动物物种种类数据，将其纳入国家尺度的湿地生态系统健康评价中。除了人口密度、城镇化、农业发展、湿地保护率、退耕还湿等社会经济因素与湿地保护与修复因素外，受人类活动影响的气候变化（如温度和降水变化）也对湿地生态系统健康产生显著影响（Erwin，2009），特别是在青藏高原地区（Zhang et al.，2019）。然而，由于缺乏全国范围内受人类活动影响的温度和降水数据，本书没有考虑这些因素对湿地生态系统健康的影响。未来需要进一步研究受人类活动影响的气候相关因素的变化，以加深理解其对湿地生态系统健康影响的认识。

第五节　结　　语

为了应对社会经济快速发展导致的湿地大面积萎缩与退化，自 2000 年以来，我国实施了一系列湿地保护与恢复政策以及恢复工程，尽管湿地面积萎缩的趋势已经得到控制，但我国湿地生态系统健康的变化尚缺乏量化。本书构建了我国湿地生态系统健康评价指标体系。在国家尺度上分析了我国湿地生态健康状况时空动态变化趋势，揭示潜在影响因素，旨在为今后湿地保护管理提供指导。研究表明，湿地保护与恢复政策显著改善了湿地生态系统健康状况，第一次全国湿地资源清查到第二次全国湿地资源清查期间，我国湿地生态系统健康综合指数提高了 7.3%，特别是在长江中游和青藏高原的东部和北部。而南方部分省区市和黑龙江省，由于人口增长和湿地围垦导致湿地生态系统健康状况恶化。尽管湿地保护与恢复政策在不影响农业产量的前提下，提高了湿地生态系统健康状况，但是湿地保护政策并没有遏制自然湿地面积的降低和生物多样性的丧失。因此，建议未来应该实施更加严格有效的湿地保护策略，包括扩大和完善湿地保护网络体系、严格遵循湿地保护红线、加强退化湿地的恢复，以及提高人们从湿地保护中获得收益，从而切实增强湿地保护意识。同时，建议未来应进一步协调湿地保护和社会经济发展之间的关系，以实现我国 2020 年全球生物多样性目标和 2030 年保护 30% 的海洋和陆地的宏伟目标。此外，本书还建议将气候变化纳入研究中，以整体研究人类直接和间接活动对湿地生态系统健康的影响，为提高湿地保护管理的有效性提供全面指导。本书提供了一系列具有针对性的湿地保护策略，并指出评价湿地生态系统健康变化及其驱动因素有助于更好地了解和进一步协调湿地生态状况与社会经济发展的关系。

附录 I　相关名词缩写

简写	全称	单位
IBI	index of biotic integrity	生物完整性指数
PSR	pressure-state-response	压力-状态-响应模型
PSER	pressure-state-effect-response	压力-状态-效应-响应模型
ISM	indicator species method	指示物种法
IS	indication system	指标体系法
CI	comprehensive index	综合指数法
LDI	landscape development intensity index	景观发展强度指数法
AHP	analytic hierarchy process	层次分析法
RS	remote sensing	遥感
GIS	geographic information system	地理信息系统
HI	health index	生态健康指数
EWM	entropy weight method	熵权法
FCE	fuzzy comprehensive evaluation method	模糊综合评价法
ANN	artificial neural network	人工神经网络
BPNN	back propagation neural network	BP 神经网络
SVM	support vector machine	支持向量机
IDW	inverse distance weight	反距离权重
SEM	structural equation modelling	结构方程模型
χ^2	chi-square value	卡方值
GFI	goodness of fit index	拟合优度指数
CFI	comparative fit index	比较拟合指数
RMSEA	root mean squared error of approximation	近似误差均方根
RDA	redundancy analysis	冗余分析
VPA	variance partitioning analysis	方差分解分析

续表

简写	全称	单位
VIF	variance inflation factors	方差膨胀因子
CV	coefficient of variation	变异系数
Pearson	Pearson correlation analysis	皮尔逊相关性分析
R^2	coefficient of determination	决定系数
OECD	Organization for Economic Cooperation and Development	经济合作与发展组织
USEPA	U. S. Environmental Protection Agency	美国环境保护局

附录Ⅱ　变　量

变量	意义	单位	公式
CR	判断矩阵的随机一致性比率	量纲一	1-1
CI	一般一致性指标	量纲一	1-1，1-2
RI	平均随机一致性指标	量纲一	1-1
n	评价因素的个数/评价因子项目数	量纲一	1-2，2-19
λ_{max}	最大特征根	量纲一	1-2
IEAI	湿地生态健康综合评价指数	量纲一	2-1
PHI	生态健康物理指数	量纲一	2-1，2-2
BII	生态健康生物指数	量纲一	2-1，2-7
CHI	生态健康化学指数	量纲一	2-1，2-10
W_{PHI}	物理指数权重	量纲一	2-1
W_{BII}	生物指数权重	量纲一	2-1
W_{CHI}	化学指数权重	量纲一	2-1
WRI	湿地率归一化值	量纲一	2-2，2-3，2-4
HQI	生境质量归一化值	量纲一	2-2，2-3，2-5
PDI	斑块密度归一化值	量纲一	2-2，2-3，2-6
W_{WRI}	湿地率的权重	量纲一	2-2
W_{HQI}	生境质量的权重	量纲一	2-2
W_{PDI}	斑块密度的权重	量纲一	2-2
ORIV	原始值	量纲一	2-3
MINV	最小值	量纲一	2-3
MAXV	最大值	量纲一	2-3
AW	湿地面积	hm^2	2-4，2-5
ANR	湿地自然保护区面积	hm^2	2-4，2-5，2-6，2-8
NC	自然保护区生境质量的归一化系数	量纲一	2-5

续表

变量	意义	单位	公式
AF	林地面积	hm^2	2-5
AG	草地面积	hm^2	2-5
AC	耕地面积	hm^2	2-5
AR	居住地和工矿交通用地面积	hm^2	2-5
AO	其他用地面积	hm^2	2-5
PD	斑块数量	量纲一	2-6
SAI	物种丰度指数归一化值	量纲一	2-7，2-8
BMI	生物量指数归一化值	量纲一	2-7
BDI	物多样性指数的归一化值	量纲一	2-7，2-9
W_{SAI}	物种丰度指数权重	量纲一	2-7
W_{BMI}	生物量指数权重	量纲一	2-7
W_{BDI}	生物多样性指数权重	量纲一	2-7
WSN	野生动植物物种数量	种	2-8
N_V	野生动物物种数量	种	2-9
N_P	野生维管束植物物种数量	种	2-9
P_n	综合污染物指数/内梅罗综合污染指数	量纲一	2-10，2-11
TLI	富营养化综合指数/综合营养状态指数	量纲一	2-10，2-13，3-1
WQI	水质综合状况指数	量纲一	2-10，2-19，3-1
W_{p}	土壤/沉积物重金属污染物权重	量纲一	2-10
W_{TLI}	水体富营养化权重	量纲一	2-10
W_{WQI}	水质综合状况权重	量纲一	2-10
P_i	重金属污染物 i 的单因子污染指数	量纲一	2-11，2-12
C_i	重金属污染物 i 的实测含量	mg/kg	2-12
S_i	重金属污染物 i 的标准值	mg/kg	2-12
W_j	水体第 j 项评价因子营养状态指数的相对权重	量纲一	2-13
TLI(j)	水体第 j 项评价因子的综合营养状态指数	量纲一	2-13，2-14，2-15，2-16，2-17，2-18
Chla	水体叶绿素 a 的质量浓度	mg/L	2-14
TP	水体总磷质量浓度	mg/L	2-15

续表

变量	意义	单位	公式
TN	水体总氮质量浓度	mg/L	2-16
SD	水体透明度	m	2-17
PI	水体高锰酸盐指数	mg/L	2-18
WQI_i	第 i 项评价因子的水质指数	量纲一	2-19，2-20
c_{ij}	评价因子 i 在监测点 j 的实测值	mg/L	2-20
C_{si}	评价因子 i 的水质评价标准限值	mg/L	2-20
$WQI_{DO,j}$	水体溶解氧的评价指数	量纲一	2-21，2-22
DO_j	溶解氧在监测点 j 质量浓度的实测值	mg/L	2-21，2-22
DO_s	溶解氧的水质评价标准限值	mg/L	2-21，2-22
DO_f	饱和溶解氧的质量浓度	mg/L	2-21，2-22，2-23
T	水温	℃	2-23
$WQI_{pH,j}$	监测点 j 的 pH 评价指数	量纲一	2-24，2-25
pH_j	监测点 j 的 pH 实测值	量纲一	2-24，2-25
pH_{sd}	评价标准中 pH 的下限值	量纲一	2-24
pH_{su}	评价标准中 pH 的上限值	量纲一	2-25
WEQI	水环境质量指数	量纲一	3-1
EF	富集因子	量纲一	4-1
C_i/C_n	重金属 i 和参考重金属 n 的含量比	量纲一	4-1
S	样品值	量纲一	4-1
B	背景值	量纲一	4-1
PRI	重金属的综合潜在生态风险指数	量纲一	4-2
E_r^i	重金属 i 的单因子潜在生态风险指数	量纲一	4-2
T_r^i	重金属 i 的毒性响应系数	量纲一	4-2
C_i	重金属 i 含量的实测值	mg/kg	4-2
C_i^B	重金属 i 的地球化学背景值	mg/kg	4-2
m	重金属类型数量	量纲一	4-2
M_w	湿地最大蓄水量	m^3	5-1，5-2，5-3
M_{CO_2}	湿地 CO_2 吸收固定量	t/a	5-4

续表

变量	意义	单位	公式
NPP	湿地净初级生产力	g/(m^2 · a)	5-4
S	湿地面积	hm^2	5-4，5-6，5-7
HS	换算系数	量纲一	5-4，5-6，5-7
M_p	湿地污染物处理率	%	5-5
P_i	湿地氮、磷等污染物去除率	%	5-5
M_{ssl}	湿地水土保持量	t/(hm^2 · a)	5-6
X	湿地区与湿地破坏区的土壤侵蚀差异值	t/(hm^2 · a)	5-6，5-7
H	土壤表层厚度	m	5-6
M_{fi}	湿地控制养分流失量	t/(hm^2 · a)	5-7
R	土壤容重	g/cm^3	5-7
C	土壤中营养物质的含量	mg/kg	5-7
T	调整系数	量纲一	5-7
W	湿地生态健康的评估分值	量纲一	5-16
a_i	评估项目中各评估因子的权重分值	量纲一	5-16
X_i	评估项目中各评估因子的评估赋值	量纲一	5-16
CI	生态系统健康综合指数	量纲一	6-1
NI_i	指标 i 的归一化值	量纲一	6-1，6-2
W_i	指标 i 的权重	量纲一	6-1
NI_{iold}	指标 i 的原始值		6-2
NI_{imax}	指标 i 的最大值		6-2
NI_{imin}	指标 i 的最小值		6-2

附录Ⅲ　近五年我国湿地生态系统健康评价案例

省区市	湿地名称	湿地类型	年份	研究方法	主要结论	参考文献
安徽省	皖中 CH 湿地	湖泊湿地	2022	指标体系法	CH 湿地整体处于亚健康状态，呈逐年向好转变趋势；总体水质为Ⅳ类，西半湖中度富营养，综合营养状态指数稳中有降，东半湖水体轻度富营养，综合营养状态指数稳中有升，需要引起重视	戴晓峰，沈童，张云华，2024. 皖中 CH 湿地生态环境健康状况评价［J］. 安徽农学通报，30（3）：56-60.
安徽省	铜陵市典型河湖水系	河流湿地、湖泊湿地	2020	大型底栖动物完整性指数	铜陵河湖水系整体处于亚健康状态。43 个采样点中，9 个处于健康状态，14 个为亚健康状态，5 个为一般状态，7 个为差状态，8 个为极差状态。该研究可为沿江城市河湖水系生态健康评价和管理提供科学依据	苏梦，董伟萍，赵世高，等，2023. 基于大型底栖动物完整性指数的河湖生态系统健康评价：以安徽铜陵为例［J］. 长江流域资源与环境，32（1）：104-112.
安徽省	铜陵市六条河湖	河流湿地、湖泊湿地	2020	底栖动物完整性指数	铜陵市河湖水系 43 个采样点中，健康状态有 9 个采样点，亚健康状态有 14 个采样点，一般状态有 5 个采样点，差状态有 7 个采样点，极差状态有 8 个采样点	苏梦，2022. 基于底栖动物完整性指数的河湖生态系统健康评价的研究［D］. 张家口：河北建筑工程学院.
安徽省	铜陵市西湖	湖泊湿地	2016～2017	浮游植物生物完整性指数	铜陵市西湖整体健康状况较差。该研究结果可为水环境管理及城市湖泊生态健康评估提供科学参考	王芳，李永吉，马廷婷，等，2022. 基于浮游植物的城市湖泊生态健康评价：以长江下游铜陵市西湖为例［J］. 湖泊科学，34（6）：1890-1900.

续表

省区市	湿地名称	湿地类型	年份	研究方法	主要结论	参考文献
安徽省	升金湖湿地	湖泊湿地	1986、1990、1995、2000、2004、2008、2011、2015	压力-状态-响应模型	2015年升金湖属于亚健康状态，应及时加强生态保护措施。人类干扰是湿地功能下降的主要因素；升金湖湿地修复功能处于不稳定状态。越冬候鸟数量随湿地生态健康状况变化而变化	朱鸣，董斌，崔杨林，等，2020. 升金湖湿地生态系统健康评价与越冬候鸟的响应［J］. 安徽农业大学学报，47（1）：88-94.
安徽省	青弋江流域、淠河流域、率水河流域	河流湿地	2017	综合指数法	青弋江流域、淠河流域、率水河流域生态系统健康均良好；各流域内部上、中、下游健康状况基本一致；水生生物相关指标和河道连通性指标是影响流域生态系统健康的主要因素	方云祥，2020. 安徽省典型流域生态系统健康评价及管理对策研究［D］. 合肥：中国科学技术大学.
安徽省	董铺国家湿地公园	人工/库塘湿地	2017	综合指数法	湿地公园陆生生态系统健康属于中等水平，水域属于较好水平，库区水域生态系统健康状况优于河流	于坤，2020. 安徽庐阳董铺国家湿地公园土壤质量与湿地生态系统健康评价［D］. 合肥：安徽大学.
安徽省	迪沟国家湿地公园	人工/库塘湿地、河流湿地	2018～2019	综合指数法	迪沟国家湿地公园陆域生态系统健康属于较差水平；水域属于亚健康水平，水域呈中部劣于东西部特点，砷和镉对水域生态系统健康状况影响较大	陈城，2021. 安徽迪沟国家湿地公园上覆水、土壤及沉积物质量与湿地生态系统健康评价［D］. 合肥：安徽大学.
安徽省、湖北省	龙感湖	湖泊湿地	2021	大型底栖动物完整性指数	龙感湖整体水生态健康状况不容乐观。东南部为健康状态，鄂皖交界水域为亚健康状态，东北部为一般状态；东北部健康状况差可能是生活污水和磷矿污染物富集在底泥中，进而影响了底栖生物完整性	章运超，朱孔贤，柴朝晖，等，2023. 基于大型底栖动物完整性指数的龙感湖健康评价［J］. 长江科学院院报，40（6）：21-28.

续表

省区市	湿地名称	湿地类型	年份	研究方法	主要结论	参考文献
北京市	朝阳区六条河流	河流湿地	2021	综合指数法	朝阳区六条河流均为健康和亚健康状态，该研究针对分析出的水生态问题，构建每条河流的修复模式，并对城市河流水生态保护修复工作提出合理性建议	王昕然，金宝光，崔伊彤，等，2023. 朝阳区中小型河流水生态状况分析与修复模式构建［J］. 水环境与水生态，2：62-66.
北京市	北京市主要河流	河流湿地	2021～2022	鱼类完整性指数	潮白河、北运河和永定河水系整体健康状况良好。其中，等级评价标准潮白河>永定河>北运河，且评价等级为极好的样点在潮白河水系数量最多	李慧清. 2023. 北京市主要河流鱼类群落特征及生态健康评价［D］. 兰州：兰州大学.
北京市	北京市河流水系	河流湿地	2020～2021	综合指数法	北京市河流 101 个点位中，健康状态占 4.95%，亚健康状态占 23.76%，一般状态及以下占 71.29%。北部和西部河流健康状况良好，而中部及东南部相对较差。潮白河水系最好，北运河水系最差。维持生态基流，保障水系连通性，改善恢复栖息地是北京市河流生态修复与保护的重点	张宇航，渠晓东，彭文启，等，2023. 北京市河流生态系统健康评价［J］. 环境科学，44（10）：5478-5489.
北京市	北运河水系	河流湿地	2015	底栖动物完整性指数和综合指数法	全流域水生态健康总体较差，中上游相对较好，最好的位于昌平区山区，最差的位于朝阳区及中心城区。该研究可为河流生态修复和污染物控制提供依据	胡小红，左德鹏，刘波，等，2022. 北京市北运河水系底栖动物群落与水环境驱动因子的关系及水生态健康评价［J］. 环境科学，43（1）：247-255.

续表

省区市	湿地名称	湿地类型	年份	研究方法	主要结论	参考文献
北京市	城市河道	河流湿地	2020～2021	微生物生物完整性指数	永定河为健康状态，其他三条河道中，清河四个样点为健康状态至亚健康状态，凉水河五个样点为健康状态至一般状态，大龙河四个样点为亚健康状态至一般状态。微生物生物完整性指数可有效区分不同程度的受损点位，较合理地评价城市河道生态系统健康	董婧，卢少奇，伍娟丽，等，2022. 基于微生物生物完整性指数的北京市城市河道生态系统健康评价［J］. 环境工程技术学报，12（5）：1411-1419.
北京市	密云水库、昆明湖、福海和北运河水系河流等	河流湿地、湖泊湿地	2016～2020	水生生物多样性指数法和综合指数法	基于浮游植物和底栖动物多样性指数的水生态状况为轻污染-中污染和中污染-重污染等级，而综合指数的为健康-亚健康和良好-轻度污染。近五年，水体生态质量有所提高。综合指数法提供的信息更为全面，对环境变化响应更灵敏，具有综合优势和推广应用价值	杨蓉，刘波，王东霞，等，2022. 基于不同方法的水生态健康评估：以北京市典型水体为例［J］. 中国环境监测，38（1）：165-174.
北京市	密云水库上游河流（北京段）	河流湿地	2019	大型底栖动物完整性指数	23%的样点处于健康等级，33%的样点处于亚健康等级，33%的样点处于一般等级，8%的样点处于差等级，3%的样点处于极差等级	王旭，王恒嘉，王永刚，等，2022. 基于大型底栖动物完整性指数（B-IBI）的密云水库上游河流（北京段）水生态健康评价［J］. 生态与农村环境学报，38（2）：157-167.

续表

省区市	湿地名称	湿地类型	年份	研究方法	主要结论	参考文献
北京市	团城湖调节池	湖泊湿地	2018～2021	综合指数法	团城湖调节池水生态系统逐步改善，近两年已达健康等级。仍存在的薄弱之处有大型水生植物覆盖率偏低，底栖动物种类和数量不足，总氮浓度和浮游植物数量偏高。该研究提出生物调控措施以进一步提升该水体水生态健康水平	赵红磊．2022. 团城湖调节池水生态健康评价及修复对策研究［J］. 环境生态学，4（8）：7-13.
北京市	玉渡山水库	人工/库塘湿地	2018	指标体系法	该水库生态健康状态较好，水质、浮游生物等可满足细鳞鲑增殖放流和发育繁殖所需条件，浮游生物群落结构季节变化明显，适合夏季进行细鳞鲑增殖放流	尹东鹏，李博，赵文，等，2020. 玉渡山水库水生态健康评价及细鳞鲑资源增殖保护研究［J］. 中国水产，5：92-95.
北京市	颐和园湿地	湖泊湿地	2015	综合指数法	颐和园湿地处于“亚健康”状态；该研究建议从改善入水水质、降低水体氮磷浓度、开展净化清淤、优化湿地植物配置及提高水生生物多样性等方面开展保护管理	胡振园，许蕊，丛一蓬，2020. 颐和园湿地生态系统健康评价研究［J］. 湿地科学与管理，16（2）：27-31.
北京市	北运河	河流湿地	2019	综合指数法	北运河属于亚健康状态，西北部山区等级较高、平原河流较低。山区河流生态修复应以水量、水质、生物多样性等为主，平原河流北沙河、温榆河生态修复以水生指示物种、景观恢复为主，北运河修复以水质、植被、景观为主	邸琰茗，黄炳彬，叶芝菡，等，2020. 北运河生态健康快速评价研究［J］. 北京水务，4：52-58.

续表

省区市	湿地名称	湿地类型	年份	研究方法	主要结论	参考文献
北京市	北运河	河流湿地	2019	生物完整性指数	采样点中评级为优的点位占5.7%；评级为健康的点位占20%；评级为中等的点位占42.8%；评级为一般的点位占11.5%；评级为差的点位占20%。该研究进一步验证了生物指数在北运河流域水生态健康评价中应用的可靠性	郭亚坤，2020. 北运河流域水生态评价方法的研究应用［D］. 天津：天津大学.
北京市	密云水库上游白河和潮河	河流湿地	2019～2020	综合指数法	白河和潮河整体健康程度均属于“理想状况”，但两条河流的生物状况和白河的河流水文指标健康等级较低。该研究提出了修复和治理的五项措施	牛智航，2020. 密云水库上游流域典型入库河流健康评价［D］. 邯郸：河北工程大学.
北京市	门头沟小流域主沟道	人工/库塘湿地	—	指标体系法	门头沟大部分主沟道生态健康在一般以上，接近市区的沟道生态健康状况较差，远离市区的沟道生态健康状况较好	范雪环，冯阳，丁聪，等，2021. 门头沟小流域主沟道生态健康评价体系研究［J］. 中国水土保持，4：69-71.
北京市	大宁调蓄水库	人工/库塘湿地	2017	综合指数法	大宁调蓄水库健康等级均为健康。主要影响因素有大型底栖动物、鱼类种类、大型水生植物盖度、水体中的营养盐及有机物，该研究为运行管理提供依据	王昕然，常国梁，刘晓锋，等，2021. 大宁调蓄水库水生态健康评价及修复对策研究［J］. 北京水务，2：1-7.
北京市	潮白河、永定河、蓟运河、清水河、北运河	河流湿地	2013～2017	—	流域河流水生态健康状况为潮白河>永定河>蓟运河>清水河>北运河。上游河段好于中下游，山区段好于平原段。河流生态基流不足、水质不达标等是主要原因。该研究提出了针对性改善路径	王旭，王永刚，武大勇，等，2021. 北京市河流水生态健康时空异质性及改善路径研究［J］. 灾害学，36（2）：47-53.

续表

省区市	湿地名称	湿地类型	年份	研究方法	主要结论	参考文献
北京市	永定河 8 个河段	河流湿地	2018	综合指数法	永定河雁翅以上干流及两条支流处于亚健康状态，河流整体为近自然状态，但雁翅–卢沟桥段为不健康状态。生态流量不足是共性问题，应加强流域整体管理，制定保护修复对策	张敬玉，王琦，刘睿，等，2021. 永定河生态系统健康评价［J］. 人居环境，10：38-41.
北京市	北京市 30 个典型水体	河流湿地、湖泊湿地、人工/库塘湿地	2019	综合指数法	北京市 30 个典型水体全部处于健康和亚健康等级。密云水库处于健康等级；北运河流域健康状况有所改善。北京流域水生态健康状况持续向好	徐冉，张璇，黄玉霞，等，2021. 北京市水生态健康评价体系研究及应用［J］. 北京水务，4：10-15.
北京市	拒马河北京段	河流湿地	2018	鱼类生物完整性指数	拒马河北京段河流健康整体处于较差水平。拦河坝导致的河流片段化可能是主要影响因素，该研究提出了恢复生境的建议	袁立来，王晓梅，杨文波，等，2021. 基于鱼类生物完整性指数的拒马河北京段河流健康评价［J］. 生态毒理学报，16（4）：160-169.
北京市	半城子水库	人工/库塘湿地	2019	综合指数法	半城子水库处于健康等级。该研究从村庄生活污染控制、河道生态修复及库区水质改善等方面提出建议	秦斌，叶芝菡，朱昌，等，2021. 半城子水库水生态健康评价［J］. 北京水务，5：7-11.
北京市	密云水库上游西府营、安洲坝、对家河、西口外、六道河及菜食河	河流湿地	—	综合指数法	六条小流域健康状况差异显著。西府营、安洲坝、对家河流域为非常健康等级，西口外、六道河、菜食河为健康等级。该研究明确了控制建设用地比例、提高河岸植被质量及维护河道自然状态的重要性，可为生态河流建设提供参考	赵振华，朱莎莎，薛万来，等，2024. 流域水生态健康评价：以北京市密云水库上游为例［J］. 北京水务，（2）：17-23.

续表

省区市	湿地名称	湿地类型	年份	研究方法	主要结论	参考文献
北京市、天津市、河北省	永定河京津冀段	河流湿地	2020	大型底栖动物完整性指数	京津冀段生态健康状况不佳，评价结果为健康与较好比例仅占33.3%，官厅山峡段和桑干河段整体较好，洋河段和平原段较差，亟须开展河道治理与生态修复	孟翠婷，郎琪，雷坤，等，2021. 永定河京津冀段底栖动物群落结构特征及水生态健康评价［J］. 沈阳大学学报（自然科学版），33（4）：307-313.
福建省	闽江下游河流	河流湿地	2022～2023	综合指标体系法	闽江下游总体评价结果为良好，受福州市主城区的排污多、北港的污染扩散条件较差等的影响，南北港段的河流生态健康评价综合得分较低	张莉，陈强，陈宸，等，2024. 闽江下游河流生态健康评价研究［J］. 海峡科技，1：83-88.
福建省	九龙江、溪水库和坂头－石兜水库	河流湿地、人工/库塘湿地	2017～2019	综合指标体系法	坂头-石兜水库、九龙江和汀溪水库生态健康状况分别为好、较差和好。从时间变化来看，坂头-石兜水库呈现“V型”反转；九龙江总体呈改善趋势；汀溪水库一直处于最佳，波动较小	吕秀勤，2023. 基于时序全局主成分分析—熵权法的地区水质健康评价：以厦门地区饮用水源为例［J］. 环境科学导刊，42（1）：68-76.
福建省	九龙江口红树林湿地	滨海湿地	2019	活力-组织结构-恢复力	九龙江口红树林处于亚健康状态，且存在空间差异。互花米草入侵为主要威胁。应加大互花米草清除和控制力度，恢复拓展红树林和滩涂生境，恢复鸟类栖息地和觅食地，促进生物多样性自然恢复，以提升生态系统整体性和稳定性	张婉婷，马志远，陈彬，等，2022. 福建省九龙江口红树林生态系统健康评价：基于活力-组织结构-恢复力框架［J］. 生态与农村环境学报，38（1）：61-68.

续表

省区市	湿地名称	湿地类型	年份	研究方法	主要结论	参考文献
福建省	闽江河口国家湿地公园	滨海湿地	2018～2020	压力-状态-响应模型	闽江口国家湿地公园的潮间带盐沼、草甸与水体间景观类型反复变化且明显；生态健康均处于健康-亚健康状态，但受人类干扰、养殖密度、城镇与农业等人为因素的影响，总体呈下降趋势	吴建芳，随梦飞，刘恋，等，2022. 基于景观演变的滨海湿地生态健康评价与预测［J］. 水电能源科学，40（2）：57-60.
福建省	九龙江北溪	河流湿地	2018～2019	综合指数法、生物完整性指数	秋季北溪生态系统健康程度最佳而冬季最差，建有较多水电闸坝的河段健康程度较差，因此应加强具有较多闸坝河段的水质与水生态管理	林玲，2020. 多闸坝河流生态系统健康评价：以九龙江北溪为例［D］. 厦门：厦门大学.
福建省	漳江口红树林湿地	滨海湿地	2005、2011、2015、2017、2019	压力-状态-响应模型	漳江口红树林湿地整体健康状况恶化，健康等级由亚健康转变为一般。红树林集中的西部区域健康恶化明显，东部区域健康维持较好。互花米草急剧增长、水产养殖业扩增、海平面上升等是主要影响因素	钟连秀，2020. 漳江口红树林湿地生态系统健康水平综合评价研究［D］. 福州：福建农林大学.
福建省	闽东滨海湿地	滨海湿地	2018	压力-状态-响应模型	闽东湿地处于亚健康状态。主要表现为水质差、优势植物覆盖率低、生物多样性下降、湿地功能减弱、水质污染严重、生态环境退化等问题，闽东湿地保护与管理刻不容缓	陈凤，苏少川，陈妍，等，2020. 基于PSR模型的闽东滨海湿地生态系统健康评价［J］. 湿地科学与管理，16（3）：25-29.

续表

省区市	湿地名称	湿地类型	年份	研究方法	主要结论	参考文献
福建省	晋江流域	河流湿地	2010	综合指数法	晋江流域河流处于健康状态，其中存在的主要问题是总氮超标、中上游的土壤侵蚀，以及中游河道大量水利工程设施建设引起的河流连通性不足	林炳青，2020. 基于分布式水文模型的流域水生态功能区划与河流健康评价［D］. 福州：福建师范大学.
甘肃省	讨赖河流域	河流湿地	—	综合指数法	讨赖河流域处于较健康状态。受人类活动影响，生态环境脆弱，干流纵向连通性劣，中游工业发展迅速，下游农业生产用水量大，电站及蓄水工程较多，其开发利用区主要集中在中下游地区，造成水资源开利用程度高，用水结构不合理，用水效率偏低等问题	拜亚丽，2024. 讨赖河流域水生态健康评价［J］. 水资源开发与管理，10（3）：16-20.
甘肃省	典农河	河流湿地	2022	综合指数法	典农河生态系统健康状况为一般，水生生物中，物种丰度及多样性较高，处于亚健康状态；水资源指标健康状态较差，后期需重点关注水量调度与生态补水。该研究针对未来河流生态系统健康评价提出了保护与管理建议	徐宗学，马欣洋，2023. 河流生态系统健康评价：以银川市典农河为例［J］. 水利发展研究，23（9）：1-7.
甘肃省	黑河中游段河流	河流湿地	2020	综合指数法	黑河中游段河流健康状况处于理想状态。应更加关注黑河中游段河流的连通性和水生生物的群落结构和数量。该结果为黑河河流生态系统改善提供了参考	王娟，牛晓宇，孙亚玲，2023. 甘肃省黑河中游段河流生态系统健康评价［J］. 陕西水利，（9）：80-83.

续表

省区市	湿地名称	湿地类型	年份	研究方法	主要结论	参考文献
甘肃省	长江流域嘉陵江和汉江	河流湿地	2012～2021	指标体系法	该流域河流幸福指数呈先下降后上升的变化趋势，达到了基本幸福的程度，主要障碍因子为居民生活用水量和粮食产量。该评价能够客观反映该区域实际情况，对流域幸福河建设有一定借鉴意义	赵瑾，李茂，杨金娥，等，2023. 基于熵权-TOPSIS 模型的甘肃长江流域幸福河评价［J］. 水利规划与设计，8：88-92，105.
甘肃省	黄河兰州段	河流湿地	2021	压力-状态-响应模型	黄河兰州段湿地生态系统健康状况在压力、状态、响应三个层面及综合健康指数层面均处于一般状态。该研究明确了存在的现状问题，提出了景观优化设计策略与方法，为黄河兰州段湿地的生态保护与恢复提供参考借鉴	王如媛，2023. 基于生态系统健康评价的湿地景观优化研究：以黄河兰州段为例［D］. 昆明：昆明理工大学.
甘肃省	黑河中上游	河流湿地	—	大型底栖动物完整性指数	黑河整体健康状况处于“良好”状态，河流健康状况表现为中游河段>上游干流>上游支流。黑河大型底栖动物完整性与水体温度、水体中氮、磷等营养物质以及水中溶解氧的相关性极大	展洋，汪双，陈吉平，等，2023. 基于大型底栖动物完整性指数的黑河中上游水生生态系统健康评价［J］. 中国沙漠，43（2）：271-280.
甘肃省	讨赖河流域	河流湿地	—	指标体系法	讨赖河流域整体表现为较健康状态，但仍存在水资源利用程度较高。讨赖河流域岸线较长，且处于山区及戈壁之间，难以全面管理，导致时有水事违法事件	李生才，赵志权，2020. 讨赖河流域生态健康状况分析与评价［J］. 水利规划与设计，7：79-82.

续表

省区市	湿地名称	湿地类型	年份	研究方法	主要结论	参考文献
甘肃省	金川河流域	河流湿地	—	综合指数法	金川河流域上游生态系统健康良好，中下游较差并有恶化趋势，但整体上处于较差状态。该研究建议合理种植和改变土地利用方式，保障流域生态系统可持续发展	李国霞，苏军德，2020. 基于 GIS 的金川河流域生态系统健康评价［J］. 矿山测量，48（5）：100-104，141.
甘肃省	石羊河	河流湿地	—	综合指数法	石羊河为不健康状态。存在的主要问题有：气候变化和人类活动导致的水资源量递减，河道生态流量不达标等，针对问题提出了相应建议措施	刘兴强，2021. 石羊河生态构建研究及健康评估［J］. 陕西水利，4：7-9.
甘肃省	黄河榆中段河流	河流湿地	—	大型底栖动物完整性指数、综合指数法	黄河榆中段生态健康状况为“一般”，大型底栖动物完整性指数准确度高于多样性综合指数，10 个样点中，3 个为健康状态，4 个为亚健康状态，1 个为较差状态，2 个为差状态	周静，白雪兰，刘哲，等，2021. 基于大型底栖动物完整性指数和多样性综合指数评价黄河榆中段河流生态健康状况［J］. 甘肃农业大学学报，56（4）：103-111.
甘肃省、四川省	甘南及川西北地区湿地	沼泽湿地	1990 ~ 2015	驱动力-压力-状态-影响-响应模型	1990 ~ 2015 年高寒湿地生态系统健康水平下降严重。黑河、白河流域的若尔盖县、玛曲县健康状况最优，东北部的合作市、夏河县、舟曲县和临潭县健康状况最差	方宇，2020. 甘南及川西北高寒湿地生态系统健康评价［D］. 北京：北京林业大学.

续表

省区市	湿地名称	湿地类型	年份	研究方法	主要结论	参考文献
广东省	潼湖平塘	湖泊湿地	—	综合指标法	潼湖平塘整体处于亚健康状态，属于生态功能受损的三类湖泊。建议从外源污染物源端监管、污染水体和底泥治理、外来入侵物种防治建设等方面开展水污染防治。评价结果为湖泊的开发利用和保护修复提供决策依据	雷保栋，2023. 基于综合指标的潼湖平塘湖泊生态系统健康评价［J］. 广西水利水电，5：36-41.
广东省	大沙河	河流湿地	—	指标体系法	大沙河河流健康状态为“健康”。针对大沙河水生生物多样性较低、生态补水保障不足以及截污调度管控尚不完善等问题，建议完善补水系统，防治水污染，保护和修复生物多样性	周凯，2023. 深圳市大沙河河流生态系统健康评价及管理对策［J］. 水利科技，4：6-10，25.
广东省	观澜河	河流湿地	2021	大型底栖动物和淡水贝类特征	观澜河共采集到大型底栖动物 20 种，其中淡水贝类为 10 种。该研究从种类组成、现存量、多样性等方面对比分析五个采样点的大型底栖动物及淡水贝类，并提出观澜河水生动物恢复措施建议	白老朋，史凯升，薛跃辉，等，2023. 基于河道生态健康评价体系的观澜河水生动物多样性调查研究［J］. 人民珠江，44：89-94.
广东省	东江下游河流	河流湿地	—	底栖动物完整性指数	河流底栖动物完整性指数大部分健康状态不佳，其中较差和很差状态的占 45%。水体受污染、河流周边高强度开发建设是主要胁迫因素	马卓荦，胡和平，王赛，2023. 基于 B-IBI 的东江下游河流生态健康评价［J］. 长江科学院院报，40（9）：32-38.

续表

省区市	湿地名称	湿地类型	年份	研究方法	主要结论	参考文献
广东省	东江上游	河流湿地	2013	大型底栖动物指数	东江上游八条支流的生态健康状况总体较好，其中五条河流为极清洁	张辉，袁世辉，姚志鹏，等，2022. 基于底栖动物的东江上游生态健康状况评价［J］. 水生态学杂志，43（1）：24-29.
广东省	深圳湾	滨海湿地	2017	综合指数法	深圳湾福田红树林湿地鸟类生态健康处于亚健康状态，当前鸟类群落多样性中等、栖息地适宜性下降。提出相应对策，以提升鸟类生态健康水平	周琳，吴海轮，徐华林，等，2020. 粤港澳大湾区红树林湿地鸟类生态健康评价：以深圳湾为例［J］. 中国环境科学，40（6）：2604-2614.
广东省	湛江湾海岸带	滨海湿地	2010、2013、2015、2018	驱动力-压力-状态-影响-响应模型	2010 年、2013 年、2015 年、2018 年湛江湾生态健康分别为临界健康、较健康、临界健康、较不健康。主要影响因素为环境保护与治理资金投入、滨海旅游总人次等	陈梦华，陈峰，2021. 基于 DPSIR 模型的湛江湾海岸带生态系统健康评价分析［J］. 环境与发展，18-23，30.
广东省	珠海市竹银水库	人工/库塘湿地	—	综合指数法	银水库处于健康状态；主要胁迫因素有水动力条件差、污染输入、潜在水华风险等。该研究建议针对性地推进保护修复工作，发挥其饮用水源地重要功能	郭川，代晓炫，饶伟民，等，2021. 珠海市竹银水库健康评价研究［J］. 广东水利水电，3：12-17.

续表

省区市	湿地名称	湿地类型	年份	研究方法	主要结论	参考文献
广东省	茅洲河	河流湿地	2018	综合指数法	茅洲河态系统健康状况总体处于亚健康，且存在较强空间差异性和干支流差异性，整体看来上游好于下游，干流好于支流	陈炯，吴基昌，宋林旭，等，2021. 深圳市茅洲河河流生态系统健康评价［J］. 三峡大学学报（自然科学版），43（3）：1-5，64.
广东省、广西壮族自治区	沿海湿地	滨海湿地	2020	压力-状态-响应模型	广西与广东沿海湿地生态系统总体较健康，75%的城市湿地健康状态较好，健康等级为二级；25%的城市湿地处于亚健康水平；珠三角等地湿地面临的压力较大，应在城市化进程中注意湿地保护	贺智，郑志军，2023. 广西与广东沿海湿地生态系统健康评价［J］. 科学技术与工程，23（34）：14896-14904.
广东省、香港特别行政区、澳门特别行政区	粤港澳大湾区海岸带	滨海湿地	1990～2014	活力-组织结构-恢复力	1990～2014年研究区内生态健康整体呈现下降趋势。惠州市的生态健康程度最高，但生态下降情况也最为明显，江门市生态健康状况有所改善	徐月，2022. 基于多源数据的粤港澳大湾区海岸带生态健康评价［D］. 深圳：深圳大学.
广东省、香港特别行政区	城市红树林	滨海湿地	—	压力-状态-响应模型	生态系统健康指数淇澳岛（健康）>米埔（健康）>南沙（亚健康）>福田（亚健康）。存在病虫害与生物入侵、环境污染、生物多样性下降问题。该研究建议推广基于自然法则的生态恢复，提高红树林生态系统稳定性	张月琪，张志，江鏸倩，等，2022. 城市红树林生态系统健康评价与管理对策：以粤港澳大湾区为例［J］. 中国环境科学，42（5）：2352-2369.

续表

省区市	湿地名称	湿地类型	年份	研究方法	主要结论	参考文献
广西壮族自治区	会仙岩溶湿地	河流湿地、沼泽湿地	1988、2003、2018	压力-状态-响应模型	会仙湿地生态系统为亚健康状态。该研究针对湿地面临的水域面积减少、湿地水体污染严重和石漠化程度加重的问题，提出湿地健康可持续利用发展的建议	汪海伦，2022. 会仙岩溶湿地生态系统健康体系构建及评价［D］. 邯郸：河北工程大学.
广西壮族自治区	龙江和刁江流域	河流湿地	2014	硅藻指数	龙江样点均为良好及中等水质，刁江样点有少部分为良好等级水质，73%的样点水质为中等和差等水质，龙江水质整体水平要好于刁江	张昆，蔡德所，林金城，等，2021. 硅藻指数在龙江与刁江流域生态健康评价中的应用［J］. 中国农村水利水电，4：98-106.
广西壮族自治区	山口保护区、北仑河口保护区	滨海湿地	2016～2019	综合指数法	两个红树林生态系统健康状况均为健康。该研究发现了生态系统存在的薄弱问题，应针对性加强保护区的管理能力建设	宁秋云，2021. 广西海洋类保护区红树林生态健康评价与分析［J］. 安徽农业科学，49（8）：101-103，113.
广西壮族自治区	北部湾地区	滨海湿地	2019～2023	压力-状态-响应模型	2019～2022年广西北部湾红树林生态系统处于健康状态，2023年处于较健康的状态，相比于其他年份下降了一个等级	邓良超，2023. 基于多源遥感的广西北部湾红树林生态系统健康评估［D］. 桂林：桂林理工大学.

续表

省区市	湿地名称	湿地类型	年份	研究方法	主要结论	参考文献
广西壮族自治区	漓江流域	河流湿地	2001～2021	压力-状态-响应模型	流域整体处于中等和亚健康水平，桂林市辖区、临桂区等处于中等和亚健康水平；兴安县为亚健康水平。人口密度、人为干扰指数、景观格局指数等对流域生态健康影响较大。该研究从减少人为干扰、改善景观原生态、增强社会响应力等方面提出相关生态优化建议	杨帅琦，2023. 漓江流域景观格局演变与生态系统健康评价［D］. 桂林：桂林理工大学.
广西壮族自治区	九洲江流域	河流湿地	2016	综合指标体系法	九洲江流域生态健康整体良好；流域人均水资源占有量严重不足、生态保护用地面积占比偏低。该研究建议推进九洲江上中游水库和引水工程建设、持续开展流域点源/面源水污染综合治理	于嵘，潘泳羽，苏相琴，2022. 基于景观演变的滨海湿地生态健康评价与预测［J］. 水电能源科学，40（2）：57-60.
广西壮族自治区	会仙岩溶湿地	湖泊湿地	—	压力-状态-响应模型	会仙岩溶湿地处于亚健康状态。湿地资源受到了一定程度的破坏，生态恢复能力退化，生态系统不稳定。该研究建议应及时采取相应措施进行保护，促进湿地生态系统健康可持续发展	汪海伦，路明，邹胜章，等，2022. 会仙岩溶湿地生态系统健康评价［J］. 科学技术与工程，22（8）：3380-3386.
贵州省	光洞河	河流湿地	2020	综合指标体系法	光洞河健康水平具有明显的时空差异，枯水期闵家寨河流为病态，其余断面为亚健康状态，丰水期闵家寨、白马村断面健康水平显著提升；丰水期水体污染物主要来源为农业生产活动	李银久，李秋华，焦树林，2022. 基于改进层次分析法、CRITIC 法与复合模糊物元 VIKOR 模型的河流健康评价［J］. 生态学杂志，41（4）：822-832.

续表

省区市	湿地名称	湿地类型	年份	研究方法	主要结论	参考文献
贵州省	红枫水库、百花水库	人工/库塘湿地	2017～2019	指标体系法	红枫水库三个样点为亚健康状态，九个样点为健康状态，百花水库八个样点为健康状态。影响红枫水库健康指数的主要因子是总氮和总磷，影响百花水库的主要因子是透明度	熊梅君，2020. 贵州两座高原水库水生态健康评价［D］. 贵阳：贵州师范大学.
贵州省	红枫湖流域	湖泊湿地	2017	综合指数法	红枫湖属健康状态，物理结构是当前主要胁迫因子，生态环境脆弱，生态服务功能较低；红枫湖流域应实施差异化管理，重点任务是调结构、转方式，逐步修复生态系统	蒋啸，周旭，肖杨，等，2021. 面向湖泊生态系统健康维护的生态管控分区研究：以红枫湖流域为例［J］. 生态学报，41（7）：2571-2581.
贵州省	南明河	河流湿地	2020	综合指数法	南明河为健康状态。该研究所构建的贵州高原南明河水生态健康评价指标体系，分析南明河水生态健康结果具有可靠性	周世会，2021. 贵州高原河流水生态健康评价体系的建立及其在南明河中应用［J］. 贵阳：贵州师范大学.
海南省	南渡江、昌化江和万泉河	河流湿地		压力-状态-响应模型	南渡江流域生态健康状况为亚健康状态，昌化江流域、万泉河流域为健康状态，土地开发利用是面临的主要压力。该研究可为流域后续生态管护提供决策依据	李苑菱，陈宗铸，雷金睿，等，2024. 基于景观格局的海南岛典型流域生态健康评价［J］. 热带农业科学，44（3）：79-87.

续表

省区市	湿地名称	湿地类型	年份	研究方法	主要结论	参考文献
海南省	东寨港红树林湿地	滨海湿地	—	活力-组织结构-恢复力	东寨港红树林生态系统大多处于健康和亚健康等级，总体健康状况良好。该研究可为后续热带森林生态价值的评估体系研究提供参考	吴庭天，杨众养，陈宗铸，等，2020. 红树林生态系统健康评价指标体系的建立与应用［J］. 热带林业，48（1）：67-70，74.
海南省	花场湾红树林	滨海湿地	—	综合指数法	花场湾红树林属于亚健康状态，该研究分析了存在的健康风险及成因，提出了实施内外空间统筹管控和政策保障	曹虹，刘世好，刘斯垚，2020. 海南花场湾红树林生态系统健康评价与保护策略［J］. 中南林业调查规划，39（2）：16-19，28.
海南省	东寨港、五源河、美舍河、响水河、潭丰洋、三十六曲溪、铁炉溪和南丽湖八处湿地	滨海湿地、河流湿地、沼泽湿地、人工/库塘湿地	2013、2018、2019	压力-状态-响应模型	东寨港和五源河为健康状况，美舍河、南丽湖、三十六曲溪和铁炉溪为临界健康状况，而潭丰洋和响水河为不健康状况；人口增长、区域经济开发和建设、规模养殖扩张等是主要胁迫因素	雷金睿，陈宗铸，陈毅青，等，2020. 海南省湿地生态系统健康评价体系构建与应用［J］. 湿地科学，18（5）：555-563.
河北省	石河、新河、戴河、东沙河、饮马河、青龙河、西洋河	河流湿地	—	底栖生物完整性指数	西洋河和新河河流生态健康状态为非常健康，东沙河、饮马河、青龙河、戴河、石河河流生态健康状态一般	陆秋霖，朱晓铁，李富强，等，2024. 基于B-IBI指数的秦皇岛市水体健康评价［J］. 河北环境工程学院学报，34（2）：80-86.

续表

省区市	湿地名称	湿地类型	年份	研究方法	主要结论	参考文献
河北省	白洋淀湿地	湖泊湿地	2019	大型底栖动物完整性指数	两个点位为健康状态，三个点位为亚健康状态，三个点位为一般状态，两个点位为差状态，两个点位为极差状态	李文君，康立新，赵燕楚，等，2022. 基于大型底栖动物完整性指数的白洋淀湿地水生态系统健康状况评价研究［J］. 环境科学与管理，47（3）：164-168.
河北省	大清河	河流湿地	2019～2020	浮游植物完整性指数	秋季大清河流域46个采样点中，健康状态样点为12个，亚健康状态样点为10个，一般状态样点为9个，较差状态样点为7个，极差状态样点为8个。夏季41个采样点中，10个样点为健康状态，7个样点为亚健康状态，10个样点为一般状态，12个样点为较差状态，2个样点极差状态。该研究建议定时清淤、加强联通、生态补水、控制建设项目开发及污染源输入，以保证流域生态功能	安琦，2022. 基于P-IBI的大清河流域水生态完整性评价［D］. 保定：河北大学.
河北省	白洋淀	湖泊湿地	2021	综合指标体系法	捞王淀片区等八个片区为亚健康状况，弯篓淀片区等六个片区为一般状况，研究结果为我国建立浅水湖泊水生态系统健康评价体系提供支持	方彤竹，2022. 北方浅水湖泊水生态系统健康评价体系构建及应用研究［D］. 武汉：华中农业大学.

续表

省区市	湿地名称	湿地类型	年份	研究方法	主要结论	参考文献
河北省	白洋淀	湖泊湿地	2018	综合指数法	白洋淀湿地为亚健康状态，生境指标健康状况较差。该研究可为白洋淀生态治理提供理论参考	刘园园，程伍群，薄秋宇，等，2020. 白洋淀湿地生态系统演变及健康状态评价［J］. 河北农业大学学报，43（2）：111-115，146.
河北省	雄安城市湿地	人工/库塘湿地	2019	压力-状态-响应模型	研究区处于不健康状态，人为活动和气候是影响的重要因子，急需加强湿地保护和修复。该研究为雄安新区可持续发展和保护城市湿地资源提供理论依据	徐烨，杨帆，颜昌宙，2020. 基于景观格局分析的雄安城市湿地生态健康评价［J］. 生态学报，40（20）：7132-7142.
河北省	衡水湖	湖泊湿地	—	综合指数法	衡水湖整体处于亚健康状态。存在水资源短缺、湖面萎缩、联通不畅、轻度富营养、东小湖水功能不达标、岸带人工干扰等问题，该研究提出管理对策	李晓璐，2020. 衡水湖生态健康评估体系和方法探究［J］. 内蒙古水利，11：37-39.
河北省	白洋淀	湖泊湿地	—	生物完整性指数	23.08%的样点（圈头、采蒲台和后塘）处于亚健康等级，76.92%样点（南刘庄、鸳鸯岛等）处于一般等级	孟祥钰，2021. 白洋淀底栖生态健康评价研究［D］. 徐州：中国矿业大学.

续表

省区市	湿地名称	湿地类型	年份	研究方法	主要结论	参考文献
河北省	拒马河	河流湿地	2018	综合指数法	拒马河生态健康状况处于亚健康水平。该研究针对现状提出了保护对策：保证生态流量，进行河道生态修复；加大河道整治力度，保证河道的畅通；加强宣传教育，增强公众保护意识	寇利卿，2021. 拒马河生态健康评估及保护对策探究［J］. 水科学与工程技术，4：37-41.
河北省、北京市、天津市	永定河京津冀段	河流湿地	2018～2019	底栖生物完整性指数	永定河京津冀区域水生态健康整体不佳，健康与较好占比均不足50%；官厅山峡段和桑干河段健康状况较好，洋河段、永定新河和滨海段整体不佳，亟须开展河道治理与生态修复	孟翠婷，2021. 永定河京津冀段水生态环境特征分析及水生态健康评价［D］. 沈阳：沈阳大学.
河北省、北京市、天津市、内蒙古自治区、山西省、河南省	海河流域典型水库	人工/库塘湿地	2021	大型底栖动物完整性指数	海河流域14座典型水源型水库中，约1/3为健康状态，2/3为亚健康、一般和差状态，山区水库优于平原水库。该研究所形成的评价结果对进一步掌握海河流域水库的水生态状况及其保护修复提供数据参考和技术支撑	梁舒汀，王菲，吴丹，等，2023. 基于大型底栖动物完整性指数的海河流域典型水库水生态健康评价［J］. 生态环境学报，32（8）：1457-1464.
河南省	卫河	河流湿地	2022	综合评价指标体系	卫河生态流域属于不健康状态，水资源和水生态是制约卫河健康发展的根本因素，该研究建议应制定科学合理调度水资源方案	刘阳，董卫，黄强，2023. 卫河生态流域健康综合评价研究［J］. 人民黄河，45（10）：96-100.

续表

省区市	湿地名称	湿地类型	年份	研究方法	主要结论	参考文献
河南省	沁蟒河流域	河流湿地	1992～2022	压力-状态-响应模型	沁蟒河流域湿地生态系统健康较差。影响因素有人均GDP、人类干扰指数、水域面积、滩涂面积、湿地水质、湿地管理水平等。该研究提出了未来沁蟒河湿地保护与修复的对策和建议	李慧宾，2023. 河南省沁蟒河流域湿地生态系统演变及健康评价研究［D］. 郑州：华北水利水电大学.
河南省	伊洛河	河流湿地	2022	浮游藻类生物完整性指数	伊洛河整体处于亚健康状态，浮游藻类生物完整性指数适用于伊洛河水生态系统健康评价	李琦，2023. 基于浮游藻类生物完整性指数的伊洛河生态健康评价［D］. 郑州：华北水利水电大学.
河南省	沁蟒河湿地	河流湿地	1984、1991、2000、2010、2018	压力-状态-响应模型	沁蟒河处于较差健康程度；该研究预测沁蟒河湿地中的河流、河漫滩在2025年将进一步萎缩，林灌沼泽、草本沼泽将基本绝迹，形势十分严峻	张盛艳，袁子成，李卓倩，等，2022. 基于PSR模型的沁蟒河流域湿地生态健康评价与退化预测［J］. 河南科学，40（10）：1619-1627.
河南省	新密市小流域	河流湿地	2010～2015	指标体系法	流域整体除2012年和2015年为良好状态外，其余年份均为较好，呈向好趋势。该研究检验了熵值法-突变级数法的合理性和可行性，并根据结果提出了对应建议措施	胡起源，2020. 基于熵值-突变级数法的小流域生态健康评价及应用［D］. 郑州：华北水利水电大学.

续表

省区市	湿地名称	湿地类型	年份	研究方法	主要结论	参考文献
河南省	上街区河湖	河流湿地、湖泊湿地	2013～2018	综合指数法	上街区河湖健康总体处于良好状态。但东虢湖、上湖、开阳湖评价结果为中，发现了各河湖水生态环境还存在着一些亟待解决的问题	郑秋生，2020. 生态视角下的北方城市河湖健康评价研究：以上街区为例［D］. 郑州：郑州大学.
河南省	潢河	河流湿地	2017	综合指数法	潢河处于亚健康状态，亟须采取水系连通、防污控污、生态修复、水源涵养等多项综合整治措施，逐步恢复河道生机和活力	翟东辉，徐存东，王荣荣，等，2020. 集对分析-可拓学耦合模型在河流健康评价中的应用［J］. 中国农村水利水电，7：65-70.
河南省	郑州市东风渠	河流湿地	—	综合指数法	东风渠北部片区、主城区、郑东新区的评价结果分别是差、亚健康、差，并提出了针对性的修复措施	方晓，胡淦林，樊子豪，等，2021. 基于 AHP 层次分析法的郑州市东风渠生态健康评价［J］. 河南农业大学学报，55（3）：544-550.
河南省、陕西省	三门峡库区湿地	人工/库塘湿地	2017	压力-状态-响应模型	2017 年三门峡库区湿地生态系统健康处于脆弱等级，接近亚健康状态；物质供应、生态环境恢复、科研娱乐和受胁迫程度是主要影响因素	赵衡，闫旭，王富强，等，2020. 基于 PSR 模型的三门峡库区湿地生态系统健康评价［J］. 水资源保护，36（4）：21-25，74.

续表

省区市	湿地名称	湿地类型	年份	研究方法	主要结论	参考文献
河南省、陕西省	三门峡库区湿地	人工/库塘湿地	2017	压力-状态-响应模型	三门峡库区湿地生态系统健康处于亚健康与脆弱状态之间；物质供应、生态环境恢复、科研娱乐等是主要影响因素	闫旭，2020. 三门峡库区湿地生态系统服务功能价值及其健康状况评价［D］. 郑州：华北水利水电大学.
黑龙江省	呼兰河	河流湿地	2018～2019	大型底栖动物完整性指数	呼兰河整体健康水平为一般，评价等级为健康的点位仅占调查点位总数的17.9%。城镇化和农业生产是呼兰河生态系统健康面临的最主要威胁	宋聃，都雪，王乐，等，2023. 应用大型底栖动物完整性指数评价呼兰河的生态健康状况［J］. 水产学杂志，36（5）：100-111.
黑龙江省	穆棱河流域	河流湿地	2015～2017	综合指数法	穆棱河流域秋季水生态健康水平最高。健康状况由一般水平上升到亚健康水平，总体呈上升趋势	孙旭，2020. 穆棱河流域水生生物多样性与水生态健康评价［D］. 哈尔滨：东北林业大学.
黑龙江省	挠力河流域	河流湿地	2010～2018	景观生态健康综合指数	相较2010年，2018年挠力河流域景观生态健康由亚健康降低到中等水平；整体呈西部改善，东部和西南部退化的演变格局。该研究从生态用地保护、水土保持治理等方面提出针对性规划建议	宋爽，许大为，石梦溪，等，2021. 挠力河流域景观生态健康时空演变［J］. 南京林业大学学报（自然科学版），45（2）：177-186.
黑龙江省、吉林省	拉林河流域	河流湿地	2021	底栖硅藻生物完整性指数	拉林河流域整体健康状况一般，其中上游为健康状况，中游为较好至一般状况，下游为轻度至重度污染。底栖硅藻生物完整性指数能较好地反映研究区信息，并适用于拉林河流域生态健康评价	单涛，袁安龙，黄子芮，等，2023. 拉林河流域底栖硅藻群落结构特征及水生态健康评价［J］. 环境科学，44（3）：1465-1474.

续表

省区市	湿地名称	湿地类型	年份	研究方法	主要结论	参考文献
湖北省	汉江下游	河流湿地	2020	浮游生物完整性指数	调查河段秋季生态状况优于春季，不同公因子得分从不同的角度反映了调查河段不同季节与位置水生态状况的差异，进一步结合汉江流域生态特征，表明该方法能够较好地应用于调查河段	文威，李双双，冯桃辉，等，2023. 基于浮游生物完整性的汉江中下游生态健康评价［J］. 水生态学杂志，44（4）：85-91.
湖北省	东西湖区湖泊群	湖泊湿地	2019	微生物完整性指数	全部 19 个样点中，36.84% 为健康状态；42.11% 为亚健康状态；21.05% 为一般状态，甘家教湖和杨泗泾湖均为健康。基于 eDNA 的微生物完整性指数法在受损湖泊生态系统健康评价中具有广泛应用潜力	张迪涛，张鹏，王司阳，等，2023. 基于微生物完整性指数的水生态系统健康评价：以武汉市东西湖区湖泊群为例［J］. 中国环境科学，43（6）：3055-3067.
湖北省	黄柏河	河流湿地	2021	生物完整性指数和栖息地质量评价指数	黄柏河健康状况存在空间异质性，全流域表现为西支健康状态最好，东支为一般状态，干流最差。生物完整性指数更能全面反映黄柏河流域健康状况	张坤，李卫明，陈圣盛，等，2022. 基于大型底栖动物的黄柏河河流健康评价［J］. 长江流域资源与环境，31（10）：2218-2229.
湖北省	长江天兴洲	河流湿地	1989～2020	综合指标体系法	长江武汉河段的天兴洲处于健康状态	王茜雅，2022. 长江中游典型江心洲演变规律与生态健康评价［D］. 长沙：长沙理工大学.

续表

省区市	湿地名称	湿地类型	年份	研究方法	主要结论	参考文献
湖北省	汤逊湖	湖泊湿地	2020	综合指数法	汤逊湖健康等级为中等。湖水总氮、总磷超标严重，湖区西南部及东北部湖汊存在水体多环芳烃中等致癌风险、表层沉积物重金属很强潜在生态风险和多环芳烃中等生态风险，生物多样性较低，上述评价指标受人为因素影响较大	刘力，张雅，李朋，等，2022. 武汉市典型湖泊湿地生态系统健康评价：以汤逊湖为例［J］. 资源环境与工程，36（6）：773-781.
湖北省	引汉灌区汉北河和半头湖	河流湿地、湖泊湿地	2020	指标体系法	汉北河总体生态健康状况较好；半头湖总体健康状况较差。该研究评价结果反映了引汉灌区水生态状况，为灌区环境管理和河湖生态修复提供科学依据	严少军，董建华，冯亮，2022. 引汉灌区河湖生态健康评价体系研究［J］. 中国农村水利水电，（10）：6-11.
湖北省	长江支流桥边河	河流湿地	2019	压力-状态-响应模型	桥边河上游健康状况较好，越往下游，健康状况越差，枯水期和丰水期均表现出相同的变化趋势。桥边河丰水期健康状况明显好于枯水期	粟一帆，2020. 中小河流生态系统健康评价方法研究：以长江支流桥边河为例［J］. 宜昌：三峡大学.
湖北省	潜江市后湖管理区	河流湿地	2019	压力-状态-响应模型	后湖管理区健康状态处于中等水平；人口密度和水资源利用率是主要影响因素，未来小流域生态修复应注重城市化进程与生态环境保护协调发展	陈志鼎，王玲玲，2020. 基于 PSR 模型的潜江市后湖管理区生态系统健康评价［J］. 水电能源科学，38（7）：57-60.

续表

省区市	湿地名称	湿地类型	年份	研究方法	主要结论	参考文献
湖北省	香溪河流域	河流湿地	2017	综合指数法	三峡水库蓄水期香溪河流域水生态系统整体为良好，优和良等级分别占12.5%和79.2%；健康状况呈现支流优于干流、非回水区优于回水区的特点	孙徐阳，李卫明，粟一帆，等，2021. 香溪河流域水生态系统健康评价［J］. 环境保护科学，34（3）：599-606.
湖北省	大九湖国家湿地公园	河流湿地	2005、2010、2015、2019	综合指数法	大九湖国家湿地公园景观健康水平由亚健康提升至健康。人口密度、游客增长率、景观多样性等为大九湖国家湿地公园景观健康的主要影响因素	杨静涵，2021. 大九湖国家湿地公园景观健康评价研究［D］. 长沙：湖南师范大学.
湖北省	武汉市湖泊	湖泊湿地	1998～2018	底栖动物完整性指数	武汉市湖泊健康状况一般，34.6%处于亚健康状态以上，41.3%为一般水平，24.1%为较差状态。构建的底栖动物多参数完整性指数可在湖泊健康评价中推广应用	吴俊燕，赵永晶，王洪铸，等，2021. 基于底栖动物生物完整性的武汉市湖泊生态系统健康评价［J］. 水生态学杂志，42（5）：52-61.
湖北省	磁湖流域	湖泊湿地	2014～2018	压力-状态-响应模型	磁湖流域均处于一般健康状态；人口压力过大、氮磷含量过高及水资源利用效率过低等是影响磁湖流域生态健康的主要因素	蒋衡，刘蓬，刘琳，等，2021. 基于PSR模型的磁湖流域生态系统健康评价［J］. 湖北大学学报（自然科学版），43（6）：661-666.

续表

省区市	湿地名称	湿地类型	年份	研究方法	主要结论	参考文献
湖北省、河南省	丹江口水库	人工/库塘湿地	2019～2021	浮游植物完整性指数	丹江口水库整体处于健康水平，只有个别位点是亚健康水平	蒋叶青，2022. 丹江口水库浮游植物群落结构特征及生态健康评价［D］. 南阳：南阳师范学院.
湖南省	湘江干流	河流湿地	2022	大型底栖动物完整性指数	22个样点中有2个等级为优，7个等级为良好，8个等级为一般，5个等级为较差；上游永州段大型底栖动物完整性显著优于中下游；大型底栖动物完整性指数适用于湘江干流水生态状况评价	周湘婷，黄佳颖，易敏，2024. 基于大型底栖动物完整性指数的湘江干流水生态状况评价［J］. 湿地科学，22（3）：
湖南省	东洞庭湖	湖泊湿地	2021～2022	大型底栖动物完整性指数与综合生物指数	靠近出湖河道点位较为健康，湖体点位多为一般和较差状态，六门闸附近为极差状态。该研究利用综合生物指数和底栖动物完整性指数结合能为东洞庭湖的水生态健康评价提供参考	姚琦，黎明杰，麻林，等，2024. 基于大型底栖动物完整性指数与综合生物指数的水生态评价：以东洞庭湖为例［J］. 中国环境科学，44（3）：1476-1486.
湖南省	鄱阳湖	湖泊湿地	1980～2019	压力-状态-响应模型	1980～2009年渔业生境健康持续下降，2010年开始有一定改善。主要因素是人类活动和生态建设。该研究从管理制度、政策执法、生物保护等方面给出了治理建议，为鄱阳湖渔业生境保护和科学管理提供依据	梁涛，徐小雪，李帅，等，2023. 基于PSR模型的鄱阳湖渔业生境健康综合评价［J］. 南昌大学学报（工科版），45（4）：316-325.

续表

省区市	湿地名称	湿地类型	年份	研究方法	主要结论	参考文献
湖南省	鄱阳湖碟形湖	湖泊湿地	2021	指标体系法	鄱阳湖碟形湖水生态状况整体处于“好”状态，水质整体为贫营养状态	吴强，朱志刚，陈宇炜，等，2023. 鄱阳湖碟形湖浮游植物群落结构特征及水质健康状况评价［J］. 南昌工程学院学报，42（4）：12-20，27.
湖南省	金洲湖国家湿地公园	河流湿地	2019～2020	压力-状态-响应模型	金洲湖国家湿地公园生态系统属于健康和亚健康状态，该研究分析了其疾病因素及影响，为金洲湖湿地公园的管理和生态修复提供了科学依据	徐子晴，2022. 湖南金洲湖国家湿地公园生态系统健康评价［D］. 长沙：中南林业科技大学.
湖南省	横岭湖	湖泊湿地	2021	浮游植物生物完整性指数	横岭湖自然保护区水环境健康状况良好。横岭湖浮游植物种群影响较大的因素为总氮和溶解氧，这与洞庭湖其他区域的环境影响因子有所差别	余明峰，刘建中，夏丹，等，2022. 基于浮游植物生物完整性的横岭湖丰水期生态系统健康评价［J］. 湖南林业科技，49（4）：35-43.
湖南省	洞庭湖	湖泊湿地	2014～2018	综合指数法	尽管洞庭湖水体日趋富营养化，水质受到一定污染，但湿地生态健康状况为健康且无明显变化	毛晓茜，2020. 洞庭湖湿地生态环境健康评价［J］. 四川环境，39（5）：101-106.

续表

省区市	湿地名称	湿地类型	年份	研究方法	主要结论	参考文献
湖南省、湖北省、江西省、安徽省、江苏省	长江中下游浅水湖泊	湖泊湿地	1998～2018	生物完整性指数	长江中下游湖泊健康状况一般，仅有约20%处于健康水平，约25%的湖泊健康状况较差。该指数能够反映湖泊营养状态变化，可应用于浅水湖泊生态系统健康评价，为浅水湖泊修复和可持续发展提供科学基础	吴俊燕，和雅静，陈凯，等，2022. 基于O/E模型的浅水湖泊生态系统健康评价［J］. 中国环境监测，38（1）：27-35.
吉林省	北湖国家湿地公园	湖泊湿地	2021	综合指数法	长春北湖国家湿地公园生态系统健康指数呈健康等级。物种多样性和水环境质量是影响长春北湖国家湿地公园生态系统健康水平的主要因素	张永佳，付诗可，张洺也，等，2023. 长春北湖国家湿地公园湿地生态系统健康评价［J］. 环境生态学，5（6）：15-20.
吉林省	辽河流域	河流湿地	2005、2010、2015、2020	驱动力-压力-状态-响应模型	2005～2020年，辽河流域生态系统健康呈由东南向西北下降。主要有三大趋势：持续改善（伊通满族自治县、东辽县、龙山区）、恶化-改善（铁东区、双辽市）及改善-恶化-改善（梨树县）。温度、降水和GDP均对生态系统健康状况时空格局产生影响	任雅婷，2023. 吉林省辽河流域生态系统健康时空演变及驱动机制研究［D］. 长春：吉林农业大学.
吉林省	西流松花江、饮马河、伊通河、拉林河和东辽河	河流湿地	—	压力-状态-响应模型	长春市境内仅伊通河处于不健康状态，其他河流均为亚健康状态。水质问题是影响河流健康的首要因素，水资源过度开发利用和河道受损的影响程度次之，验证了本方法及建立模型的合理性与有效性	李尧，2022. 基于PSR和FAHP-CRITI模型的长春市河流健康评价研究［D］. 大连：大连理工大学.

续表

省区市	湿地名称	湿地类型	年份	研究方法	主要结论	参考文献
吉林省	金川泥炭地	沼泽湿地	2011～2018	水位盈亏指数	研究区不同斑块健康状况差异明显，呈现退化、受损、亚健康和健康四种类型。东部和南部处于退化状态，北部处于健康受损状态，中北部处于亚健康状态，西南处于健康状态	马良，2020. 东北地区泥炭地水文动态与生态系统健康诊断研究［D］. 长春：东北师范大学.
吉林省	吉林省西部 11 个湖泊	湖泊湿地	2018	大型底栖动物的多生物指标复合指数	11 个研究湖泊中，2 个生态健康状况极差，4 个为较差状态，3 个为一般状态，较好的只有新庙泡 1 个；鹅头泡是唯一 1 个极好的。该方法适用于研究区，并且优于单一的理化指标和生物指标评价方法	丁一凡，2021. 基于大型底栖动物多指标复合指数（MMI）的吉林省西部湖泊生态健康评价的研究［D］. 长春：东北师范大学.
江苏省	太湖流域	湖泊湿地	1999、2007、2011～2020	压力-状态-响应模型	1999 年、2007 年太湖流域生态健康状态为不健康，2011～2020 年处于一般健康至健康状态，总体上好转。环保投资的提高、水资源开发利用率优化在一定程度上改善了太湖流域生态健康	董稳静，陶艳茹，庞燕，等，2024. 基于 PSR 模型的太湖流域生态健康评价及主要影响因素［J］. 环境工程技术学报，14（3）：846-855.
江苏省	姑苏区河流	河流湿地	—	压力-状态-响应模型	苏州市姑苏区河流湿地生态健康状况处于中等等级，接近亚健康状态；城市的建设强度和植被覆盖率因素对姑苏区河流湿地的健康状态具有显著影响。	朱颖，王春文，周昕宇，等，2024. 基于 PSR 模型的城市河流湿地生态健康评价：以苏州市姑苏区为例［J］. 湿地科学与管理，20（1）：44-45，51.

续表

省区市	湿地名称	湿地类型	年份	研究方法	主要结论	参考文献
江苏省	阳澄湖	湖泊湿地	2022	浮游植物完整性指数	阳澄湖夏、冬季健康状态为一般、健康状态；夏季健康状况从优至劣依次为东湖、西湖、中湖，冬季为西湖、中湖、东湖。水环境因子驱动了浮游植物群落结构和生物完整性的变化	张顺婷，刘凌，黄艳芬，等，2024. 基于浮游植物完整性指数的阳澄湖生态健康状态评价［J］. 环境污染与防治，46（2）：216-220，261.
江苏省	北太湖金墅港圩地	湖泊湿地	2022	综合评估指标体系	生态修复过程中70%的点位处于健康水平，健康综合评价指数持续上升。生态修复工程有效地促进了生态系统的重建与恢复，能为其他湖泊修复提供借鉴	张勇，李灿，张华林，等，2024. 太湖沿岸浅水湖泊生态修复过程中生态系统健康评价［J］. 华东师范大学学报（自然科学版），1：17-28.
江苏省	陈塘湖	湖泊湿地	2021	指标体系法	陈塘湖生态状况良好。存在水体氮、磷浓度较高，中度富营养化和水生生物多样性偏低等问题。陈塘湖未来应加强污染防治和岸坡治理	支鸣强，白瑞泉，唐锡宁，等，2023. 常熟市湖泊生态健康评价探讨［J］. 水生态与水环境，10：32-34.
江苏省	苏南运河	人工/库塘湿地	2020～2021	综合指数法	苏南运河总体为亚健康状态，镇江段为健康状态，常州、无锡和苏州段为亚健康状态。该研究建议加强水生态修复及流域水环境综合管理，以实现苏南运河的可持续性发展	洪艺铭，王冬梅，王智源，等，2023. 苏南运河水生态健康关键表征指标识别与综合评价体系构建［J］. 环境科学学报，43（9）：407-417.

续表

省区市	湿地名称	湿地类型	年份	研究方法	主要结论	参考文献
江苏省	苏州市23个河道断面	河流湿地	2017～2018	大型底栖无脊椎动物生物完整性指数	苏州市各断面处于一般和良好状态的位点多于健康的点位，不同季节各点的健康状况不同。该研究运用大型底栖无脊椎动物生物完整性指数能很好地评价城市水体生态健康状况，对城市水体生态健康评价具有科学的指导意义	王秀云，韩政，谭梦，等，2023. 基于大型底栖无脊椎动物生物完整性指数的苏州市水体生态健康评价［J］. 上海海洋大学学报，32（4）：763-772.
江苏省	秦淮河	河流湿地	2019	生物完整性指数	秦淮河上游北支点位处于“健康”和“亚健康”状态的占比高于下游和上游南支，上游水生态健康状况整体优于下游。研究结果可为秦淮河水生态健康管理提供理论参考	叶奇青，甘燕，赵鑫莹，等，2023. 基于生物完整性指数的秦淮河水生态健康评估研究［J］. 环境科学学报，43（10）：407-418.
江苏省	南京市7个典型湖泊	湖泊湿地	2021～2022	浮游植物生物完整性指数	浮游植物生物完整性指数各点位以良好状态为主，其次是中等状态。空间上，月牙湖和南湖指数较高，玄武湖较低。时间上，各湖泊最高值和最低值大多出现在冬季和夏季。该研究为实现南京市典型景观湖泊的生态修复，提出六点建议	王芳，2023. 南京市区典型景观湖泊浮游植物群落结构及生态健康评价［D］. 桂林：桂林理工大学.
江苏省	洪泽湖	湖泊湿地	2020	底栖动物完整性指数	洪泽湖处于差的状态，成子湖处于极差状态，受入湖河流的影响严重。湖滨带处于一般状态，河口型湖滨带处于差状态，光滩型部分点位受污染严重。研究结果为洪泽湖湖泊监测方案制定提供可行参考	黎明杰，2023. 基于底栖动物群落结构特征的洪泽湖湖泊生态健康评价［D］. 桂林：桂林理工大学.

续表

省区市	湿地名称	湿地类型	年份	研究方法	主要结论	参考文献
江苏省	新济洲国家湿地公园	河流湿地	2020	综合指标体系法	新济洲湿地生态系统健康状态良好。主要制约因素为水质状况和人类活动强度，该研究建议实时监测水质污染情况，加强湿地公园管理体系和建设施工的管控，减小施工对湿地环境的影响	王红，邵京，李仁英，等，2023. 南京新济洲国家湿地公园湿地生态系统健康评估 [J]. 湿地科学与管理，19（2）：46-50.
江苏省	新济洲国家湿地公园	河流湿地	2020	景观开发强度法	整体上湿地公园的生态环境健康水平处于“健康”等级	邵京，王红，徐静，等，2022. 基于LDI方法的新济洲国家湿地公园生态健康评价 [J]. 绿色科技，24（2）：35-37，46.
江苏省	太湖流域	湖泊湿地	2019	底栖动物完整性指数	环境DNA方法与形态学方法结果94%的点位等级误差在1级以内，两种方法结果在流域空间上高度重合。环境DNA方法可靠，其规模化应用有望提高我国水生态系统健康评价技术水平	金珂，张丽娟，张伟，等，2022. 基于环境DNA宏条形码的太湖流域底栖动物监测与生态健康评价 [J]. 中国环境监测，38（1）：175-188.
江苏省	太湖流域	河流湿地、湖泊湿地、人工/库塘湿地	2018	浮游动物生物完整性指数	评价湖库中，阳澄湖、尚湖和昆承湖生态状况最好，长漾、横山水库、大溪水库和永河水库次之，其余多为一般和差状态。评价河流中，丹金溧漕河、盐铁塘和娄江生态状况最好，其余多为良和中状态。太湖流域受人为干扰较大，总磷干扰影响尤为明显	陈宇飞，严航，夏霆，等，2022. 基于浮游动物生物完整性指数的太湖流域生态系统评价 [J]. 南京工业大学学报（自然科学版），44（3）：335-343，356.

续表

省区市	湿地名称	湿地类型	年份	研究方法	主要结论	参考文献
江苏省	白马湖	湖泊湿地	2014～2019	驱动力-压力-状态-影响-响应模型	白马湖水生态健康状况改善具有明显的延迟性；影响白马湖的主要因素为上游区域污染负荷、入湖河流水质状况、流域水源涵养和污染拦截净化功能。保护首要任务是将外部干扰因素控制在可承载范围之内	柴丽娜，张磊，孙兆海，等，2021. 平原河网区浅水湖泊生态安全评估与时空差异性分析：以江苏省白马湖为例［J］. 生态与农村环境学报，37（12）：1559-1567.
江苏省	吴江区典型河流	河流湿地	—	综合指数法	横草路、乌桥港为健康状态，西大港、八荡河为亚健康状态，永新港为不健康状态；主要限制因子为流速状况、鱼类多样性指数、大型底栖动物多样性指数等。该研究针对性地提出了保护和恢复建议	陈志，李建华，崔志杰，等，2021. 苏州市吴江区典型河流生态健康评价［J］. 中国资源综合利用，39（12）：120-125.
江苏省	太湖	湖泊湿地	2018	鱼类生物完整性指数	西部湖区和湖心区为“一般”状态；南部湖区和梅梁湾为“中”状态；竺山湾为“中”至“优”状态；东部湖区和贡湖湾为“良”至“优”状态。鱼类为湖泊顶级生物类群，反映出水体物理、化学、生物等多种环境要素的综合结果	张翔，周国栋，王雷，2020. 太湖鱼类生物完整性指数构建与健康评价［J］. 水产学杂志，33（1）：25-32.
江苏省	无锡市境内八条河流	河流湿地	2018～2019	微生物完整性指数	改进后的生物完整性指数能够在污染程度严重的城市河网区对不同程度的受损位点进行鉴别，具有较高灵敏性与较广适用性。但其仍存在一些不足，今后需开展大规模的重复调查和实地验证，进一步提高指数的适用性	谢孟星，钱新，刘彤，等，2020. 基于微生物完整性指数的河流健康评价：以无锡市为例［J］. 环境科学学报，40（3）：1112-1120.

续表

省区市	湿地名称	湿地类型	年份	研究方法	主要结论	参考文献
江苏省	长江江苏段	河流湿地	2016～2017	浮游植物生物完整性指数	浮游植物生物完整性指数空间上呈“N”形变化，镇江与南通较高，江宁、栖霞和江阴较低；该指数与水温、高锰酸盐指数呈显著负相关；Ⅲ类功能群对浮游植物生物完整性指数有重要影响	刘凌，朱燕，李博韬，等，2020. 基于MBFG分类法的长江江苏段浮游植物生物完整性评价［J］. 水资源保护，36（4）：13-20.
江苏省	南京35条河道和南湖、莫愁湖两个湖泊	河流湿地、湖泊湿地	2017～2018	综合指数法	建邺区南部河道河流健康状况主要为优和良。中部河道河流健康状况较好，主要为良和一般。而北部河道河流健康状况主要为差和极差	王凯，2020. 城市内河水体健康评价指标体系研究：以南京建邺区为例［D］. 南京：南京师范大学.
江苏省	望虞河西岸湖荡群	湖泊湿地	2018～2019	指标体系法	望虞河西岸湖荡群生态系统健康状况有57.8%断面属于不健康状态或病态，作为引江济太工程水质保障的重要节点，湖荡群的水生态系统亟须恢复	云晋，2020. 望虞河西岸过水性湖荡群水生态系统健康评价研究［D］. 张家口：河北建筑工程学院.
江苏省	洪泽湖	湖泊湿地	2018	综合指数法	洪泽湖健康等级为良。面临主要问题有开发利用强度大，自由水面率低，水生植物覆盖度低；水质较差，总氮、总磷偏高，水体处于轻度富营养状态	蔡永久，张祯，唐荣桂，等，2020. 洪泽湖生态系统健康状况评价和保护［J］. 江苏水利，7：1-7，13.
江苏省	苏州市主要河流	河流湿地	2017～2018	综合指数法	苏州市城市水体的健康状况为较差和极差，特别是水生植物、鱼类生物完整性很差，该研究提出了生态保护恢复的相应对策	王秀云，2020. 城市水体生态健康评价体系的研究：以苏州市为例［D］. 上海：上海海洋大学.

续表

省区市	湿地名称	湿地类型	年份	研究方法	主要结论	参考文献
江苏省	盐龙湖	人工/库塘湿地	2018~2019	综合指数法	夏季盐龙湖水源生态净化系统污染程度最高，处于轻度富营养化状态。而秋季水质较优，生态状况良好，处于中营养状态	丁成，2020. 水源生态净化系统浮游生物功能群时空演替规律及生态健康评价［D］. 镇江：江苏大学.
江苏省	里下河地区41个湖泊湖荡	湖泊湿地	2018	压力-状态-响应模型	里下河地区湖泊湖荡群水生态健康综合指数介于1.37~4.83，其中绿洋湖综合指数最小，喜鹊湖最大；景观斑块破碎化程度增长造成湖泊湖荡群整体处于亚健康状态	何欣霞，2020. 里下河地区湖泊湖荡群生态系统健康评价及空间格局优化［D］. 重庆：重庆交通大学.
江苏省	太湖湖滨带	湖泊湿地	2015	综合指数法	2015年太湖湖滨带生态健康指数先降后增，贡湖>东太湖>竺山湾>南部沿岸>五里湖>西部沿岸>梅梁湾。叶绿素含量高、植物覆盖率低及滩地面积小是胁迫因素。该研究提出了不同类型湖滨带生态修复模式	张雯，黄民生，张廷辉，等，2020. 太湖湖滨带生态系统健康评价及其修复模式探讨［J］. 水生态学杂志，41（4）：48-54.
江苏省	扬州沿江河道	河流湿地	—	指标体系法	古运河（扬州段）生态系统健康状况为亚健康，符合实际情况，制定了古运河（扬州段）的生态修复措施	卢建琴，2020. 扬州沿江河道生态评价及治理措施研究［D］. 扬州：扬州大学.
江苏省	永安河小流域	河流湿地	2018	浮游藻类生物完整性指数	一个样点评价结果为健康，七个样点为亚健康，两个样点为一般	吕立鑫，王继华，祝亚楠，等，2021. 基于浮游藻类生物完整性指数的永安河小流域健康评价［J］. 安徽农业科学，49（1）：48-53.

续表

省区市	湿地名称	湿地类型	年份	研究方法	主要结论	参考文献
江苏省	如东近岸	滨海湿地	2010～2019	指标体系法	围垦初期如东近岸呈亚健康以上状态，中后期呈一般病态至亚健康状态，停止期呈亚健康及以上状态，较上一阶段出现好转。整体来看，三个阶段生态系统健康指数梯度差异较小，基本处于亚健康状态	袁鑫，2021. 如东近岸生态系统健康时空变化及影响因素［D］. 南京：南京师范大学.
江苏省	32 条骨干河流	河流湿地	2017	指标体系法	江苏省河流整体生态健康状况良好。该模型评价结果与实际情况相符，用于河流生态健康评价切实可行	马克迪，董增川，金大伟，等，2021. 基于改进的 POME 模糊综合评价模型的江苏省河流生态健康评价［J］. 水电能源科学，39（1）：67-70，74.
江苏省	太湖主要河口	河流湿地	2018～2019	浮游植物完整性指数	河口整体呈较差状态；春夏秋冬水生态健康等级依次为较差、较差、一般和一般。水温、pH 和高锰酸盐指数是主要影响因素	马廷婷，范亚民，李宽意，等，2021. 基于浮游植物完整性指数的太湖主要河口生态健康评价［J］. 生态与农村环境学报，37（4）：501-508.
江苏省	宝应湖	湖泊湿地	—	驱动力-压力-状态-影响-响应模型	宝应湖总体处于“较好”状态，东南部处于“很好”状态，西南部处于“中等”状态，西北部处于“较差”状态。该研究明确了存在的主要问题，提出了针对性建议	张炜，孙晨，苏晨，等，2021. 湖泊生态环境系统健康评价与研究［J］. 水利规划与设计，4：15-19，31.

续表

省区市	湿地名称	湿地类型	年份	研究方法	主要结论	参考文献
江苏省	太湖流域	湖泊湿地	2019	生物完整性指数	太湖流域整体处于亚健康状态，两个季度水体生态健康状态具有较好的一致性。环境监测新技术用于湿地健康评价具有很好的应用价值	薛棋文，2021. 基于eDNA宏条形码的太湖流域沉积物原生生物监测与生态健康评价研究［D］. 常州：常州大学.
江苏省	洪泽湖	湖泊湿地	2020	综合指数法	洪泽湖水生态健康评价等级为“中”。总氮和总磷是主要影响因素，该研究基于“点（生物）—线（湖岸带）—面（湖面）”思路，提出了洪泽湖水生物种多样性恢复的生物调控措施	杜云彬，2021. 洪泽湖生态系统健康评价与污染负荷总量控制研究［D］. 重庆：重庆交通大学.
江苏省	武南区域河湖	河流湿地、湖泊湿地	2018	底栖动物完整性指数	该区域水生态健康等级以一般和中为主。氮、磷污染是影响底栖动物多样性及水生态健康评价等级提升的重要因素	张海燕，沈丽娟，周崴，等，2021. 基于底栖动物完整性指数的常州武南区域水生态健康评价［J］. 环境监测管理与技术，33（4）：35-39，52.
江苏省	里下河腹部地区41个湖泊湖荡	湖泊湿地	2018	压力-状态-响应模型	里下河腹部地区41个湖泊湖荡中健康状态的占4.9%，亚健康状态的占87.8%，不健康状态的占7.3%。研究结果为围圩养殖区湖泊水生态系统健康评价、退圩还湖及水生态修复规划提供重要技术方法	林妙丽，陈诚，张建华，等，2021. 基于PSR的围圩养殖区湖泊湖荡群水生态系统健康评价［J］. 环境科学学报，41（10）：4315-4324.

续表

省区市	湿地名称	湿地类型	年份	研究方法	主要结论	参考文献
江苏省、安徽省	水阳江（高淳段）	河流湿地	—	综合指标体系法	水阳江（高淳段）河流生态系统健康等级为亚健康。其中，河道改变程度、河岸带宽度、总氮含量、底栖动物多样性、防洪达标率是影响河流生态系统健康的主要因子	方国华，张文慧，郭枫，等，2023. 基于云模型的平原河流生态系统健康评价［J］. 长江科学院院报，40（4）：9-16.
江苏省、山东省	海州湾	滨海湿地	2013～2022	鱼类完整性指数	海州湾鱼类资源状况不佳，高耐污鱼类和杂食性鱼类所占比例有所增加，渔业资源承受过度捕捞、气候变化等多方面的压力，亟须采取科学有效保护和修复措施	蒋圣琪，徐宾铎，张崇良，等，2024. 基于鱼类生物完整性指数的海州湾生态健康评价［J］. 上海海洋大学学报，33（2）：424-432.
江苏省、上海市、浙江省	淀山湖、元荡、“蓝色珠链”湖荡区及22条主要河流	湖泊湿地、河流湿地	2021	底栖生物完整性指数	研究区水生态健康状况良好，健康及亚健康状态样点占67.7%，湖泊及湖荡区域多优于河流；该指数对水体有机污染、富营养化有较好指示作用。底栖生物完整性指数在湖荡区水生态评价中具有很好的适用性	秦红，翟凌阁，徐枫，等，2023. 湖荡区大型底栖无脊椎动物评价方法适用性探讨：以长三角一体化示范区为例［J］. 华东师范大学学报（自然科学版）. 6：134-144.
江苏省、浙江省	盐城、杭州湾南岸及象山港滨海地区	滨海湿地	1990～2018	驱动力-压力-状态-响应-调控模型	1990～2018年，三个研究区健康均发生了下滑，杭州湾南岸最为堪忧，由健康状态退化为不健康状态；象山港从健康状态转变为亚健康状态；盐城降幅最小，均处于亚健康状态。人类活动导致景观格局破碎化、湿地资源退化，以及生态环境恶化	周子靖，2020. 滨海地区生态系统健康演化及模拟研究［D］. 宁波：宁波大学.

续表

省区市	湿地名称	湿地类型	年份	研究方法	主要结论	参考文献
江西省	乐安河	河流湿地	2019	大型底栖动物完整性指数	乐安河5月健康评价结果中有50%的点位处于健康状态，10月评价结果中有50%的点位处于“健康”或“良好”状态。对比健康评价，乐安河5月水生态健康水平优于10月	田鹏，2023. 乐安河大型底栖动物分布格局与健康评价研究［D］. 武汉：华中农业大学.
江西省	鄱阳湖	湖泊湿地	2010～2020	综合指标体系法	鄱阳湖生态健康状况为亚健康，主要受泄流能力、水文节律变化、富营养化程度和物种多样性的影响。该研究探讨了鄱阳湖水生态系统中亟须解决的问题，针对性地提出了鄱阳湖保护的对策与建议	毛智宇，徐力刚，赖锡军，等，2023. 基于综合指标法的鄱阳湖生态系统健康评价［J］. 湖泊科学，35（3）：1022-1032.
江西省	赣江尾闾地区鄱阳湖湖汊	湖泊湿地	2017～2019	综合指数法	2018年湖汊健康状态好于2017年，夏季好于秋季好于冬季好于春季；南支所属湖汊健康优于中支和北支，湖汊水面大小及季节变化是主要影响因素。通过水系连通等精准调控可提升健康状态	刘伟佳，邹大胜，裴青宝，2021. 赣江尾闾地区鄱阳湖湖汊健康状况评价［J］. 水生态学杂志，42（2）：1-7.
江西省	芳兰湖	湖泊湿地	2019～2020	综合指数法	目前芳兰湖修复工程初有成效，生态健康状况从修复前的“差”等级提升为现在的“中”等级，该研究提出了几条未来芳兰湖生态健康维持管理策略	张明睿，2020. 湖泊生态修复期的生态环境变化过程与健康评价研究：以芳兰湖为例［D］. 马鞍山：安徽工业大学.

续表

省区市	湿地名称	湿地类型	年份	研究方法	主要结论	参考文献
江西省	鄱阳湖	湖泊湿地	1995、2005、2015	景观格局生态健康评价指数	鄱阳湖整体健康状况一般，湖畔较差，内湖和湿地自然保护区较好。基于景观格局特征的综合评价法在湿地生态系统健康评估中有效	刘玲玲，2021. 基于景观格局的鄱阳湖湿地生态健康评价指数的构建［D］. 南昌：江西师范大学.
江西省	鄱阳湖	湖泊湿地	1998～2019	压力-状态-响应模型	鄱阳湖湿地生态系统健康处于亚健康等级，鄱阳湖湿地受到一定程度的干扰，生态系统状态欠佳。枯水天数、最低生态水位满足程度和江豚数量是制约因素	李众，2021. 基于 PSR 模型的鄱阳湖湿地生态健康评价［D］. 新乡：河南师范大学.
江西省	抚河流域	河流湿地	2010～2018	压力-状态-响应模型	研究区生态系统健康呈现“南—北”空间分布。生态健康相对较好处于抚河上游的广昌县、黎川县；而相对较差的位于抚河流域中游的东乡区和崇仁县	刘翔宇，2021. 基于 PSR 和 SD 模型的抚河流域生态系统健康评价及发展态势研究［D］. 南昌：东华理工大学.
辽宁省	六股河	河流湿地	2018～2020	改进的随机森林算法	六股河水生态健康总体呈良好发展态势，从微病态逐渐转变成微健康。主要与近几年实施生态治理措施有关。改进的随机森林算法对河流水生态健康状况评价具有较强适用性与可靠性，为河流水生态保护和水资源管理提供指导	宋鹏超，2024. 葫芦岛市六股河水生态健康状况评价［J］. 黑龙江水利科技，52（3）：154-157.

续表

省区市	湿地名称	湿地类型	年份	研究方法	主要结论	参考文献
辽宁省	浑河	河流湿地	2020	大型底栖动物生物完整性指数	12 个点位中达到健康状况的点位有 2 个，达到亚健康和一般健康的各 4 个，达到差和极差的各 1 个；受人为干扰浑河水系整体连通性稍差，生境类型和生态功能差异明显，各点位健康状态呈多样化发展	武祎，2024. 浑河水生态健康状况评价［J］. 水土保持应用技术，（1）：32-34.
辽宁省	卧龙湖	湖泊湿地	—	综合指标体系法	卧龙湖达到中等健康水平。从北向南各单元生态健康状态逐渐变好，南部和中部达到较健康水平，北部局部达到较差状态。该研究提出严守生态保护红线、加强供水及饮用水保护和推进退渔退圩还湖等水生态修复保护对策	龚祖，2024. 卧龙湖水生态健康状况评价［J］. 水土保持应用技术，1：37-40.
辽宁省	碧流河	河流湿地	2016～2020	底栖动物的物种多样性	断面流域整体生物多样性水平偏低且生物种类分布均匀性较差。2018～2020 年断面流域中清洁物种明显多于 2016～2017 年，而耐污物种则呈相反趋势	王中卫，刘子成，马骏，等，2023. 基于底栖动物群落结构特征的大连地区某河流流域生态健康研究［J］. 环境科学与管理，48（8）：127-131.
辽宁省	太子河流域	河流湿地	2000～2020	综合指数法	太子河上游南甸—观音阁水库段总体处于健康状态，中游观音阁水库以下—葠窝水库以上段处于一般健康状态，下游葠窝水库以下—唐马寨段处于较差的状态。该研究对于太子河流域水生态系统治理规划具有重要参考价值	徐永远，2023. 基于栖息地质量综合指数的太子河流域水生态综合评价研究［J］. 水利技术监督，6：80-83.

续表

省区市	湿地名称	湿地类型	年份	研究方法	主要结论	参考文献
辽宁省	太子河流域	河流湿地	2021	综合指数法	太子河流域健康状况一般，植被覆盖程度高、人为干扰弱的中上游健康状况好，农业活动大、城镇化水平高的下游较差。中上游管理目标应侧重物种和自然生境保护，下游应侧重水域生态环境修复	王彩艳，2023. 太子河流域鱼类群落结构以及水生态健康评价［D］. 武汉：华中农业大学.
辽宁省	浑河流域	河流湿地	2021	综合指数法	64.10%的样点处于一般及以上健康状况，35.90%的样点处于较差健康水平。浑河流域整体上处于一般及以上水平。中上游健康状况较好，而下游较差，主要受不同区域人类活动强度的影响	谢军，2023. 浑河流域鱼类和浮游植物群落空间异质性及健康评价研究［D］. 武汉：华中农业大学.
辽宁省	海城河	河流湿地	—	综合指标体系法	海城河整体处于亚健康状态，全河均面临着一定的水环境问题；对于河流水生态健康评价改进的模糊物元分析法具有较强适用性与可靠性，可为其他河流水生态评价提供一定参考	赵正强，石海兰，2023. 海城河水生态健康评价［J］. 水土保持应用技术，2：23-25.
辽宁省	辽河流域	河流湿地	2012	大型底栖动物完整性指数	流域水生态健康整体水平较差，超过1/2河段存在大型底栖动物群落结构退化现象。该指数能准确表征辽河流域水生态健康状况	刘思思，尚光霞，高欣，等，2023. 基于大型底栖动物生物完整性的流域水生态健康评价：以辽河流域为例［J］. 环境工程技术学报，13（2）：559-566.

续表

省区市	湿地名称	湿地类型	年份	研究方法	主要结论	参考文献
辽宁省	蒲河沈阳段	河流湿地	2019～2020	综合指数法	蒲河整体属于健康水平。在形态结构完整性、水生态完整性与抗扰动弹性、生物多样性、社会服务功能可持续性等方面保持健康状态，但在某些方面还存在一定缺陷，提出了理治理对策及方向	金华锋，2023. 蒲河生态健康调查评价研究［J］. 水土保持应用技术，1：16-19.
辽宁省	大凌河	河流湿地	—	栖息地质量指数	大凌河中游城市段栖息地指数低于120，总体处于一般状况，上游段和中游栖息地高于120，水生态总体处于较好状况	姜巽，2022. 基于栖息地质量指数的大凌河水生态环境状况研究［J］. 水土保持应用技术，2：3-5.
辽宁省	重点河湖湿地	河流湿地、湖泊湿地	—	综合指标体系法	大麦科湿地、三岔河湿地处于健康状态，仙子湖、卧龙湖、獾子洞和阜新阿尔乡湿地处于亚健康状态。该研究针对存在的主要问题提出管理对策，旨在为河湖湿地生态保护提供一定的参考	曲世帅，2022. 辽宁省河湖湿地生态系统健康评价与管理对策研究［J］. 水土保持应用技术，2：34-37.
辽宁省	辽河	河流湿地	2020～2021	生物完整性指数	整体上辽河流域健康状况较好。该研究建议四种生物指标相互综合，使其评价结果更为科学准确，为我国北方河流建立健康评价体系提供参考	刘越，2022. 应用IBI评价辽河水生态系统健康的研究［D］. 大连：大连海洋大学.
辽宁省	太子河本溪城区段	河流湿地	2017	综合指数法	仅有22%断面处于健康状态、56%断面处于亚健康状态、22%断面处于一般状态，太子河本溪城区段大部分流域处于亚健康状态，水生态系统退化，需要加强管理和治理保护	于英潭，王首鹏，刘琳，等，2020. 太子河本溪城区段河流水生态系统健康评价［J］. 气象与环境学报，36（1）：89-95.

续表

省区市	湿地名称	湿地类型	年份	研究方法	主要结论	参考文献
辽宁省	辽河保护区河流	河流湿地	2018	综合指数法	辽河保护区河流水生态健康状况总体为中等，河床稳定性、河道弯曲程度、化学需氧量、总磷度等为中等，总氮为病态。辽河保护区仍存在河床稳定性差、水质污染、鱼类多样性较低等问题	李海霞，韩丽花，蔚青，等，2020. 基于灰色关联分析法的辽河保护区河流水生态健康评价［J］. 环境工程技术学报，10（4）：553-561.
辽宁省	太子河	河流湿地	2019	指标体系法	影响太子河流域生态健康的关键指标有电导率、BOD_5等。太子河中游栖息地质量指数相对较低；上游较高，该区总体水生态系统处于亚健康状态	盖继明，2020. 基于生态栖息地质量指标法对太子河水生态系统健康评估［J］. 吉林水利，8：32-36.
辽宁省	辽河口潮滩湿地	滨海湿地	2015、2017、2019	压力-状态-响应模型	2015 年、2017 年和 2019 年辽河口潮滩湿地生态系统健康分别处于“中等”“亚病态”和“亚病态”状态。该研究继续加强了辽河口潮滩湿地修复，对河口湿地生态恢复有借鉴意义	康亚茹，许慧，张明亮，等，2020. 基于 PSR 模型及灰色系统理论的辽河口潮滩湿地生态系统健康评估与预测研究［J］. 水利水电技术，51（11）：163-170.
辽宁省	辽河流域	河流湿地	2018	大型底栖动物完整性指数	17 个点位为健康状态，9 个为良好状态，5 个为一般状态，辽河流域整体处于健康一般状态，较 2007 年评价结果有明显改善	姜永伟，卢雁，问青春，等，2020. 基于大型底栖动物完整性指数的辽河流域水生态健康评价［J］. 环境保护科学，46（6）：103-109.

续表

省区市	湿地名称	湿地类型	年份	研究方法	主要结论	参考文献
辽宁省	辽河	河流湿地	2017	综合指数法	辽河水生态健康总体属于亚健康状态，石佛寺水库以上处于亚健康状态，从上游到下游，城市段河道生态需水难得到有效满足，因此栖息地质量数有所减少	李晓娜，2021. 栖息地质量指数方法在辽河水生态健康评价指标体系中的应用［J］. 水利技术监督，4：59-61.
辽宁省	辽河流域	河流湿地	2019～2020	综合指数法	浑河枯水期和丰水期健康状态为较差和一般，大伙房水库枯水期和丰水期健康状态为一般和良好。主要胁迫因素为生态流量保障程度、水资源开发利用强度等	陈兰，2021. 辽河流域典型优控单元水生态健康评价及风险评估［D］. 西安：西安工程大学.
辽宁省	碧流河	河流湿地	2019	综合指数法	碧流河生态健康总体达健康水平。流经城镇段河流受人为干扰较大，水资源开发量大且河岸有排污口，极大地破坏了鱼类和水生物栖息地	孙德成，2021. 基于河流生态健康评价与治理对策研究：以碧流河为例［J］. 水利科学与寒区工程，4（4）：175-178.
辽宁省	沈阳市浑河、北沙河	河流湿地	2020	鱼类生物完整性指数	研究区生态系统健康状况为差的占 30%，极差占 70%，受人类活动严重干扰，河流鱼类资源减少，种类组成趋向单一化。该研究针对生态系统健康状况下降问题，提出相关生态修复建议	曹小磊，荆勇，何爱玲，等，2021. 沈阳市浑太水系水生态健康评价及修复建议［J］. 农村经济与科技，19：25-27.

续表

省区市	湿地名称	湿地类型	年份	研究方法	主要结论	参考文献
宁夏回族自治区	鸣翠湖	湖泊湿地	2020	浮游植物完整性指数	鸣翠湖良好的点位有两个，中的点位有一个，差的点位有两个，很差的点位有一个。浮游植物细胞总密度较高导致浮游植物完整性指数较低	陈琪，马瑞兵，谭嘉伟，2024. 鸣翠湖浮游植物完整性指数构建及水生态健康评价［J］. 中南农业科技，45（1）：127-131.
宁夏回族自治区	阅海国家湿地公园	湖泊湿地	2018～2019	综合指数法	阅海国家湿地公园呈中等健康水平。地表水质恶化、水源保证率低、野生动物栖息环境缺失等是主要胁迫因素，该研究建议组建水资源联动管理体系并形成生态水位协调机制以提升阅海湿地健康水平	张洺也，王雪宏，佟守正，等，2022. 宁夏阅海国家湿地公园生态系统健康评价［J］. 环境科学与技术，45（S1）：247-253.
宁夏回族自治区	太阳山湿地	河流湿地、湖泊湿地、沼泽湿地、人工/库塘湿地	2019～2020	指标体系法	研究区水生生态系统健康状况为病态，东湖健康状况最差，其次为小南湖，南湖及西湖健康状况同样不容乐观，亟须采取科学有效的措施进行治理	欧阳虹，孙旭杨，邱小琮，等，2022. 宁夏太阳山湿地水生生态系统健康评价［J］. 环境监测管理与技术，34（4）：38-42，48. 欧阳虹，2021. 太阳山湿地水生生态系统健康评价［D］. 银川：宁夏大学.
宁夏回族自治区	阅海湖	湖泊湿地	2015～2017	指标体系法	阅海湖 2015～2017 年春季、夏季和秋季水生生态系统健康均为亚健康状态，冬季均为健康状态。氮磷营养盐超标是阅海湖处于亚健康状态的主要原因	李世龙，雷兴碧，邱小琮，等，2020. 银川阅海湖水生生态系统健康评价［J］. 南水北调与水利科技（中英文），18（3）：168-173，200.

续表

省区市	湿地名称	湿地类型	年份	研究方法	主要结论	参考文献
宁夏回族自治区	星海湖	湖泊湿地	2015～2017	综合指数法	星海湖整体呈亚健康状态；冬季为健康状态，春季和秋季均为亚健康状态，需加强星海湖生态恢复及水环境治理	吴岳玲，郭琦，邱小琮，等，2020. 星海湖水生生态系统健康评价［J］. 水力发电，46（5）：1-4，66.
宁夏回族自治区	清水河流域	河流湿地	—	指标体系法	原州城区与彭堡镇生态健康状况差，三营镇与头营镇较差，开城镇、中河乡及寨科乡一般。基于随机森林算法为流域生态系统健康评价提供了一种新方法	王文川，梅宝澜，李磊，等，2020. 基于随机森林算法的清水河流域生态系统健康评价［J］. 华北水利水电大学学报（自然科学版），41（6）：11-17.
宁夏回族自治区	宁夏重点湖泊	湖泊湿地	—	综合指数法	沙湖、星海湖、阅海、腾格里湖为亚健康状态，鸣翠湖和宝湖为健康状态。该研究根据各湖泊湿地生态系统健康评价的结果分析各湖泊存在的问题，有针对性地提出管理建议	田巍，周志轩，陈耀文，2021. 宁夏重点湖泊生态健康评价与修复对策研究［J］. 中国农村水利水电，1：28-31.
宁夏回族自治区	黄河流域（宁夏段）	河流湿地	2021	栖息地综合指数、生物完整性指数	水生态健康为一般和亚健康状态。差的点位集中在苦水河流域，健康的点位集中在中卫水系，健康的点位集中在北部和中部地区	李霖，2023. 黄河流域（宁夏段）水生态监测点位优化及健康评价［D］. 银川：宁夏大学.

续表

省区市	湿地名称	湿地类型	年份	研究方法	主要结论	参考文献
宁夏回族自治区	典农河上游段流域	河流湿地	2020	综合指标体系法	典农河上游段为亚健康状态，水生态系统已遭到破坏，结合建设黄河流域生态保护和高质量发展先行区的要求，应从源头抓起，亟须防止氮磷营养盐的外源性输入	曹占琪，2022. 典农河上游段水生态系统健康诊断与评价［D］. 银川：宁夏大学.
宁夏回族自治区	沿黄城市群湿地	河流湿地、湖泊湿地、沼泽湿地、人工/库塘湿地	2000～2018	压力-状态-响应模型	湿地生态系统健康状况逐渐呈现先向好后变差的态势，且整体呈现变差的趋势。研究时期湿地生态较好的区域分布在中宁县，大武口、惠农区和银川市辖区，灵武市和惠农区	高祖桥，2022. 基于景观格局演变分析的宁夏沿黄城市群湿地生态系统健康评价研究［D］. 兰州：西北师范大学.
青海省、四川省、甘肃省、宁夏回族自治区、内蒙古自治区、陕西省、山西省、河南省及山东省	黄河干流	河流湿地	2019	底栖动物生物完整性指数	黄河干流亚健康及以上状态断面占比为秋季高于春季；自源区沿河而下健康下降；库区断面健康低于临近自然河段。底栖动物生物完整性指数与盐度、总氮、城镇及农田用地占比呈显著负相关。研究结果为黄河生态保护与管理提供科学依据	冯治远，侯易明，阴琨，等，2024. 基于底栖动物生物完整性指数的黄河干流生态健康评价［J］. 湖泊科学，36（2）：512-529.
青海省	长江正源沱沱河和长江南源当曲	河流湿地	2022	底栖动物完整性指数	长江源总体处于健康状态，波陇曲汇入口至唐古拉山镇河段受损较为严重。人口密集，污染物负荷较大是主要影响因素。该研究建议对受损河段重点关注，并有针对性地开展生态修复整治	简文杰，张斌兴，罗洪波，等，2023. 基于B-IBI的长江源生态健康评价［J］. 人民长江，54（11）：31-35.

续表

省区市	湿地名称	湿地类型	年份	研究方法	主要结论	参考文献
青海省	黑河源国家湿地公园	河流湿地	2014～2021	活力-组织力-恢复力模型	黑河源区2014～2021年生态系统较为健康，今后黑河源区应该以生态功能为主，兼顾牧业生产，保证生态系统朝着“生态和谐”的健康方向发展	孙玮婕，乔斌，于红妍，等，2024. 基于活力-组织力-恢复力的黑河源区高寒湿地景观生态健康评估［J］. 干旱区研究，41（2）：301-313.
青海省	青海湖流域	湖泊湿地	2000、2005、2010	综合指数法	流域三期生态健康状况为不健康、亚健康及健康，空间上由东—西逐渐递减；2000～2010年生态健康稳定上升，流域中西部、东南部改善明显，而东部及西南部局部有所恶化。气候变化对青海湖流域生态健康状况产生了一定影响	吴恒飞，陈克龙，张乐乐，等，2022. 气候变化下青海湖流域生态健康评价研究［J］. 生态科学，41（4）：41-48.
青海省	青海湖流域	湖泊湿地	2005、2010、2015、2019	压力-状态-响应模型	青海湖流域整体健康水平由健康转为亚健康。其中，2005～2010年生态环境有一定改善；2010～2019年局部地区生态环境存在一定问题。天峻县、海晏县生态状况变化复杂，总体略微降低	吴恒飞，2021. 青海湖流域生态系统健康评价研究［D］. 西宁：青海师范大学.
青海省、甘肃省	湟水河流域	河流湿地	2020～2021	大型底栖动物完整性指数	湟水河整体生态健康状况较好，秋季优于春季。湟水河流域大型底栖动物生物完整性指数与高锰酸盐指数、氨氮、总磷和氯离子有较强的相关性	郝韵，2022. 湟水河流域大型底栖动物群落结构时空异质性分析及生物完整性评价［D］. 沈阳：辽宁大学.

续表

省区市	湿地名称	湿地类型	年份	研究方法	主要结论	参考文献
青海省、甘肃省、内蒙古自治区	黑河中游湿地	河流湿地	2000、2005、2011、2018	压力-状态-响应模型	黑河中游湿地健康状况在2000年、2005年、2011年、2018年分别为差、良好、良好和一般；状态层影响最大，而响应层最小；归一化植被指数、人类干扰指数和景观多样性指数是主要影响因素	杜红霞，孙鹤洲，2021. 基于PSR模型的黑河中游湿地生态系统健康评价［J］. 湖北农业科学，60（8）：55-62，69.
青海省、四川省、甘肃省、宁夏回族自治区、内蒙古自治区、陕西省、山西省、河南省、山东省	黄河流域	河流湿地	2000～2020	结构-活力-弹性-服务	流域生态系统健康等级主要集中在差、较差和一般等级，占流域区县总数的80.29%，整体健康水平不高，但提升趋势较明显。显著提升区集中在中上游黄土高原和三江源保护区等植被覆盖度较高的山区，退化区零星分布在中下游经济发展条件较好的部分区县。流域整体生态系统健康“两极分化”现象有进一步加重趋势	郭珊珊，2022. 黄河流域生态系统健康与城镇化耦合协调研究［D］. 徐州：中国矿业大学.
全国	内陆湿地生态系统	沼泽湿地、河流湿地、湖泊湿地、人工/库塘湿地	2010～2018	压力-状态-效应-响应模型	2018年湿地生态系统健康指数比2010年有所提高。2018年，状况较好、良好、中度和较差湿地分别占26.3%、46.4%、26.9%和0.5%。研究结果为湿地资源保护和管理提供了实践指导	Yao Y X, Wang W, Yang W T, et al, 2021. Assessing the health of inland wetland ecosystems over space and time in China［J］. Journal of Resources and Ecology, 12（5）：650-657.

续表

省区市	湿地名称	湿地类型	年份	研究方法	主要结论	参考文献
山东省	黄河口近岸海域	滨海湿地	2020	生物完整性指数法	黄河口近岸海域健康状况一般。5 月“优”状态较少且分散于黄河入海口周边；7 月“优”状态达 35.48%，分布在黄河入海口口门及莱州湾水域；12 月“优”状态高达 38.71% 且分布在入海口以北。该研究为区域生态管理提供科学依据	牛明香，王俊，刘志国，等，2024. 基于浮游植物生物完整性的黄河口近岸海域生态健康评价［J/OL］. 渔业科学进展，1-15［2024-04-26］. https://doi.org/10.19663/jissn2095-9869.20231224001. DOI：10.19663/j.issn2095-9869.20231224001.
山东省	胶州湾海域	滨海湿地	2019～2021	指标体系法	胶州湾海域的生态健康处于亚健康状态，主要原因是生物密度较历史基准值升高。该研究讨论了目前评价方法的缺陷，以期在此基础上开发胶州湾海域特有的生态健康评价方法	崔文连，张晓红，刘旭东，等，2023. 胶州湾海域生态系统健康评价［J］. 海洋环境科学，42（5）：713-719.
山东省	黄河口近岸水域	滨海湿地	2020	鱼类生物完整性指数	近 40 年来，黄河口近岸水域生态健康状况下降严重，处于较差水平；过度捕捞、环境污染等致使鱼类栖息环境恶化，资源结构被破坏，生物完整性降低，生态健康状况下降	牛明香，王俊，左涛，等，2023. 基于鱼类生物完整性指数的黄河口近岸渔业水域健康评价［J］. 水生态学杂志，44（6）：45-52.
山东省	大明湖	湖泊湿地	2019	综合指数法	大明湖枯、丰水期分别为“很健康”和“亚健康”状态。下降的主要原因为上覆水总氮负荷较大，表层沉积物有机物和营养物质富集，浮游植物的物种多样性较低	刘光正，2023. 典型城市湖泊生态环境时空特征及健康状态评估研究：以济南大明湖为例［D］. 济南：济南大学.

续表

省区市	湿地名称	湿地类型	年份	研究方法	主要结论	参考文献
山东省	黄河口及毗邻海域	滨海湿地	2011～2020	动力–压力–状态–影响–响应模型	2011～2020年，黄河口及毗邻海域生态系统基本处于亚健康与健康状态。2018年以来，随着黄河口生态水量调度力度加大，生态系统健康状况显著向好	王广州，凡姚申，窦身堂，等，2023. 基于DPSIR的黄河口及毗邻海域生态系统健康评价［J］. 人民黄河，45（6）：92-97，162.
山东省	黄前水库	人工/库塘湿地	2019～2021	综合指数法	2019～2021年黄前水库属于健康状况，水生态健康状况正向着“理想”状况转变。该研究为黄前水库水生态健康的评估和管理提供了理论依据	周昊天，2023. 水库水生态健康评价体系优化与预测研究：以黄前水库为例［D］. 泰安：山东农业大学.
山东省	南四湖流域河湖交汇区	河流湿地、湖泊湿地	2020～2021	生物评价指数	南四湖流域主要河湖交汇区整体处于轻微–中度污染水平，个别样点处于重度污染水平，秋季河湖交汇区的健康水平高于春季，与水质分析结果相同	郝梓然，于丽华，孔范龙，等，2023. 河湖交汇区底栖动物群落特征及生态健康评价：以南四湖为例［J］. 生态学杂志，42（5）：1132-1141.
山东省	济南市南部山区溪流	河流湿地	2019	功能摄食类群均匀度指数	济南南部山区溪流生态系统健康较差。底栖动物功能摄食群相对丰度与总磷关系最密切，而底栖动物物种相对丰度与pH关系最密切	李欣，付瑶，代静，等，2023. 应用底栖动物功能摄食群评价济南南部山区溪流生态系统健康［J］. 上海海洋大学学报，32（1）：126-133.

续表

省区市	湿地名称	湿地类型	年份	研究方法	主要结论	参考文献
山东省	黄河流域山东段	河流湿地	2010～2019	驱动力-压力-状态-影响-响应模型	沿黄九市健康水平不断提升，东营健康综合指数最高、菏泽最低，并逐渐形成以济南为中心的高价值区。德州、聊城进步最为显著，泰安、滨州改善不大	陈乐平，2022. 基于能值分析的黄河流域山东段生态系统健康评价及提升路径研究［D］. 济南：山东大学.
山东省	济南市典型湿地	河流湿地、湖泊湿地	2020～2021	化学综合污染指数、浮游生物多样性指数	小清河处于中度污染状态；大明湖处于中度污染状态；济西湿地处于轻污染-中污染状态	李莹，2022. 济南典型水生态系统浮游生物群落结构及水生态健康评价［D］. 大连：大连海洋大学.
山东省	莱州湾	滨海湿地	2011～2020	综合指数法	莱州湾近岸海域生态系统长期处于亚健康状态，主要影响指标为水环境和生物群落；本方法能够识别溢油和台风等极端事件对生态系统造成的不利影响	程玲，刘丽娟，宋秀凯，等，2022. 基于指标体系法的海湾生态系统健康评价方法：以莱州湾为例［J］. 海洋开发与管理，12：107-114.
山东省	胶州湾女姑口海域	滨海湿地	2018～2019	大型底栖动物多样性指数	胶州湾女姑口邻近海域底栖生态系统受到轻度干扰，红岛滩涂附近处于一般水平，其他地区处于优良或高等水平，养殖和污染是胁迫因素，加强该海域生态环境保护具有重要意义	刘欣禹，齐衍萍，沙婧婧，等，2022. 胶州湾女姑口海域大型底栖动物群落特征与生态健康评价［J］. 广西科学，29（6）：1197-1205.

续表

省区市	湿地名称	湿地类型	年份	研究方法	主要结论	参考文献
山东省	黄河三角洲自然保护区	滨海湿地	—	指标体系法	保护区生态系统健康处于中等水平；土壤有效磷、湿地资金投入能力和供给功能是主要影响因素。该研究分析了现存问题，并为进一步改善保护区提供了建议	刘宏元，周志花，王娜娜，等，2022. 黄河三角洲自然保护区湿地生态系统健康评价［J］. 中国农学通报，38（27）：74-78.
山东省	大汶河	河流湿地	2017	综合指数法	大汶河生态健康状况以一般和较差为主，仅瀛汶河上段、大汶河南支上段和大汶河干流下段部分断面为健康或亚健康状态。城镇村及工矿用地、耕地和交通用地是的主要影响因素	申祺，魏杰，武玮，等，2020. 大汶河水生态环境健康状况与土地利用的相关性［J］. 生态学杂志，39（12）：224-233.
山东省	胶州湾	滨海湿地	2017	生物多样性指数	胶州湾海域的扰动等级为中度扰动，生态环境质量状况介于中等与一般之间	丁敬坤，张雯雯，李阳，等，2020. 胶州湾底栖生态系统健康评价：基于大型底栖动物生态学特征［J］. 渔业科学进展，41（2）：20-26.
山东省	沂河流域山东段	河流湿地	2017～2018	指标体系法	沂河流域水生态状况处于中下等水平。水利工程建设使河流纵向连通性较差。上游水质较好，属于生态良好型。中下游受人类活动影响水体自净能力下降，生物多样性较差	李合海，2020. 沂河流域山东段水生态健康评估与修复工程研究［J］. 地下水，42（5）：104-106.

续表

省区市	湿地名称	湿地类型	年份	研究方法	主要结论	参考文献
山东省	安济河湿地	河流湿地	2017	压力-状态-响应模型	安济河湿地处于接近较健康状况，压力状态较差，近年来城镇化造成的人类活动影响了湿地生态系统健康状况，该研究建议加快湿地生态系统保护措施	秦余朝，刘斌，智庆化，等，2020. 安济河湿地生态系统健康评价研究［J］. 甘肃科学学报，32（6）：64-70.
山东省	逛荡河	河流湿地	—	综合指数法	10 个河段中，1 个为健康状态，5 个为一般状态，2 个为差状态，2 个为很差状态。主要退化原因有污染物排入、河流自净能力降低。恢复对策是污染物资源化利用、恢复天然河流状况	殷其恒，罗新正，2021. 基于草本植物的逛荡河生态健康评价［J］. 烟台大学学报（自然科学与工程版），34（3）：361-371.
山东省	泗河	河流湿地	2018～2019	指标体系法	泗河生态系统整体处于良好状态，但仍有很大改善空间，污染治理、水质改善是重要目标，该研究提倡建设植物生态护岸系统来维持河岸的结构稳定性	程元庚，李福林，范明元，等，2021. 基于组合赋权和改进物元可拓模型的泗河生态系统健康评估［J］. 济南大学学报（自然科学版），35（3）：230-238.
山东省	杏花河	河流湿地	2011～2015	综合指数法	杏花河健康介于中和差状态，水资源开发利用程度，生态用水满足程度，水质优劣程度等影响较大，水量水质至关重要，也是北方河流最为欠缺的生态条件	李文晶，2021. 北方河流生态健康水平评价及综合整治方案研究［D］. 郑州：华北水利水电大学.

续表

省区市	湿地名称	湿地类型	年份	研究方法	主要结论	参考文献
山东省	济南市南部山区河流	河流湿地	—	综合指数法	锦阳川干流生态状况较好，支流存在一定问题，锦绣川水库东侧整体生态状况较好，西侧生态状况相对较差，部分点位存在较为严重的生态风险	付瑶，李欣，赵玉强，等，2021. 济南市南部山区河流生态系统健康评价研究［J］. 环境科学与管理，46(7)：163-166.
山西省	汾河流域	河流湿地	2000、2010、2020	压力-状态-响应模型	2000～2020年生态健康状况较好的地区增加，但人口聚集区域的生态健康压力仍然较大。研究结果可以为该流域的环境保护和生态管理提供理论依据	孙莺沙，卢明明，王奕森，等，2023. 基于景观格局演变的汾河流域生态系统健康评价［J］. 中国农村水利水电，4：23-32.
山西省	沁河	河流湿地	2020	浮游生物完整性指数	“优秀与较好”和“较差与极差”的点位分别占26.2%和49.2%。“极差”点位主要位于丹河，“较差”点位主要位于沁河中游和丹河中上游。该指数在沁河具有较好的适宜性	李林霞，2022. 沁河晋城段秋季浮游生物群落结构特征及水生态系统健康评价［D］. 焦作：河南理工大学.
山西省	沁河	河流湿地	2020	底栖动物完整性指数	“健康”的点位和“良好”的点位占比为30.61%，“较差”和“极差”的点位占比为48.98%。沁河晋城段底栖动物完整性指数具有适用性	耿亚平，2022. 沁河晋城段大型底栖动物群落结构特征及水生态系统健康评价［D］. 焦作：河南理工大学.

续表

省区市	湿地名称	湿地类型	年份	研究方法	主要结论	参考文献
山西省	晋阳湖	人工/库塘湿地	2020～2021	综合指数法	晋阳湖属于亚健康状态。生物指标是限制性因素；湖泊更新周期、湖滨带植被覆盖率为生境指标主要影响因素；该研究提出了生态修复的有效途径，以便精准施策	马芳，2022. 山西省晋阳湖水生态系统健康评价和生态修复措施［J］. 山西水利科技，2：59-61.
山西省	潇河灌区河流	河流湿地	—	综合指数法	“健康”“亚健康”和“差”断面占17.86%、53.57%和28.57%。农业活动对潇河流域灌区河流生态系统造成较大破坏	孟志龙，白欣茹，王捷，等，2022. 潇河流域灌区河流生态系统健康评价［J］. 太原师范学院学报（自然科学版），21（2）：74-82.
山西省	晋祠泉域	河流湿地	2017	驱动力-压力-状态-影响-响应模型	泉域煤矿开采区为不健康状态，东部平原区和中部径流区均为亚健康状态，碳酸盐岩裸露区和汾河周边为健康状态	陆帅帅，郑秀清，李旭强，等，2020. 晋祠泉域岩溶水生态系统健康评价［J］. 中国岩溶，39（1）：34-41.
山西省	漳泽水库	人工/库塘湿地	2019	浮游植物完整性指数	库尾生态健康程度较差，坝前较好。6.67%的样点为健康状态，73.33%的样点为中等状态，13.33%的样点为一般状态。浮游植物生物量、富营养化是主要影响因素。该研究可为漳泽水库管理及保护提供依据	杨锐婧，冯民权，2021. 浮游植物完整性指数与水体富营养化相关性研究：以漳泽水库为例［J］. 黑龙江大学工程学报，12（3）：198-208.

续表

省区市	湿地名称	湿地类型	年份	研究方法	主要结论	参考文献
山西省、河北省、北京市、天津市	大清河水系	河流湿地、湖泊湿地、人工/库塘湿地	2018	大型底栖动物完整性指数	唐河上游和西大洋水库为健康状态，拒马河西上游、白沟河、漕河、沙河和团泊洼为亚健康状态，大石河、拒马河下游、中易水、南拒马河、界河、白洋淀和大清河为一般状态，瀑河、潴龙河、府河和独流减河为差状态，孝义河和北大港水库为很差状态	许维，梁舒汀，黄艳凤，等，2020. 基于大型底栖动物的大清河水系水体健康状况评价［J］. 湿地科学，18（5）：546-554.
陕西省	延河	河流湿地	2021	底栖动物完整性指数	上游干支流 83.3% 样点为健康状态，而中下游干支流仅 28.6% 为健康状态，春季优于秋季。春节关键影响因子为大石底质、叶绿素 a 等，而秋季为硝态氮、氧化还原电位等	贺瑶，孙长顺，侯易明，等，2024. 基于流域底栖动物完整性指数评价延河的水生态健康［J］. 应用生态学报，35（3）：806-816.
陕西省	无定河干流	河流湿地	2021	生物完整性指数	无定河流域 40 个样点中，春季 15 个为健康状态，10 个点位为亚健康状态，4 个点位为一般状态，1 个点位为较差状态；而秋季 32 个点位为健康状态，5 个点位为亚健康状态，3 个点位为一般状态。秋季河流健康状态优于春季	李刚，2023. 无定河流域浮游动物群落结构特征及水生态健康评价［D］. 西安：西安理工大学.
陕西省	无定河	河流湿地	2020	综合指数法	无定河为二类健康状态。本研究针对评价结果提出了相应保护管理措施建议。研究成果可为类似半干旱区中小型河流健康评价体系构建方法的参考，为黄河数字孪生流域建设提供科学依据	郑润桥，2023. 陕西省无定河健康综合评价的指标体系与方法研究［D］. 西安：西安理工大学.

续表

省区市	湿地名称	湿地类型	年份	研究方法	主要结论	参考文献
陕西省	延河流域	河流湿地	2021	浮游植物完整性指数	延河流域春季和秋季均以“亚健康及以上”状态。干支流水体优于蓄水水体，支流水体优于干流水体，干流水体生态健康状态从上游至下游逐渐下降	卢悦，2023. 西北地区延河流域浮游植物群落特征及生物完整性评价［D］. 西安：西安理工大学.
陕西省	渭河流域	河流湿地	—	综合指标体系法	涝河和泾河生态状况处于良好和中等水平。涝河下游处于中等水平，上游及中游均为良好水平。泾河上游生态健康状况最好，中游次之，下游最差	高佳，2022. 渭河流域（陕西段）典型河流水生态健康评价研究［D］. 西安：长安大学.
陕西省	渭河陕西河段	河流湿地	2016	综合指数法	渭河陕西河段处于亚健康状态。渭河陕西河段水生态主要问题有水文水资源完整性问题突出、生物完整性受损严重、社会服务功能薄弱	石国栋，2020. 渭河陕西河段健康评价及生态需水分析［D］. 西安：西安理工大学.
陕西省、甘肃省	渭河流域	河流湿地	2017～2018	生物完整性指数	渭河流域为健康状态。氨氮和总氮对生物完整性影响显著，基于渭河流域水生生物建立的生物完整性是可靠的	白海锋，2022. 渭河流域水生生物群落时空分布特征、驱动机制及水生态系统健康评价［D］. 西安：西北大学.
陕西省、甘肃省	对渭河流	河流湿地	2019	指标体系法	渭河流域整体健康状况较差。区域水生态健康整体由西北至东南逐渐升高，研究结果为政府提供指导和建议	王伟，2020. 渭河流域水生态系统健康评价［D］. 西安：陕西师范大学.

续表

省区市	湿地名称	湿地类型	年份	研究方法	主要结论	参考文献
陕西省、甘肃省、宁夏回族自治区	渭河流域	河流湿地	2011～2013	生物完整性指数	超过80%的样点处于一般以上健康水平；渭河干流上游和右岸支流、泾河源头以及北洛河中游支流健康状况较好，而渭河中游和下游地区、泾河大部分区域以及北洛河上游健康状况较差	徐宗学，刘麟菲，2021. 渭河流域水生态系统健康评价［J］. 人民黄河，43（10）：40-43，50.
陕西省、甘肃省和宁夏回族自治区	渭河流域	河流湿地	2017	综合指数法	除北洛河中游生态系统健康状况为“良好”外，渭河干流、泾河、北洛河均属于“一般”级别	吴锦涛，2021. 渭河流域生态系统健康评价研究［D］. 西安：西北大学.
上海市	黄浦江五条骨干	人工/库塘湿地	2021	鱼类完整性指数	金汇港和龙泉港处于“好”或“一般”状态；大治河、川杨河和淀浦河空间差异较大，从“差”到“好”均有。下游普遍好于上游。研究结果为上海黄浦江人工河流管理提供参考	高敏佳，陈振锋，张彦彦，等，2024. 基于鱼类完整性指数的上海黄浦江骨干人工河流水生态系统健康评价［J］. 上海海洋大学学报，33（1）：99-113.
上海市	长江口	滨海湿地	2020～2021	综合指数法	长江口生态系统健康程度为一般状态，总体上呈现好转趋势	张镔麒，2023. 大江大河河口区生态环境评价方法研究：以长江口为例［D］. 北京：中国环境科学研究院.
上海市	长江口	河流湿地、滨海湿地	2018～2020	生物完整性指数	长江口健康状况整体差，水质污染物增加、生物类群减少、底栖生物结构破坏是主要制约因素。北支水域优于南支。近15年长江口整体生态健康状况有好转趋势，但面临的问题依然严峻	谢志伟，2022. 应用生物完整性指数（IBI）评价长江口生态健康状况［D］. 上海：上海海洋大学.

续表

省区市	湿地名称	湿地类型	年份	研究方法	主要结论	参考文献
上海市	苏州河	河流湿地	2019	鱼类生物完整性指数	夏季干流上游为“极好”或“好”状态，支流为“好”或“一般”状态，而干流下游则为“差”或“极差”状态。秋季干流上游和支流与夏季相似，下游有所改善。苏州河上游干流已基本恢复，而上游支流和下游干流有待恢复。该研究建议定期开展淤泥清理与岸线生态化改造	张亚，余宏昌，毕宝帅，等，2021. 基于鱼类生物完整性指数的上海苏州河水生态系统健康评价［J］. 中国环境监测，37（6）：164-177.
上海市	崇明岛七条河流	河流湿地	2021	浮游植物及浮游动物多样性指数	以单一指标评价的崇明河流水质状态不甚理想，且不同指标的分析结果存在差异。今后应建立综合的多指标评价体系，以实现河流健康的科学评价	李晶晶，史本伟，沈盎绿，等，2021. 崇明岛河流生态健康评价：基于浮游动植物连续季节观测［J］. 上海国土资源，42（4）：45-50.
上海市	长江口海域	滨海湿地	1986、1999、2007、2016	生物完整性指数	1986 年、1999 年、2007 年和 2016 年长江口海域生物完整性指数分别为“好”“一般”“一般-差”“差”。生态系统健康状况呈现先下降后稳定在较低水平，亟须进行保护和修复	陈耀辉，刘守海，何彦龙，等，2020. 近 30 年长江口海域生态系统健康状况及变化趋势研究［J］. 海洋学报，42（4）：55-65.
上海市	淀山湖	湖泊湿地	2019	浮游植物生物完整性指数	从整体来看，淀山湖处于亚健康状态。其中，处于健康、亚健康和良的点位分别为 1 个、8 个和 3 个；春季和冬季处于亚健康状态，夏季和秋季处于良状态	王霞，郭凯娟，李晓旭，等，2021. 淀山湖浮游植物生物完整性指数的构建及水生态健康评价［J］. 上海师范大学学报（自然科学版），50（1）：39-49.

续表

省区市	湿地名称	湿地类型	年份	研究方法	主要结论	参考文献
上海市	罗泾水源地保护区内河道	河流湿地	2019	综合指数法	罗泾水源地保护区内河道水质子系统的健康状态多处于优、良的水平，生物子系统健康状况多为中的状态，水质综合评价好的河道，生态状况也较好	徐后涛，2021. 上海罗泾水源地保护区河网水系生态健康评价［J］. 环境生态学，3（2）：17-22.
上海市	青西郊野公园	湖泊湿地、河流湿地、沼泽湿地	2020	植物完整性指数	青西郊野公园湖泊湿地生态健康状况较好，60%样地为健康状态；河流湿地66%样地为一般状态；沼泽湿地受外界干扰较大，55%样地处于中度干扰状态	高悦，2021. 基于植物完整性的生态系统健康评价：以上海市青西郊野公园为例［D］. 上海：上海师范大学.
上海市	长江口	滨海湿地	2001～2017	压力-状态-响应模型	长江口生态系统健康先下降再上升，多数年份为“中”等级。来沙量减少、氮磷浓度高位振荡、浮游生物结构不稳定、赤潮频发是主要因素	赵艳民，秦延文，马迎群，等，2021. 基于PSR的长江口生态系统的健康评价［J］. 环境工程，39（10）：207-212.
上海市、江苏省	淀山湖	湖泊湿地	2013、2016、2019和2022	综合指数法	断淀山湖夏秋季水体总体上处于轻-中度富营养化水平，且呈轻污染程度	李强，伦凤霞，葛婷婷，2024. 淀山湖浮游植物群落结构特征及水生态健康评价［J］. 水生态学杂志，45（2）：10-19.

续表

省区市	湿地名称	湿地类型	年份	研究方法	主要结论	参考文献
上海市、浙江省、福建省	11 个沿海城市	滨海湿地	1990～2015	结构－活力－弹性–服务	研究区生态系统健康先下降后上升，但整体呈下降趋势。沿海地区、宁波以北生态健康较低；山地丘陵较高。生态系统健康评估具有空间尺度依赖性。多尺度的设置有助于全面解析生态系统健康的时空分异特征	刘一鸣，徐媛银，曾辉，2022. 中国东海海岸带地区生态系统健康评估及其尺度依赖性［J］. 生态学报，42（24）：9913-9926.
四川省	大渡河瀑布沟水库	人工/库塘湿地	—	—	瀑布沟水库健康状况属于非常健康状态，但生物多样性有待提升。研究结果可为大渡河瀑布沟水库的未来健康管理和生态综合整治提供科学支撑。	贺玉彬，时晓燕，史天颖，等，2024. 大渡河瀑布沟水库健康评价［J/OL］. 人民长江，1-9［2024-04-26］. http://kns.cnki.net/kcms/detail/42.1202.tv.20240419.0909.002.html.
四川省	东湖水库	人工/库塘湿地	2023	综合指数法	东湖处于亚健康的状态，渔业过度养殖、面源污染、水体流动性较差等导致水质恶化、水生态系统被破坏。从修复湖泊生态、提升社会环境功能出发，该研究提出了东湖水体生态修复与优化的对策	刘时彦，汪君晖，陈阳，等，2024. 西南山地型深水湖库水生态系统健康评价探究：以德阳市东湖为例［J］. 绿色科技，25（18）：79-86.
四川省	白河	河流湿地	2019～2020	浮游动物完整性指数	叶绿素 a、pH 和溶解氧是影响浮游动物功能群的主要水环境因子。水体健康状态时间规律表现为平水期>汛期；空间规律表现为干支流>牛轭湖	戴承钧，2023. 黄河源区白河流域浮游动物群落结构特征及水生态健康评价［D］. 西安：西安理工大学.

续表

省区市	湿地名称	湿地类型	年份	研究方法	主要结论	参考文献
四川省	成都市金马河、府南河与毗河	河流湿地	2020～2021	指标体系法	三条河流景观生境状况与水质显著相关，府南河生境状况较为脆弱，易受人类活动影响。金马河则是人类活动与河岸带植被对水质有影响，说明其生境状况较好，水质受外来影响较小	李迪，2022. 城市河流景观生态健康研究：以成都市三条河流为例［D］. 成都：四川农业大学.
四川省	锦江流域典型河段柏条河－府河	河流湿地	—	综合指数法	该河流处于亚健康水平。河流健康评价指数呈现从上游到下游降低趋势，且与人类活动相关。研究结果可为成都平原河流可持续管理提供科学依据	席浩郡，袁一斌，昝晓辉，等，2022. 基于生态完整性和社会服务功能的柏条河－府河河流健康评价［J］. 北京大学学报（自然科学版），58（6）：1111-1120.
四川省	升钟湖	人工/库塘湿地	2017	综合指数法	升钟湖处于亚健康状态，且上游优于中下游，主要以富营养化为主；主要因素为农业面源污染、人类生活排放及景区旅游开发。该研究提出了改善水质环境的建议	任可心，蒋祖斌，文刚，等，2020. 基于水质与生物指标调查的四川升钟湖水生态健康评价［J］. 绿色科技，22：70-74.
四川省	岷江成都段	河流湿地	2017	底栖动物完整性指数、水生态环境质量综合指数	23 个样点中，5 个样点为健康状态，1 个样点为亚健康状态，5 个样点为一般状态，2 个样点为差状态，10 个样点为很差状态；底栖动物完整性指数能全面反映河流质量，适用于岷江成都段河流健康评价	欧阳莉莉，韩迁，何鑫，等，2021. 岷江成都段水生态健康评价研究［J］. 环境科学研究，34（7）：1654-1662.

续表

省区市	湿地名称	湿地类型	年份	研究方法	主要结论	参考文献
四川省	鲁班水库	人工/库塘湿地	2016～2019	综合指数法	鲁班水库生态系统基本健康。主要面临饮用水安全、总氮总磷污染及进水渠进水污染等问题。该研究提出了改善库区水质、加强污染治理和保证进水渠水质建议与措施	邓地娟，王静雅，谢强，等，2021. 鲁班水库生态安全状态评估研究［J］. 四川环境，40（3）：156-163.
四川省、贵州省、云南省	赤水河流域	河流湿地	2010～2020	生态系统活力-生态系统组织力-生态系统弹力-生态系统服务功能	赤水河流域生态系统健康总体处于亚健康状态，其中丹霞地区为很健康和健康状态，喀斯特地区则为亚健康及不健康状态。喀斯特区以植被、降水及基岩裸露率为主导驱动因子，丹霞区则以植被、土地利用和降水为主导因子	陈红莲，李瑞，张玉珊，等，2023. 赤水河流域不同地貌区生态系统健康对比［J］. 应用生态学报，34（7）：1912-1922.
四川省、贵州省、云南省、重庆市、湖北省、湖南省、江西省、安徽省、浙江省、江苏省、上海市	长江经济带湿地	—	2005～2017	压力-状态-响应模型	长江经济带湿地在2005～2017年健康等级从“脆弱”转变为“亚健康”，到2025年继续保持“亚健康”状态。人口自然增长率、湿地面积变化率及自然保护区数、第三产业所占比重和湿地管理水平、生态环境恢复是主要影响因素	王浩楠，余凡，李军，2023. 长江经济带湿地生态系统健康评价与预测［J］. 水文，43（1）：78-83.
天津市	典型湖库湿地	人工/库塘湿地、湖泊湿地	2018	综合指数法	天津市典型湖库湿地生态健康状况整体处于一般水平，呈现出西部优于东部的趋势，空间差异显著	徐香勤，蔡文倩，王艳，等，2020. 天津市典型湖库湿地生态完整性评价［J］. 应用生态学报，31（8）：2767-2774.

续表

省区市	湿地名称	湿地类型	年份	研究方法	主要结论	参考文献
天津市	天津市主要河流	河流湿地	2018	综合指数法	天津市河流整体处于“一般”水平。氨氮、高锰酸盐超标是主要影响因素。该方法能较为敏感地响应研究区面临的环境压力，适用于河流生态健康评价	徐香勤，蔡文倩，雷坤，等，2020. 天津市河流生态完整性评价［J］. 环境科学研究，33（10）：2308-2317.
天津市	天津近岸海域	滨海湿地	2018～2017	压力-状态-响应模型、综合指数法	2014年生态系统处于亚健康水平，其他年份均处于健康水平	于小涵，2021. 天津近岸海域生态健康评价及预测［D］. 天津：天津农学院.
西藏自治区	拉鲁湿地	沼泽湿地	—	压力-状态-响应模型	拉鲁湿地处于“健康”水平，制约因素有外来物种入侵、国家重点保护野生动物种类、土壤有机碳等，该研究提出了相应保护对策	闫钟清，李勇，张克柔，等，2023. 基于PSR模型的西藏拉鲁湿地生态系统健康评价［J］. 湿地科学与管理，19（4）：49-53.
西藏自治区	雅鲁藏布江中上游河流	河流湿地	2019～2020	浮游植物完整性指数	雅鲁藏布江中上游总体上处于“健康-亚健康”状态。总溶解固体、溶解氧、酸碱度和水温是影响雅鲁藏布江中上游水生态健康的主要水环境因子	刘惠秋，李晓东，杨清，等，2023. 基于浮游植物完整性指数的雅鲁藏布江中上游河流水生态健康评价［J］. 干旱区资源与环境，37（9）：109-117.

续表

省区市	湿地名称	湿地类型	年份	研究方法	主要结论	参考文献
西藏自治区	雅鲁藏布江中游河流	河流湿地	2021	浮游植物完整性指数	雅鲁藏布江中游整体为“健康-亚健康”状态，枯水期优于丰水期、支流优于干流，电导率、浊度和水温等是主要影响因子，可通过影响水体中浮游植物群落演替方向和速率，驱动河流生态健康	李晓东，杨清，刘惠秋，等，2023. 雅鲁藏布江中游河流生态系统健康状态对水环境因子的响应［J］. 环境科学，44（9）：4941-4953.
西藏自治区	雅鲁藏布江流域	河流湿地	2013～2014	周丛藻类生物完整性指数	雅鲁藏布江流域干流上下游及其四大支流水生态系统健康状态优于干流中游。该研究能对河流水生态系统的健康状况进行科学评价，保障西藏水生态安全	王纤纤，刘乐乐，杨学芬，等，2022. 基于周丛藻类的雅鲁藏布江流域水生态系统健康评价［J］. 水生生物学报，46（12）：1816-1831.
新疆维吾尔自治区	艾比湖流域	湖泊湿地	2001～2017	压力-状态-响应模型	艾比湖流域生态环境健康状况逐年改善，低健康水平占整个流域的3.10%，较低健康水平占28.98%，中等健康水平占37.87%，较高健康水平占22.59%，高健康水平占7.47%	刘思怡，2020. 基于空间信息技术的艾比湖流域生态环境健康诊断分析［D］. 乌鲁木齐：新疆大学.
新疆维吾尔自治区	开孔河流域	河流湿地	2001～2017	压力-状态-响应模型	开孔河流域生态状况整体趋于改善，显著改善区占10.26%，远高于显著退化的1.61%，显著改善区以孔雀河绿洲最为明显。区域生态治理取得一定成效	汪小钦，林梦婧，丁哲，等，2020. 基于指标自动筛选的新疆开孔河流域生态健康评价［J］. 生态学报，40（13）：4302-4315.

续表

省区市	湿地名称	湿地类型	年份	研究方法	主要结论	参考文献
新疆维吾尔自治区	额尔齐斯河	河流湿地	2019	周丛藻类生物完整性指数	五个样点为健康状态，一个样点为亚健康状态，三个样点为一般状态，一个样点极差状态，额尔齐斯河整体生态健康状况趋于良好。该研究可为该流域水生态保护提供理论依据	田盼盼，桑翀，马徐发，等，2022. 基于周丛藻类群落结构的新疆额尔齐斯河生态健康评价［J］. 生态学报，42（2）：778-790.
新疆维吾尔自治区	巴楚县邦克尔国家湿地公园	沼泽湿地、河流湿地	1990、2000、2008、2016、2020	综合指数法	1990年生态系统健康处于“健康”水平，而2020年处于“脆弱”水平，湿地公园生态环境遭受了不良影响，导致健康状态持续下降	张玉琪，2022. 基于RS/GIS的湿地公园景观变化及生态健康评价：以巴楚县邦克尔国家湿地公园为例［D］. 乌鲁木齐：新疆农业大学.
云南省	洱海	湖泊湿地	2021	底栖动物生物完整性评价指数	洱海整体健康状况一般。其中，18.5%为健康状态；22.2%为亚健康状态；18.5%为一般状态；33.3%为差状态；7.4%为极差状态。该研究提出了针对性管理策略	杨四坤，吕兴菊，高登成，等，2023. 基于大型底栖动物生物完整性的洱海健康评价［J］. 环境科学与技术，46（10）：181-188.
云南省	滇池流域	湖泊湿地	2010～2017	压力-状态-响应模型	流域由亚健康状态向健康状态转变；主要影响因素有城镇化率、土地垦殖系数、人口干扰度指数等。该研究根据不同区域影响因子的差异性提出相应管理建议	高丽萍，雷冬梅，莫金宵，等，2023. 基于PSR模型和景观格局指数的滇池流域生态系统健康评价［J］. 环境科学导刊，42（4）：84-90.

续表

省区市	湿地名称	湿地类型	年份	研究方法	主要结论	参考文献
云南省	洱海	湖泊湿地	2021	浮游植物生物完整性指数	洱海总体健康为“较健康”状态；才村为“较健康”状态；小普陀、马久邑、桃源、双廊和挖色为“中等”状态。浮游植物生物完整性指数对水生态环境的响应较敏感，能够准确评价洱海生态系统健康状况	蒋为，李杰，谭志卫，2023. 基于浮游植物生物完整性指数的洱海水生态健康评价［J］. 环境科学与技术，46（S1）：224-230.
云南省	滇池	湖泊湿地	2022	浮游植物生物完整性指数、浮游动物生物完整性指数和生态系统完整性指数	滇池生态系统为亚健康状态，54.5%点位为健康和亚健康状态，36.4%为一般状态，9.1%为较差状态；健康区域分布于滇池南、北部，较差区域分布于中部。该评价为恢复和改善滇池流域水生态环境提供科学依据	曹家乐，2023. 基于P-IBI和Z-IBI的滇池水生态健康评价［D］. 合肥：安徽建筑大学.
云南省	高黎贡山南段独龙江流域与怒江流域	河流湿地	2018	综合指标体系法	河流90.9%处于健康状态，老窝河两个样点处于亚健康状态。农牧业活动、硬化等对河段健康造成了影响。该研究建议调整岸带开发活动，减少渠道化，建立缓冲区，保护水生生物多样性	田震，敖偲成，李先福，等，2023. 高黎贡山南段河流生态系统健康评价［J］. 水生态学杂志，44（1）：25-33.
云南省	苍山洱海国家级自然保护区	湖泊湿地	1984、1994、2000、2014、2016、2019	景观开发强度法	生态系统处于“健康”状态，但较靠近“一般”等级，自2000年以后整体健康水平有所改善	王有兵，张士平，李子光，等，2022. 云南苍山洱海国家级自然保护区生态系统健康变化研究［J］. 生态科学，41（2）：131-136.

续表

省区市	湿地名称	湿地类型	年份	研究方法	主要结论	参考文献
云南省	哈尼梯田	人工/库塘湿地	2005、2010、2015、2019	综合指标体系法	2005年、2010年、2015年和2019年生态系统健康状况分别为一般、脆弱、亚健康和亚健康状态；预测的2024年、2029年、2034年和2039年健康状况都为健康	舒远琴，宋维峰，马建刚，2022. 哈尼梯田生态系统健康评价与预测［J］. 湿地科学，20（2）：251-258.
云南省	云龙水库流域	河流湿地	2018~2018	综合指标体系法	云龙水库和双化水库断面处河流生态系统的平均健康等级分别为“亚健康”和“次健康”状态	赖敬明，2022. 云龙水库流域的生态流量影响及河流健康评价研究［D］. 昆明：昆明理工大学.
云南省	独龙江	河流湿地	2018	综合指数法	该地区85.2%的样点处于健康状况，仅人口密集的乡镇健康状况处于亚健康水平，其中旅游业发达的独龙江乡健康状况最差	敖偲成，胡建成，李先福，等，2020. 独龙江河流生态系统健康评价［J］. 生态学杂志，39（4）：1281-1287.
云南省	滇池流域	湖泊湿地	2000、2005、2010、2015、2018	活力-组织结构-恢复力	2000~2018年生态健康综合得分呈先降低后上升的趋势，主要分布规律大致相一致，主要是在滇池及其附近湖滨区生态系统健康值较低	张渊，2020. 基于VOR模型的滇池流域生态系统健康多尺度评价研究［D］. 昆明：云南财经大学.
云南省	把边江河流	河流湿地	2019	生物完整性指数	把边江流域整体健康状况相对较好，源头和中段较好，把边乡以下河段整体变差。支流优于干流，非城镇优于城镇。该方法较好区分度和适用性，对河流水生态分区分段保护与管理有参考价值	陈昌明，黄晓霞，和克俭，2020. 基于生物完整性指数的把边江河流生态健康评价［J］. 云南地理环境研究，32（3）：63-69.

续表

省区市	湿地名称	湿地类型	年份	研究方法	主要结论	参考文献
云南省	星云湖	湖泊湿地	2018	综合指数法	星云湖综合健康状况一般，相较于2008年，2018年星云湖健康状况好转，但湖区中东部分区域健康状况略有恶化。该评价能客观地反映星云湖生态系统健康状况	项颂，庞燕，侯泽英，等，2020. 基于熵值法的云南高原浅水湖泊水生态健康评价［J］. 环境科学研究，33（10）：2272-2282.
云南省	宾川上沧海湿地	湖泊湿地	2019～2020	景观发展强度法	研究区湿地生态健康处于“一般”水平，建设用地、耕地及园地等干扰较强土地利用类型分布较均匀，对湿地干扰较强	王有兵，廖聪宇，2021. 宾川上沧海省级湿地生态环境健康状况评价［J］. 防护栏科技，4：25-27.
浙江省	瓯江流域	河流湿地	2020	综合指标体系法	瓯江流域总体处于健康和亚健康状态。其中，宣平溪、小溪等流域健康状况较好，生态系统结构和功能较完善；浮云溪、好溪等相对较差。流域内胁迫因子以河湖纵向连通性为主	韩善锐，郦建锋，张汉朝，等，2024. 基于“3S”技术的瓯江流域生态系统健康评价［J］. 浙江水利科技，1：31-37.
浙江省	瓯江干流（丽水段）	河流湿地	2010	鱼类完整性指数	瓯江干流（丽水段）中龙泉段、莲都城区段、海口村段鱼类完整性指数处于“极好”水平，大港头段处于“好”水平，研究结果为瓯江干流（丽水段）水生态健康评价及鱼类群落优化提供借鉴	余根听，尤爱菊，周鑫妍，等，2023. 基于鱼类完整性指数的瓯江干流（丽水段）水生态系统健康评价［J］. 环境污染与防治，45（9）：1259-1264，1270.

续表

省区市	湿地名称	湿地类型	年份	研究方法	主要结论	参考文献
浙江省	长水塘河流	河流湿地	2021 ~ 2022	综合指数法	长水塘健康等级为良。该研究分析了受威胁状况及影响因子，提出了河流水生态健康恢复对策建议，为河流生态保护和修复、水生生物多样性保护提供了决策依据	任文畅，孔晓露，2023. 嘉兴市长水塘河流水生态健康评价［J］. 浙江水利水电学院学报，35（4）：19-24.
浙江省	西苕溪流域	河流湿地	2021 ~ 2022	水质指数和周丛藻类生物完整性指数	西苕溪流域 30 个样点中，2 个样点为健康状态，2 个样点为中等状态，16 个样点为一般状态，8 个样点为差状态，2 个样点为极差状态，总氮、总磷和硫酸根离子是主要影响因素	廖沛涵，2023. 基于水质和周丛藻类群落结构特征的西苕溪流域河流生态健康评价［D］. 无锡：江南大学.
浙江省	通航河流月明塘流域	河流湿地	2021 ~ 2022	综合指标体系法	月明塘目标层为“非常健康”状态，但准则层和指标层仍存在一些问题。需要关注岸线生态性指数、土著鱼类保有指数等问题。针对性进行优化和提升，有助于提高通航河流月明塘整体健康水平	徐亨，2023. 通航河流健康评价体系研究及应用：以湖州市南浔区月明塘为例［D］. 舟山：浙江海洋大学.
浙江省	上塘河	河流湿地	2020 ~ 2021	综合指标体系法	上塘河河流为健康状态。合理规划区域河流水域空间，提升河道水环境质量和河流岸线生态性，以改善河道水生态条件	仇茂龙，陆一奇，王亚芹，2023. 上塘河河流健康评价［J］. 浙江水利科技，245：42-48.

续表

省区市	湿地名称	湿地类型	年份	研究方法	主要结论	参考文献
浙江省	老虎潭水库	人工/库塘湿地	2020	综合指数法	2020年老虎潭水库整体呈中等健康状况。为防止老虎潭水库水质恶化，需积极采取相关保护措施，确保老虎潭水库保持长期稳定健康状态	殷燕，蔡娟，朱哲欣，等，2022. 老虎潭水库浮游植物群落特征及水生态健康评价［J］. 环境生态学，4（8）：31-39.
浙江省	西江	河流湿地	—	综合指数法	西江生态健康等级为健康，对西江生态保护可持续发展提出相应建议，评价方法及成果对于进一步保护西江水生态具有重要意义	郑文智，臧振涛，2022. 台州西江生态健康评价［J］. 黑龙江水利科技，7：217-220.
浙江省	东阳市主城区九条河道	河流湿地	—	—	非汛期河道内生态环境状况为“优秀”；汛期河道内生态环境状况为“良好”	徐海飞，赵微人，纪芸，2022. 基于河道健康生态系统和水量平衡的城区河道生态环境需水量研究［J］. 湘潭大学学报（自然科学版），44（6）：99-105.
浙江省	典型的水库型水源地	人工/库塘湿地	2020	综合指数法	三处水源地总体健康状况较好，但在水生生物多样性恢复、水库库区及周边生境修复方面仍存在短板	何锡君，曾广恩，王蓓卿，2022. 水库型水源地水生态健康评价体系构建与应用［J］. 水科学与工程技术，4：68-71.

续表

省区市	湿地名称	湿地类型	年份	研究方法	主要结论	参考文献
浙江省	浦阳江流域（浦江段）	河流湿地	2017	综合指数法	研究区整体处于“亚健康”状态，有44.4%区域处于“轻微病态”状态。研究结果表明浦阳江流域（浦江段）存在水体重金属污染，水生生物的生存环境遭到破坏，城市化和工业化影响了河流健康	何建波，李婕好，单晓栋，等，2020. 浦阳江流域（浦江段）的河流生态系统健康评价［J］. 杭州师范大学学报（自然科学版），19（2）：145-152.
浙江省	浙江滨海湿地	滨海湿地	1990、2000、2008、2017	压力-状态-响应模型	2000～2008年浙江滨海湿地生态健康状况呈退化趋势，2018～2017年退化得到一定遏制，局部生态健康状况改善。人口密度、人类干扰程度是滨海湿地生态健康状况的主要限制因子	杨慧，2020. 基于景观演变的浙江滨海湿地生态健康评价［D］. 北京：中国林业科学研究院.
浙江省	嘉兴市北部11个湖荡	湖泊湿地	2017～2018	综合指数法	2017～2018年，研究区水生态健康整体属于“良”。枯水期健康劣于平水期和丰水期。东部三个湖荡整体较好，而西部两个则较差。水动力特征、人类活动强度和污染入河量是主要影响因素	迟明慧，马迎群，赵艳民，等，2020. 嘉兴市北部湖荡区水生态系统健康评价［J］. 环境科学与技术，43（8）：177-184.
浙江省	钱塘江流域—浙江段	河流湿地	2018	生物完整性指数	钱塘江流域—浙江段水生态系统受损程度轻，但受损面较大，应进一步提高工污水处理能力，并利用水生植物进行水体修复，避免其水体进一步恶化	肖善势，郝雅宾，刘金殿，等，2021. 应用生物完整性指数评价钱塘江流域-浙江段水生态系统健康［J］. 水产科学，40（5）：740-749.

续表

省区市	湿地名称	湿地类型	年份	研究方法	主要结论	参考文献
浙江省	温州三垟湿地	河流湿地	2020	生物完整性指数	三垟湿地整体生态健康状况一般；旅游休闲区最好，保育区次之，过渡区最差；人类干扰强的居民区健康状况差；该研究为城市湿地保护与修复提供科学依据	吴小平，梁涛，路全凤，等，2021. 基于生物完整性的城市湿地健康评价［J］. 南昌大学学报（工科版），43（3）：221-226，233.
重庆市	三峡库区小江河流	河流湿地	2016	浮游植物完整性指数	小江总体处于健康状态，但局部问题不可忽视。上游段状态理想，中游段亚为健康状态，下游段为不健康状态，受损断面集中在中下游，存在水华风险。该研究建议有针对性地进行污染物排放控制和水环境修复治理	程帅，左新宇，李同庆，等，2021. 基于浮游植物完整性指数的三峡库区小江河流健康评价［J］. 水利水电快报，42（2）：54-60.
重庆市	长江干流沿线和水杨溪、香水溪、槽溪河、谭家河、戚家河、沿溪和汝溪河七条主要支流	河流湿地	—	综合指数法	城镇消落区生态系统健康状况较差；非城镇和支流消落区良好。人工植被恢复和自然保护模式适用于人类干扰较小的消落区，而在人类干扰强烈的城镇消落区，可采用滨江工程等措施予以保护和修复	宁登豪，2021. 基于植物群落的三峡水库消落区生态系统健康评价：以忠县-石柱段消落区为例［D］. 重庆：西南大学.

续表

省区市	湿地名称	湿地类型	年份	研究方法	主要结论	参考文献
重庆市	双溪河	河流湿地	—	底栖动物完整性指数	双溪河仅下游健康状态较好，靠近上游污水处理厂处健康状态极差；受人为活动干扰严重，全流域底栖动物群落呈全面退化，亟待开展结构和功能恢复	张阳春，2021. 基于底栖动物完整性指数的水生态健康评价：以双溪河为例［J］. 农业与技术，41（21）：107-109.
重庆市、湖北省	三峡库区消落带	人工/库塘湿地	2010～2020	活力-组织结构-恢复力	10年间研究区生态系统健康总体保持良好状态，呈逐年稳定并改善趋势；空间上，健康水平呈“凸”形分布态势，库腹消落带好于库首和库尾；该研究为三峡库区消落带生态保护与修复提供参考	周启刚，彭春花，刘栩位，等，2022. 基于VOR模型的三峡库区消落带2010～2020年生态系统健康评价［J］. 水土保持研究，29（5）：310-318.

参考文献

安国安，林兰钰，邹世英，2016. 基于综合指数法的城市河流水环境质量排名探讨［J］. 中国环境监测，32（6）：50-57.

陈家宽，雷光春，王学雷，2010. 长江中下游湿地自然保护区有效管理十佳案例分析［M］. 上海：复旦大学出版社.

陈卫，胡东，付必谦，等，2007. 北京湿地生物多样性研究［M］. 北京：科学出版社.

陈燕，雷霆，2008. 北京湿地维管植物群落分类研究［J］. 河北林业科技，（5）：13-18.

陈雨艳，杨坪，2015. 区域水环境质量综合评价方法的研究［J］. 环境保护科学，41（5）：99-102.

陈展，林波，尚鹤，等，2012. 适应白洋淀湿地健康评价的 IBI 方法［J］. 生态学报，32（21）：6619-6627.

程子卿，李勇，王薇娜，2016. 黑龙江省湿地生态状况评价体系及空间分布格局研究［J］. 防护林科技，（5）：40-42.

崔保山，杨志峰，2001. 湿地生态系统健康研究进展［J］. 生态学杂志，20（3）：31-36.

崔保山，杨志峰，2002a. 湿地生态系统健康评价指标体系Ⅰ. 理论［J］. 生态学报，22（7）：1005-1011.

崔保山，杨志峰，2002b. 湿地生态系统健康评价指标体系Ⅱ. 方法与案例［J］. 生态学报，22（8）：1231-1239.

崔丽娟，马牧源，张曼胤，2021. 中国湖沼湿地生态系统服务及其评价［M］. 北京：中国林业出版社.

崔胜菊，2017. 基于生态系统健康评价的人工湿地泡空间格局探究：以天津桥园为例［D］. 西安：西安建筑大学.

崔希东，尹新明，尹俊岭，2011. 衡水湖湿地水环境现状及治理措施研究［J］. 海河水利，1：18-20.

邓晓梅，江春波，王予红，2011. 河北衡水湖国家级自然保护区可持续发展战略规划［M］. 北京：中国林业出版社.

丁二峰，2011. 衡水湖叶绿素 a 含量变化及其与氮、磷浓度关系的初步研究［J］. 南水北调与水利科技，9（6）：87-89.

丁二峰，2015. 衡水湖水环境特征分析及改善对策［J］. 地下水，37（4）：84-86.

樊馨瑶，卢新卫，刘慧敏，等，2020. 西安市高校校园地表灰尘重金属污染来源解析［J］. 环境科学，41（8）：3556-3562.

范玉贞，2010. 衡水湖水体质量的研究［J］. 江苏农业科学，（4）：412-413.

冯倩，刘聚涛，韩柳，等，2016. 鄱阳湖国家湿地公园湿地生态系统健康评价研究［J］. 水生态学杂志，37（4）：48-54.

傅国斌，李克让，2001. 全球变暖与湿地生态系统的研究进展［J］. 地理研究，20（1）：120-128.
高桂芹，2006. 东平湖湿地生态系统健康评价研究［D］. 济南：山东师范大学.
高敏佳，陈振锋，张彦彦，等，2024. 基于鱼类完整性指数的上海黄浦江骨干人工河流水生态系统健康评价［J］. 上海海洋大学学报，33（1）：99-113.
宫宁，牛振国，齐伟，等，2016. 中国湿地变化的驱动力分析［J］. 遥感学报，20（2）：172-183.
郭子良，张曼胤，2021. 衡水湖绿化植物种类构成及其空间格局［J］. 生物学杂志，38（2）：79-83.
郭子良，张曼胤，崔丽娟，等，2019. 中国国家湿地公园的建设布局及其动态［J］. 生态学杂志，38（2）：532-540.
郭子良，张余广，刘魏魏，等，2024. 河北衡水湖自然保护区水鸟多样性分布格局及其保护优先区分析［J］. 生态学报，44（9）：4009-4019.
国家环境保护总局，2001. 2000 年中国环境状况公报［R］. 北京：国家环境保护总局.
国家林业和草原局，国家公园管理局，2014. 第二次全国湿地资源调查主要结果（2009～2013 年）［EB/OL］.（2014-01-28）［2024-03-25］. https://www. forestry. gov. cn/main/65/20140128/758154. html.
国家林业和草原局，国家公园管理局，2022. 我国首次专门针对湿地保护立法，法治守护湿地之美［EB/OL］.（2022-01-13）［2024-03-25］. https://www. forestry. gov. cn/c/www/sdgjdt/3218. jhtml.
国家林业和草原局科学技术司，2021. 中国陆地生态系统质量定位观测研究报告 2020—湿地［M］. 北京：中国林业出版社.
国家林业局，2002. 全国湿地资源调查总报告［R］. 北京：国家林业局.
国家林业局，2015. 中国湿地资源·总卷［M］. 北京：中国林业出版社.
国家统计局农村社会经济调查司，2001. 中国建制镇统计年鉴［M］. 北京：中国统计出版社.
国家统计局农村社会经济调查司，2011-2019. 中国县域统计年鉴（乡镇卷）［M］. 北京：中国统计出版社.
贺士元，邢其华，尹祖棠，1993. 北京植物志（上、下册）［M］. 北京：北京出版社.
衡水湖国家级自然保护区管理委员会，2012. 衡水湖湖泊生态环境保护 2012 年度实施方案［R］. 衡水：衡水湖国家级自然保护区管理委员会.
衡水湖国家级自然保护区管理委员会综合办公室，2010. 衡水湖管委会关于衡水湖污染防治情况及下步工作设想的报告［R］. 衡水：衡水市人民政府.
衡水市生态环境局，2020. 2019 年衡水市环境质量公报［EB/OL］.（2020-06-12）［2024-03-25］. http://sthji. hengshui. gov. cnhtistl_51/2427. html.
胡小红，左德鹏，刘波，等，2022. 北京市北运河水系底栖动物群落与水环境驱动因子的关系及水生态健康评价［J］. 环境科学，43（1）：247-255.
胡志新，胡维平，陈永根，等，2005. 太湖不同湖区生态系统健康评价方法研究［J］. 农村生态环境，21（4）：28-32.
扈静，2012. 三江平原湿地水生态系统健康指标体系研究［D］. 长春：东北林业大学.
环境保护部，2011. 区域生物多样性评价标准：HJ 623-2011［S］. 北京：中国环境科学出版社.

环境保护部，2015. 生态环境状况评价技术规范：HJ 192-2015［S］. 北京：中国环境科学出版社.

贾慧聪，曹春香，马广仁，等，2011. 青海省三江平原湿地生态系统健康评价［J］. 湿地科学，9（3）：209-217.

江春波，张明武，杨晓蕾，2010. 华北衡水湖湿地的水质评价［J］. 清华大学学报（自然科学版），50（6）：848-851.

江涛，2016. 基于景观格局分析的湿地生态系统健康评价：以上海松江五库湿地为例［D］. 上海：上海师范大学.

江文渊，2012. 基于三种水平的湿地生态系统健康评价：以天津大黄堡湿地自然保护区为例［D］. 天津：天津师范大学.

姜文来，1997. 湿地资源开发环境影响评价研究［J］. 重庆环境科学，（5）：8-13.

蒋卫国，李京，李加洪，等，2005. 辽河三角洲湿地生态系统健康评价［J］. 生态学报，25（3）：408-414.

蒋叶青，2022. 丹江口水库浮游植物群落结构特征及生态健康评价［D］. 南阳：南阳师范学院.

蒋志刚，2009. 衡水湖国家级自然保护区生物多样性［M］. 北京：中国林业出版社.

孔红梅，姬兰柱，2002. 生态系统健康评价方法初探［J］. 应用生态学报，13（4）：486-490.

孔红梅，赵景柱，马克明，等，2002. 生态系统健康评价方法初探［J］. 应用生态学报，13（4）：486-490.

雷霆，崔国发，陈建伟，等，2006. 北京市湿地维管束植物多样性及优先保护级别划分［J］. 生态学报，26（6）：1675-1685.

李国华，李畅游，史小红，等，2018. 基于主成分分析及水质标识指数法的黄河托克托段水质评价［J］. 水土保持通报，38（6）：310-314.

林波，2010. 湿地生态系统健康评价方法及其应用：以白洋淀湿地为例［D］. 北京：中国林业科学研究院.

林波，尚鹤，姚斌，等，2009. 湿地生态系统健康研究现状［J］. 世界林业研究，22（6）：24-30.

刘利，张嘉雯，陈奋飞，等，2020. 衡水湖底泥重金属污染特征及生态风险评价［J］. 环境工程技术学报，10（2）：205-211.

刘平，关蕾，吕偲，等，2011. 中国第二次湿地资源调查的技术特点和成果应用前景［J］. 湿地科学，9（3）：284-289.

刘魏魏，郭子良，王大安，等，2021. 衡水湖湿地水环境质量时空变化特征及污染源分析［J］. 环境科学，42（3）：1361-1371.

刘欣禹，齐衍萍，沙婧婧，等，2022. 胶州湾女姑口海域大型底栖动物群落特征与生态健康评价［J］. 广西科学，29（6）：1197-1205.

刘焱序，彭建，汪安，等，2015. 生态系统健康研究进展［J］. 生态学报，35（18）：5920-5930.

刘永，郭怀成，戴永立，等，2004. 湖泊生态系统健康评价方法研究［J］. 环境科学学报，24（4）：723-729.

刘振杰，2004. 河北衡水湖湿地水环境分析及综合防治对策［D］. 北京：中国农业大学.
陆健健，1996. 中国滨海湿地的分类［J］. 环境导报，1：1-2.
栾天，郭学良，张天航，等，2019. 不同降水强度对 $PM_{2.5}$ 的清除作用及影响因素［J］. 应用气象学报，30（3）：279-291.
吕宪国，刘晓辉，2008. 中国湿地研究进展：献给中国科学院东北地理与农业生态研究所建所50周年［J］. 地理科学，28（3）：301-308.
罗跃初，周忠轩，孙轶，等，2003. 流域生态系统健康评价方法［J］. 生态学报，23（8）：1606-1614.
骆林川，2009. 城市湿地公园建设的研究［D］. 大连：大连理工大学.
马广仁，鲍达明，曹春香，2016. 中国国际重要湿地生态系统评价［M］. 北京：科学出版社.
马克明，孔红梅，关文彬，等，2001. 生态系统健康评价：方法与方向［J］. 生态学报，21（12）：2106-2116.
马学慧，2005. 湿地的基本概念［J］. 湿地科学与管理，1（1）：56-57.
麦少芝，徐颂军，潘颖君，2005. PSR模型在湿地生态系统健康评价中的应用［J］. 热带地理，4（25）：317-321.
美国环境保护局近海监测处，1997. 河口环境监测指南［M］. 北京：海洋出版社.
牛明香，王俊，左涛，等，2023. 基于鱼类生物完整性指数的黄河口近岸渔业水域健康评价［J］. 水生态学杂志，44（6）：45-52.
牛玉璐，白丽荣，2008. 衡水湖湿地被子植物多样性及群落初步研究［J］. 衡水学院学报，10（1），48-51.
欧阳志云，张路，吴炳方，等，2015. 基于遥感技术的全国生态系统分类体系［J］. 生态学报，35（2）：219-226.
钱逸凡，刘道平，楼毅，等，2019. 我国湿地生态状况评价研究进展［J］. 生态学报，39（9）：3372-3382.
青海省林业局，2006. 青海省湿地保护工作情况汇报［R］. 西宁：2006年湖泊保护暨青海湖可持续发展研讨会.
邱虎，2012. 江苏盐城滨海湿地生态系统健康评价与保护对策研究［D］. 杭州：浙江师范大学.
人民日报海外版，2023. 修复湿地 中国发挥重要作用［EB/OL］.（2023-02-06）［2024-03-25］. https://www.gov.cn/xinwen/2023-02/06/content_5740353.htm.
任海，邬建国，彭少麟，2000. 生态系统健康的评估［J］. 热带地理，20（4）：310-316.
上官修敏，2013. 黄河三角洲湿地生态系统健康评价研究［D］. 济南：山东师范大学.
生态环境部，2022. 地表水环境质量监测技术规范：HJ 91.2-2022［S/OL］.（2022-04-15）［2024-03-25］. https://www.mee.gov.cn/ywgz/fgbz/bz/bzwb/jcffbz/202205/W020220506653788208550.pdf.
生态环境部，国家市场监督管理总局，2018. 土壤环境质量农用地土壤污染风险管控标准：GB 15618-2018. 北京：中国标准出版社.
施雅风，王明星，张丕远，等，1990. 中国气候与海面变化研究进展（一）［M］. 北京：海洋出版社.

舒远琴，宋维峰，2020. 我国湿地生态系统健康评价研究进展［J］. 亚热带水土保持，32（2）：21-25.
舒远琴，宋维峰，马建刚，等，2021. 哈尼梯田湿地生态系统健康评价指标体系构建［J］. 生态学报，41（23）：9292-9304.
宋轩，杜丽平，李树人，等，2003. 生态系统健康的概念、影响因素及其评价的研究进展［J］. 河南农业大学学报，37（4）：375-378.
宋艳玲，张尚印，2003. 北京市近40年城市热岛效应研究［J］. 中国生态农业学报，11（4）：126-129.
苏梦，董伟萍，赵世高，等，2023. 基于大型底栖动物完整性指数的河湖生态系统健康评价：以安徽铜陵为例［J］. 长江流域资源与环境，32（1）：104-112.
孙才志，刘玉玉，2009. 地下水生态系统健康评价指标体系的构建［J］. 生态学报，29（10）：5665-5674.
汪朝辉，王克林，许联芳，2003. 湿地生态系统健康评估指标体系研究［J］. 国土与自然资源研究，（4）：63-64.
汪明宇，刘汝海，王艳，等，2019. 子牙河流域湿地污染时空分布及湿地富营养化［J］. 中国海洋大学学报（自然科学版），49（5）：93-100.
王芳，李永吉，马廷婷，等，2022. 基于浮游植物的城市湖泊生态健康评价：以长江下游铜陵市西湖为例［J］. 湖泊科学，34（6）：1890-1900.
王贺年，张曼胤，崔丽娟，等，2019. 基于DPSIR模型的衡水湖湿地生态环境质量评价［J］. 湿地科学，17（2）：193-198.
王贺年，张曼胤，郭子良，等，2020. 衡水湖底泥中7种重金属元素含量的分布及其潜在生态风险评价［J］. 湿地科学，18（2）：191-199.
王金水，包景岭，常文韬，等，2011. 衡水湖湿地旅游开发对鸟类的影响及对策研究［J］. 河北师范大学学报（自然科学版），35（3）：313-317.
王磊，汪文东，刘懂，等，2020. 象山港流域入湾河流水体中重金属风险评价及其来源解析［J］. 环境科学，41（7）：3194-3203.
王利花，2007. 基于遥感技术的若尔盖高原地区湿地生态系统健康评价［D］. 长春：吉林大学.
王乃姗，张曼胤，崔丽娟，等，2016. 河北衡水湖湿地汞污染现状及生态风险评价［J］. 环境科学，37（5）：1754-1762.
王倩，2015. 衡水湖周边土壤污染的多指标综合评价［J］. 现代农村科技，16：64-65.
王锐，邓海，严明书，等，2020. 重庆市酉阳县南部农田土壤重金属污染评估及来源解析［J］. 环境科学，41（10）：4749-4756.
王士宝，姬亚芥，李树立，等，2018. 天津市春季道路降尘$PM_{2.5}$和PM_{10}中的元素特征［J］. 环境科学，39（3）：990-996.
王书可，2016. 三江平原湿地生态系统健康评价与管理研究［D］. 哈尔滨：东北林业大学.
王文杰，申文明，刘晓曼，等，2006. 基于遥感的北京市城市化发展与城市热岛效应变化关系研究［J］. 环境科学研究，19（2）：44-48.

王纤纤，刘乐乐，杨学芬，等，2022. 基于周丛藻类的雅鲁藏布江流域水生态系统健康评价［J］. 水生生物学报，46（12）：1816-1831.

王一涵，2011. 基于 RS 和 GIS 支持的洪河地区湿地生态健康定量评价［D］. 北京：首都师范大学.

王一涵，周德民，孙永华，2011. RS 和 GIS 支持的洪河地区湿地生态健康评价［J］. 生态学报，31（13）：3590-3602.

王莹，2010. GIS 技术支持下的湿地健康评价决策支持系统研究：以崇明东滩为例［D］. 上海：华东师范大学.

温晓君，陈辉，白红军，2016. 基于模糊矩阵的衡水湖水环境质量评价及分析［J］. 水土保持研究，23（2）：292-296.

吴佩林，张伟，2005. 北京市水危机与水资源可持续利用对策［J］. 辽宁工程技术大学学报，24（3）：436-439.

肖风劲，欧阳华，2002. 生态系统健康及其评价指标和方法［J］. 自然资源学报，17（2）：203-209.

肖荣波，欧阳志云，李伟峰，等，2005. 城市热岛的生态环境效应［J］. 生态学报，25（8）：2055-2060.

谢楚芳，2015. 以植被生物完整性评价梁子湖湖滨湿地生态系统健康［D］. 武汉：华中师范大学.

谢志茹，2004. 北京城市公园湿地生态环境质量评价［D］. 北京：首都师范大学.

解莉，2007. 衡水湖湿地生态系统健康评价及恢复研究［D］. 北京：华北电力大学.

新华社，2024. 十多年来我国新增和修复湿地 80 余万公顷［EB/OL］.（2024-02-02）［2024-03-25］. https://www.gov.cn/lianbo/bumen/202402/content_6929669.htm.

徐涵秋，陈本清，2004. 城市热岛与城市空间发展的关系探讨：以厦门市为例［J］. 城市生态与环境，11（2）：65-70.

徐好，2019. 南四湖水质时空分布及评价研究［D］. 济南：济南大学.

阳维宗，董李勤，张昆，等，2019. 气候变化对湿地生态需水影响研究进展［J］. 西南林业大学学报（自然科学），39（4）：174-180.

杨安，王艺涵，胡健，等，2020. 青藏高原表土重金属污染评价与来源解析［J］. 环境科学，41（2）：886-894.

杨梅玲，胡忠军，刘其根，等，2013. 利用综合营养状态指数和修正的营养状态指数评价千岛湖水质变化（2007 年-2011 年）［J］. 上海海洋大学学报，22（2）：240-245.

杨永兴，2002. 国际湿地科学研究的主要特点、进展与展望［J］. 地理科学进展，21（2）：111-120.

姚艳玲，刘惠清，2004. 生态系统健康评价的方法［J］. 农业与技术，24（2）：79-83.

俞小明，石纯，陈春来，等，2006. 河口滨海湿地评价指标体系研究［J］. 国土与自然资源研究，（2）：42-44.

袁兴中，刘红，陆健健，2001. 生态系统健康评价：概念构架与指标选择［J］. 应用生态学报，12（4）：627-629.

曾德慧，姜凤岐，范志平，等，1999. 生态系统健康与人类可持续发展［J］. 应用生态学报，10（6）：

751-756.
张光辉，杨丽芝，聂振龙，等，2009. 华北平原地下水的功能特征与功能评价［J］. 资源科学，31（3）：368-374.
张彦增，尹俊岭，崔希东，等，2010. 衡水湖湿地恢复与生态功能［M］. 北京：中国水利水电出版社.
张雨曲，胡东，杜鹏志，2008. 北京地区湿地植物新记录［J］. 首都师范大学学报（自然科学版），29（3）：56-59，63.
赵臻彦，徐福留，詹巍，等，2005. 湖泊生态系统健康定量评价方法［J］. 生态学报，25（6）：1466-1474.
郑灿，杨子超，邱小琮，等，2018. 宁夏引黄灌区排水沟水环境质量及其影响因素［J］. 水土保持通报，38（6）：74-79.
郑艳，潘家华，郑祚芳，等，2006. 城市化与北京增温的协整分析［J］. 中国人口·资源与环境，16（2）：63-69.
中国环境监测总站，1990. 中国土壤元素背景值［M］. 北京. 中国环境出版社.
中国环境监测总站，2001. 湖泊（水库）富营养化评价方法及分级技术规定.（中国环境监测总站，总站生字［2001］090 号）［S］. 北京：中华人民共和国生态环境部.
中国农业科学院，中国林业科学研究院，河北衡水湖自然保护区管理处，2002. 河北衡水湖自然保护区科学考察报告［R］. 北京：中国农业科学院，中国林业科学研究院，河北衡水湖自然保护区管理处.
中国农业年鉴编辑委员会，2001—2011. 中国农业年鉴［M］. 北京：中国农业出版社.
中华人民共和国国家统计局，2001—2011. 中国统计年鉴 2000—2011［M］. 北京：中国统计出版社.
中华人民共和国环境保护部. 2011. 中国环境状况公报 2010［R］. 北京：中华人民共和国环境保护部.
周春何，2018. 水环境治理单因子与算数平均值评价方法对比研究［J］. 环境与可持续发展，1：67-69.
周静，万荣荣，2018. 湿地生态系统健康评价方法研究进展［J］. 生态科学，37（6）：209-216.
周昕薇，2006. 基于 3S 技术的北京湿地动态监测与评价方法研究［D］. 北京：首都师范大学.
周昕薇，宫辉力，赵文吉，等，2006. 北京地区湿地资源动态监测与分析［J］. 地理学报，61（6）：654-662.
周杨，2017. 基于 RS 和 GIS 的白洋淀自然保护区湿地生态系统健康评价［D］. 保定：河北大学.
周一敏，赵昕奕，2017. 北京地区 $PM_{2.5}$ 浓度与气象要素的相关分析［J］. 北京大学学报（自然科学版），53（1）：111-124.
周振昉，2014. 衡水湖水体氮磷变化规律及富营养化现状分析［J］. 水科学与工程技术，5：16-19.
朱卫红，郭艳丽，孙鹏，等，2012. 图们江下游湿地生态系统健康评价［J］. 生态学报，32（21）：6609-6618.
祝惠，武海涛，邢晓旭，等，2023. 中国湿地保护修复成效及发展策略［J］. 中国科学院院刊，38（3）：365-375.
Acharjee A，Ahmed Z，Kumar P，et al，2022. Assessment of the ecological risk from heavy metals in the surface sediment of river surma，Bangladesh：Coupled approach of Monte Carlo simulation and multi- component

statistical analysis [J] . Water, 14 (2): 180.

Adeyemi M, Olusola J, Akpobasah O, et al, 2019. Assessment of heavy metals pollution in sediments from Ologe Lagoon, Agbara, Lagos, Nigeria [J] . Journal of Geoscience and Environment Protection, 7 (7): 61-73.

Albert D A, Minc L D, 2004. Plants as regional indicators of Great Lakes coastal wetland health [J] . Aquatic Ecosystem Health & Management, 7 (2): 233-247.

Almeida G H, Boëchat I G, Gücker B, 2014. Assessment of stream ecosystem health based on oxygen metabolism: Which sensor to use? [J] . Ecological Engineering, 69: 134-138.

Al-Mutairi K A, Yap C K, 2021. A review of heavy metals in coastal surface sediments from the red sea: Health-ecological risk assessments [J] . International Journal of Environmental Research and Public Health, 18 (6): 2798.

Andreu V, Gimeno-García E, Pascual J A, et al, 2016. Presence of pharmaceuticals and heavy metals in the waters of a Mediterranean coastal wetland: Potential interactions and the influence of the environment [J]. Science of the Total Environment, 540: 278-286.

Benayas J M R, Newton A C, Diaz A, et al, 2009. Enhancement of biodiversity and ecosystem services by ecological restoration: A meta-analysis [J] . Science, 325: 1121-1124.

Borja Á, Halpern B S, Archambault P, 2016. Assessing marine ecosystems health, in an integrative way [J]. Continental Shelf Research, 121: 1-2.

Boulton A J, 1999. An overview of river health assessment: Philosophies, practice, problems and prognosis [J]. Freshwater Biology, 41 (2): 469-479.

Breine J, Simoens I, Goethals P, et al, 2004. A fish-based index of biotic integrity for upstream brooks in Flanders (Belgium) [J]. Hydrobiologia, 522 (1/3): 133-148.

Bridgewater P, Kim R E, 2021. The Ramsar Convention on wetlands at 50 [J]. Nature Ecology & Evolution 5: 268-270.

Canning A D, Death R G, 2019. Ecosystem health indicators—freshwater environments [M] //Fath B D. Encyclopedia of Ecology (Second Edition) . Oxford: Elsevier.

Carletti A, de Leo G A, Ferrari I, 2004. A critical review of representative wetland rapid assessment methods in North America [J]. Aquatic Conservation: Marine and Freshwater Ecosystems, 14 (S1): S103-S113.

Chen W, Cao C, Liu D, et al, 2019. An evaluating system for wetland ecological health: Case study on nineteen major wetlands in Beijing-Tianjin-Hebei region, China [J]. Science of the Total Environment, 666: 1080-1088.

Cheng X, Chen L D, Sun R H, et al, 2018. Land use changes and socio-economic development strongly deteriorate river ecosystem health in one of the largest basins in China [J]. Science of the Total Environment, 616/617: 376-385.

Cheng F Y, Van Meter K J, Byrnes D K, et al, 2020. Maximizing US nitrate removal through wetland protection and restoration [J]. Nature, 588: 625-630.

Chi Y, Zheng W, Shi H H, et al, 2018. Spatial heterogeneity of estuarine wetland ecosystem health influenced by complex natural and anthropogenic factors [J]. Science of the Total Environment, 634: 1445-1462.

Chon T S, Qu X D, Cho W S, et al, 2013. Evaluation of stream ecosystem health and species association based on multi- taxa (benthic macroinvertebrates, algae, and microorganisms) patterning with different levels of pollution [J]. Ecological Informatics, 17: 58-72.

Costanza R, 1992. Towards an operational definition of ecosystem health [M] //Costanza R, Norton B G, Haskell B D, et al. Ecosystem Health: New Goals for Environmental Management. Washington D. C. : Island Press.

Costanza R, Mageau M, 1999. What is a healthy ecosystem? [J]. Aquatic Ecology, 33: 105-115.

Costanza R, D'Arge R, Groot R D, et al, 1997. The value of the world's ecosystem services and natural capita [J]. Nature, 387: 253-260.

Crooks S, Sutton-Grier A E, Troxler T G, et al, 2018. Coastal wetland management as a contribution to the US National Greenhouse Gas Inventory [J]. Nature Climate Change, 8: 1109-1112.

Cui Q, Wang X, Li D, et al, 2012. An ecosystem health assessment method integrating geochemical indicators of soil in Zoige wetland, southwest China [J]. Procedia Environmental Sciences, 13: 1527-1534.

Dai X Y, Ma J J, Zhang H, et al, 2013. Evaluation of ecosystem health for the coastal wetlands at the Yangtze Estuary, Shanghai [J]. Wetlands Ecology and Management, 21: 433-445.

Ding L, Chen K L, Cheng S G, et al, 2015. Water ecological carrying capacity of urban lakes in the context of rapid urbanization: A case study of East Lake in Wuhan [J]. Physics and Chemistry of the Earth, Parts A/B/C, 89: 104-113.

Eliyan C, Dany V, Irvine K, 2010. Levels of Cr, Cu and Zn in food stuffs from a wastewater treatment wetland, Phnom Penh: A preliminary assessment of health risks [J]. Asian Journal of Water, Environment and Pollution, 7 (3): 23-30.

Erwin K L, 2009. Wetlands and global climate change: The role of wetland restoration in a changing world [J]. Wetlands Ecology and Management, 17 (1): 71-84.

Fluet-Chouinard E, Stocker B D, Zhang Z, et al, 2023. Extensive global wetland loss over the past three centuries [J]. Nature, 614: 281-286.

Fu B L, Li Y, Wang Y Q, et al, 2017. Evaluation of riparian condition of Songhua River by integration of remote sensing and field measurements [J]. Scientific Reports, 7: 2565.

Ganiyu S, Badmus B, Olurin O, et al, 2018. Evaluation of seasonal variation of water quality using multivariate statistical analysis and irrigation parameter indices in Ajakanga area, Ibadan [J]. Nigeria Applied Water Science, 8: 35.

Gedan K B, Silliman B R, Bertness M D, 2009. Centuries of human- driven change in salt marsh ecosystems [J]. Annual Review of Marine Science, 1: 117-141.

Grace J B, Anderson T M, Olff H, et al, 2010. On the specification of structural equation models for ecological systems [J]. Ecological Monographs, 80 (1): 67-87.

Guo Z L, Zhang M Y, 2019. The conservation efficacy of coastal wetlands in China based on landscape development and stress [J]. Ocean & Coastal Management, 175: 70-78.

Guo Z L, Cui G F, Zhang M Y, et al, 2019. Analysis of the contribution to conservation and effectiveness of the wetland reserve network in China based on wildlife diversity [J]. Global Ecology and Conservation, 20: e00684.

Gál B, Szivák I, Heino J, et al, 2019. The effect of urbanization on freshwater macroinvertebrates—knowledge gaps and future research directions [J]. Ecological Indicators, 104: 357-364.

Hakanson L, 1980. An ecological risk index for aquatic pollution controla sedimentological approach [J]. Water Research, 14 (8): 975-1001.

He Y, Hao J Y, He W, et al, 2019. Spatiotemporal variations of aquatic ecosystem health status in Tolo Harbor, Hong Kong from 1986 to 2014 [J]. Ecological Indicators, 100: 20-29.

Hooper D, Coughlan J, Mullen M R. 2008. Structural equation modelling: Guidelines for determining model fit [J]. Electronic Journal of Business Research Methods, 6 (1): 53-60.

Hotaiba A M, Salem B B, Halmy M W A, 2024. Assessment of wetland ecosystem's health using remote sensing—case study: Burullus wetland-ramsar site [J]. Estuaries and Coasts, 47 (1): 201-215.

Hsu L C, Huang C Y, Chuang Y H, et al, 2016. Accumulation of heavy metals and trace elements in fluvial sediments received effluents from traditional and semiconductor industries [J]. Scientific Reports, 6: 34250.

Hu S J, Niu Z G, Chen Y F, et al, 2017. Global wetlands: Potential distribution, wetland loss, and status [J]. Science of the Total Environment, 586: 319-327.

Huang L, Shao Q Q, Liu J Y, et al, 2018. Improving ecological conservation and restoration through payment for ecosystem services in Northeastern Tibetan Plateau, China [J]. Ecosystem Services, 31: 181-193.

Ighalo J O, Adeniyi A G, 2020. A comprehensive review of water quality monitoring and assessment in Nigeria [J]. Chemosphere, 260: 127569.

IPBES (Intergovernmental Science- Policy Platform on Biodiversity and Ecosystem Services), 2018. The Assessment Report on Land Degradation and Restoration [R]. Bonn: IPBES Secretariat.

Jiang B, Xu X B, 2019. China needs to incorporate ecosystem services into wetland conservation policies [J]. Ecosystem Services, 37: 100941.

Jiang B, Wong C P, Chen Y Y, et al, 2015. Advancing wetland policies using ecosystem services—China's way out [J]. Wetlands, 35 (5): 983-995.

Karr J R, 1981. Assessment of biotic integrity using fish communities [J]. Fisheries, 6 (6): 21-27.

Karr J R, 1991. Biological integrity: A long- neglected aspect of water resource management [J]. Ecological Applications, 1 (1): 66-84.

Karr J R, 1993. Measuring biological integrity: lessons from streams [M] //Woodley S, Kay J, Francis G. Ecological Integrity and the Management of Ecosystem. Boca Raton: CRC Press.

Kirwan M L, Megonigal J P, 2013. Tidal wetland stability in the face of human impacts and sea-level rise [J]. Nature, 504 (7478): 53-60.

Kong L Q, Zheng H, Rao E M, et al, 2018. Evaluating indirect and direct effects of eco-restoration policy on soil conservation service in Yangtze River Basin [J]. Science of the Total Environment, 631/632: 887-894.

Kong L Q, Xu W H, Xiao Y, et al, 2021. Spatial models of giant pandas under current and future conditions reveal extinction risks [J]. Nature Ecology & Evolution, 5: 1309-1316.

Laha F, Gashi F, Frančišković-Bilinski S, et al, 2022. Geospatial distribution of heavy metals in sediments of water sources in the Drinii Bardhë river basin (Kosovo) using XRF technique [J]. Sustainable Water Resources Management, 8 (1): 31.

Leopold A, 1941. Wilderness as a land laboratory [J]. Living Wilderness, 6: 3.

Li T, Lü Y H, Fu B J, et al, 2017. Gauging policy-driven large-scale vegetation restoration programmers under a changing environment: Their effectiveness and socio-economic relationships [J]. Science of the Total Environment, 607/608: 911-919.

Li R N, Zheng H, O'Connor P, et al, 2021. Time and space catch up with restoration programs that ignore ecosystem service trade-offs [J]. Science Advances, 7 (14): eabf8650.

Liang J, Feng C T, Zeng G M, et al, 2017. Spatial distribution and source identification of heavy metals in surface soils in a typical coal mine city, Lianyuan, China [J]. Environmental Pollution, 225: 681-690.

Liu W W, Lu F, Luo Y J, et al, 2017. Human influence on the temporal dynamics and spatial distribution of forest biomass carbon in China [J]. Ecology and Evolution, 7 (16): 6220-6230.

Liu Z Q, Fan B, Huang Y H, et al, 2019. Assessing the ecological health of the Chongming Dongtan Nature Reserve, China, using different benthic biotic indices [J]. Marine Pollution Bulletin, 146: 76-84.

Liu W W, Guo Z L, Jiang B, et al, 2020a. Improving wetland ecosystem health in China [J]. Ecological Indicators, 113: 106184.

Liu W W, Li M J, Zhang M Y, et al, 2020b. Estimating leaf mercury content in *Phragmites australis* based on leaf hyperspectral reflectance [J]. Ecosystem Health and Sustainability, 6 (1): 1726211.

Liu W W, Li M J, Zhang M Y, et al, 2020c. Hyperspectral inversion of mercury in reed leaves under different levels of soil mercury contamination [J]. Environmental Science and Pollution Research, 27 (18): 22935-22945.

Liu W W, Guo Z L, Wang H N, et al, 2022. Spatial-temporal variations for pollution assessment of heavy metals in Hengshui Lake of China [J]. Water, 14 (3): 458.

Lloyd J W, Tellam J H, Rukin N, et al, 1993. Wetland vulnerability in East Anglia: A possible conceptual framework and generalized approach [J]. Journal of Environmental Management, 37 (2): 87-102.

Lotze H K, Lenihan H S, Bourque B J, et al, 2006. Depletion, degradation, and recovery potential of estuaries and coastal seas [J]. Science, 312 (5781): 1806-1809.

Lu Y L, Wang R S, Zhang Y Q, et al, 2015. Ecosystem health towards sustainability [J]. Ecosystem Health and Sustainability, 1 (1): 1-15.

Ma J F, Chen Y P, Antoniadis V, et al, 2020. Assessment of heavy metal (loid) contamination risk and grain nutritional quality in organic waste-amended soil [J]. Journal of Hazardous Materials, 399 (15): 123095.

Mageau M T, Costanza R, Ulanowicz R E, 1998. Quantifying the trends expected in developing ecosystems [J]. Ecological Modelling, 112 (1): 1-22.

Maltby E, 1986. Waterlogged Wealth. Why Waste the World's Wet Places? [M]. London: Earthsca Publication.

Mao D H, Luo L, Wang Z M, et al, 2018a. Conversions between natural wetlands and farmland in China: A multiscale geospatial analysis [J]. Science of the Total Environment, 634: 550-560.

Mao D H, Wang Z M, Wu J G, et al, 2018b. China's wetlands loss to urban expansion [J]. Land Degradation & Development, 29 (8): 2644-2657.

Mercadogarcia D, Beeckman E, van Butsel J, et al, 2019. Assessing the freshwater quality of a large-scale mining watershed: The need for integrated approaches [J]. Water, 11: 1797.

Meyer J L, 1997. Stream health: Incorporating the human dimension to advance stream ecology [J]. Journal of the North American Benthological Society, 16 (2): 439-447.

Mitsch W J, Gosselink J G, 1986. Wetlands [M]. New York: Van Nostrand Reinhold.

Nkinda M S, Rwiza M J, Ijumba J N, et al, 2021. Heavy metals risk assessment of water and sediments collected from selected river tributaries of the Mara River in Tanzania [J]. Discover Water, 1 (1): 3.

Norris R H, Thoms M C, 1999. What is river health? [J]. Freshwater Biology, 41 (2): 197-209.

Ouyang Z Y, Zheng H, Xiao Y, et al, 2016. Improvements in ecosystem services from investments in natural capital [J]. Science, 352 (6292): 1455-1459.

Petesse M L, Siqueira-Souza F K, Freitas C E D C, et al, 2016. Selection of reference lakes and adaptation of a fish multimetric index of biotic integrity to six Amazon floodplain lakes [J]. Ecological Engineering, 97: 535-544.

Poiani K A, Johnson W C, 1993. Potential effects of climate change on a semi-permanent prairie wetland [J]. Climatic Change, 24 (3): 213-232.

Posthuma L, Munthe J, van Gils J, et al, 2019. A holistic approach is key to protect water quality and monitor, assess and manage chemical pollution of European surface waters [J]. Environmental Sciences Europe, 31: 67.

Ramsar, 2024. The Convention on Wetlands [EB/OL]. (2024-01-01) [2024-03-25]. https://www.ramsar.org/.

Rapport D J, 1989. What constitutes ecosystem health? [J]. Perspectives in Biology and Medicine, 33 (1): 120-132.

Rapport D J, 1992. Evolution of indicators of ecosystem health [M] //Daniel H. Ecological Indicators. Barking: Elsevier Science Publishers Ltd.

Rapport D, 1998. Dimensions of ecosystem health [M] //Rapport D, Costanza R, Epstein P R, et al. Ecosystem Health. Oxford: Blackwell Science.

Rapport D J, Thorpe C, Regier H A, 1979. Ecosystem medicine [J]. Bulletin of the Ecological Society of America, 60 (4): 180-182.

Rapport D J, Regier H A, Hutchinson T C, 1985. Ecosystem behavior under stress [J]. The American Naturalist, 125 (5): 617-640.

Rapport D J, Bohm G, Buckingham D, et al, 1999. Ecosystem health: The concept, the ISEH, and the important tasks ahead [J]. Ecosystem Health, 5 (2): 82-90.

RCW (Ramsar Convention on Wetlands), 2018. Global Wetland Outlook: State of the World's Wetlands and Their Services to People [R]. Gland: Ramsar Convention Secretariat.

RCWMOPRC (Ramsar Convention on Wetlands Management Office of People's Republic of China). 2018. Ecological Condition of China's Wetlands of International Importance (Ramsar Sites) [R]. Beijing: Ramsar Convention on Wetlands Management Office of People's Republic of China.

Ren J L, Chen J S, Xu C L, et al, 2021. An invasive species erodes the performance of coastal wetland protected areas [J]. Science Advances, 7 (42): eabi8943.

Reynolds I. 2011. Impact of the Three Gorges Dam [J]. JCCC Honors Journal, 2 (2): Article 3.

Sala O E, Chapin S F, Armesto J J, et al, 2000. Global biodiversity scenarios for the year 2100 [J]. Science, 287 (5459): 1770-1774.

Schaeffer D J, Herricks E E, Kerster H W, 1988. Ecosystem health: Ⅰ. Measuring ecosystem health [J]. Environmental Management, 12 (4): 445-455.

Shaw S P, Fredine C G, 1956. Wetlands of the United States: Their Extent and Their Value to Waterfowl and Other Wildlife [R]. Circular No. 39. Washington D. C.: USDI, Fish and Wildlife Service.

Sheaves M, Johnston R, Connolly R M, 2012. Fish assemblages as indicators of estuary ecosystem health [J]. Wetlands Ecology and Management, 20 (6): 477-490.

Song F, Su F L, Zhu D, et al, 2020. Evaluation and driving factors of sustainable development of the wetland ecosystem in Northeast China: An emergy approach [J]. Journal of Cleaner Production, 248: 119236.

Su J, Friess D A, Gasparatos A, 2021. A meta-analysis of the ecological and economic outcomes of mangrove restoration [J]. Nature Communications, 12: 5050.

Sun T T, Lin W P, Chen G S, et al, 2016. Wetland ecosystem health assessment through integrating remote Sensing and inventory data with an assessment model for the Hangzhou Bay, China [J]. Science of the Total Environment, 566/567: 627-640.

Tang W Z, Shan B Q, Zhang H, et al, 2014. Heavy metal contamination in the surface sediments of representative limnetic ecosystems in eastern China [J]. Scientific Reports, 4: 7152.

Tang D H, Liu X J, Zou X Q, 2018. An improved method for integrated ecosystem health assessments based on the structure and function of coastal ecosystems: A case study of the Jiangsu coastal area, China [J]. Ecological Indicators, 84: 82-95.

Tian B, Wu W T, Yang Z Q, et al, 2016. Drivers, trends, and potential impacts of long- term coastal reclamation in China from 1985 to 2010 [J]. Estuarine, Coastal and Shelf Science, 170: 83-90.

Torres A, Jaeger J A G, Alonso J C, 2016. Assessing large- scale wildlife responses to human infrastructure development [J]. Proceedings of the National Academy of Sciences of the United States of America, 113 (30): 8472-8477.

Trainer V L, Bates S S, Lundholm N, et al, 2012. *Pseudo nitzschia* physiological ecology, phylogeny, toxicity, monitoring and impacts on ecosystem health [J]. Harmful Algae, 14: 271-300.

Türker O C, Vymazal J, 2021. Heavy metals in wetlands in Turkey [M] //Jawad L A. Southern Iraq's Marshes: Their Environment and Conservation. Cham: Springer.

UNFCCC (United Nations Framework Convention on Climate Change), 2021. Peatlands in Spotlight at COP26 [EB/OL]. (2021- 11- 25) [2024- 03- 25]. https://www. unep. org/news- and- stories/story/peatlands-spotlight- cop26.

USEPA (U. S. Environmental Protection Agency), 2016. National Wetland Condition Assessment 2011—A Collaborative Survey of the Nation's Wetlands [R]. Washington D. C.: U. S. Environmental Protection Agency.

USFWS (U. S. Fish & Wildlife Service), 2019. North American Wetlands Conservation Act [EB/OL]. (2019-01-01)[2024-03-25]. https://www. fws. gov/law/north- american- wetland- conservation- act.

van Asselen S, Verburg P H, Vermaat J E, et al, 2013. Drivers of wetland conversion: A global meta- analysis [J]. PLoS One, 8 (11): e81292-e81292.

van Niekerk L, Adams J B, Bate G C, et al, 2013. Country-wide assessment of estuary health: An approach for integrating pressures and ecosystem response in a data limited environment [J]. Estuarine Coastal and Shelf Science, 130 (20): 239-251.

Vitousek P M, Mooney H A, Lubchenco J, et al, 1997. Human domination of Earth's ecosystems [J]. Science, 277 (5325): 494-499.

Wheeler B W, Lovell R, Higgins S L, et al, 2015. Beyond greenspace: An ecological study of population general health and indicators of natural environment type and quality [J]. International Journal of Health Geographics, 14: 1-17.

Wu Q M, Hu W Y, Wang H F, et al, 2021. Spatial distribution, ecological risk and sources of heavy metals in soils from a typical economic development area, Southeastern China [J]. Science of the Total Environment, 780: 146557.

Xu F L, Zhao Z Y, Zhan W, et al, 2005. An ecosystem health index methodology (EHIM) for lake ecosystem health assessment [J]. Ecological Modelling, 188 (2-4): 327-339.

Xu F, Yang Z F, Chen B, et al, 2011. Ecosystem health assessment of the plant- dominated Baiyangdian Lake based on eco- exergy [J]. Ecological Modelling, 222 (1): 201-209.

Xu W H, Xiao Y, Zhang J J, et al, 2017. Strengthening protected areas for biodiversity and ecosystem services in China [J]. Proceedings of the National Academy of Sciences of the United States of America, 114 (7):

1601-1606.

Xu W G, Yu Y L, Ma M Y, et al, 2018. Effects of water replenishment from Yellow River on water quality of Hengshui Lake Wetland [J]. Journal of Marine Biology and Aquaculture, 4 (1): 11-13.

Xu W H, Fan X Y, Ma J G, et al, 2019a. Hidden loss of wetlands in China [J]. Current Biology, 29 (18): 3065-3071.

Xu W H, Pimm S L, Du A, et al, 2019b. Transforming protected area management in China [J]. Trends in Ecology & Evolution, 34 (9): 762-766.

Yang H, Ma M G, Thompson J R, et al, 2017. Protect coastal wetlands in China to save endangered migratory birds [J]. Proceedings of the National Academy of Sciences of the United States of America, 114 (28): E5491-E5492.

Yang S Y, He M J, Zhi Y Y, et al, 2019a. An integrated analysis on source-exposure risk of heavy metals in agricultural soils near intense electronic waste recycling activities [J]. Environment international, 133: 105239.

Yang J Y, Yang J, Luo X Y, et al, 2019b. Impacts by expansion of human settlements on nature reserves in China [J]. Journal of Environmental Management, 248: 109233.

Yao Y X, Wang W, Yang W T, et al, 2021. Assessing the health of inland wetland ecosystems over space and time in China [J]. Journal of Resources and Ecology, 12 (5): 650-657.

Zhang M Y, Cui L J, Sheng L X, et al, 2009. Distribution and enrichment of heavy metals among sediments, water body and plants in Hengshuihu Wetland of Northern China [J]. Ecological Engineering, 35 (4): 563-569.

Zhang G Q, Yao T D, Chen W F, et al, 2019. Regional differences of lake evolution across China during 1960s-2015 and its natural and anthropogenic causes [J]. Remote Sensing of Environment, 221: 386-404.

Zhang G Q, Yao T D, Xie H J, et al, 2020. Response of Tibetan Plateau lakes to climate change: Trends, patterns, and mechanisms [J]. Earth-Science Reviews, 208: 103269.

Zhao X, Zhang Q, He G Z, et al, 2021. Delineating pollution threat intensity from onshore industries to coastal wetlands in the Bohai Rim, the Yangtze River Delta, and the Pearl River Delta, China [J]. Journal of Cleaner Production, 320: 128880.

Zoller W H, Gladney E S, Duce R A, 1974. Atmospheric concentrations and sources of trace metals at the South Pole [J]. Science, 183 (4121): 198-200.

彩 插

图 2-1　研究区主要生态系统类型

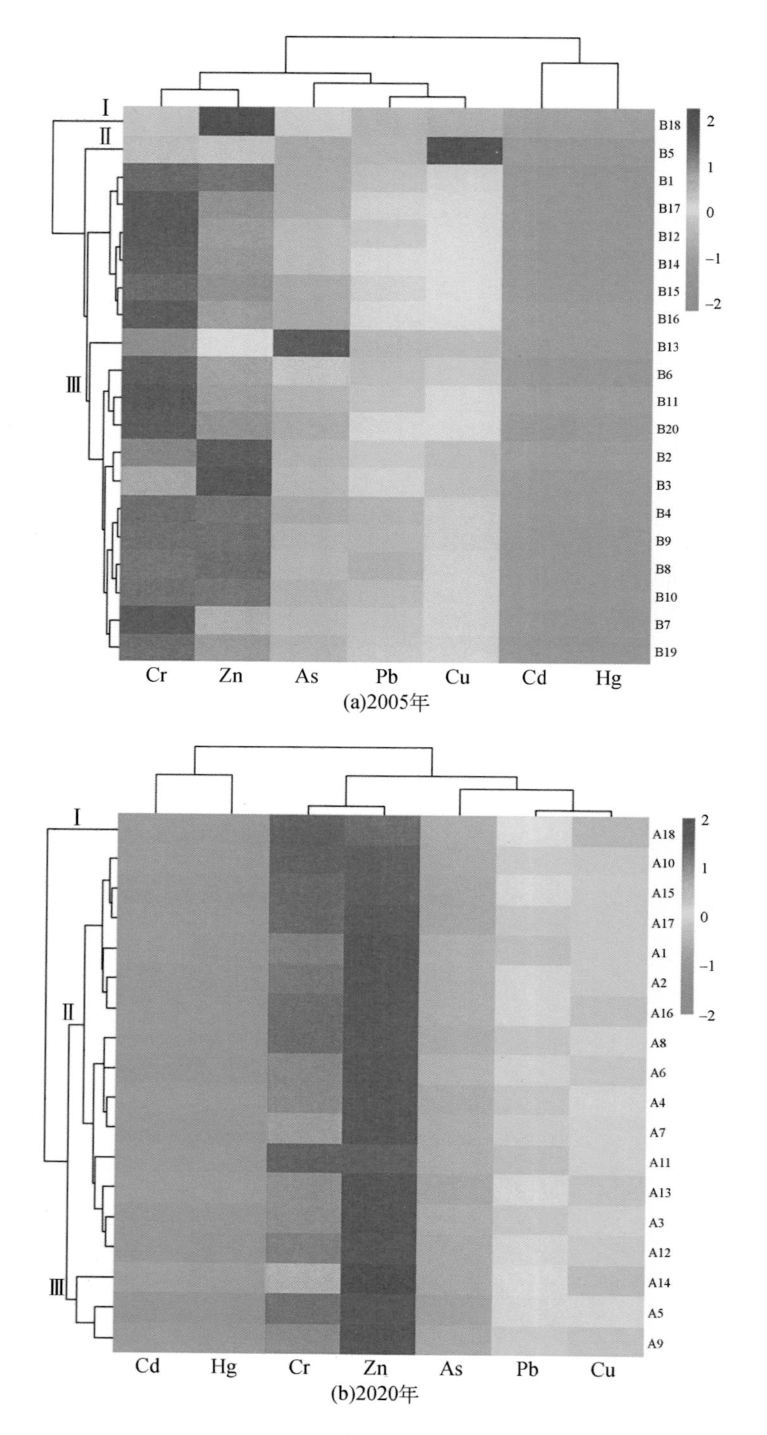

图 4-4　衡水湖湿地沉积物重金属聚类分析热图